普通高等学校网络工程专业规划教材

无线网络技术
（第2版）

王建平 陈改霞 耿瑞焕 杜玉红 刘鹏辉 编著

清华大学出版社
北京

内 容 简 介

本书在第 1 版基础上,针对无线网络技术最新发展,全面进行了内容的更新与修订。全书共 9 章,详细阐述了无线网络技术的相关内容,主要涵盖无线通信基础和无线网络技术两个模块。其中,无线通信基础模块包括第 1～3 章,主要内容是无线网络概述、无线通信基础以及无线网络的调制技术。无线网络技术模块包括第 4～9 章,详细介绍无线局域网技术、无线局域网的仿真、无线城域网技术、无线广域网技术、无线个域网技术以及其他无线网络技术。全书内容新颖翔实、语言通俗易懂、体系结构完整、图文并茂,突出了实用性。每章末附有相关习题,便于读者巩固知识点。

本书可作为高等学校计算机及信息类相关专业无线网络技术课程的教学用书,也可作为无线网络培训或工程技术人员自学的参考书。

图书在版编目(CIP)数据

无线网络技术/王建平等编著. —2 版. —北京:清华大学出版社,2020.4(2023.8重印)
普通高等学校网络工程专业规划教材
ISBN 978-7-302-55025-9

Ⅰ.①无…　Ⅱ.①王…　Ⅲ.①无线网—高等学校—教材　Ⅳ.①TN92

中国版本图书馆 CIP 数据核字(2020)第 040757 号

责任编辑:袁勤勇　杨　枫
封面设计:常雪影
责任校对:时翠兰
责任印制:沈　露

出版发行:清华大学出版社
　　　　网　　　址:http://www.tup.com.cn,http://www.wqbook.com
　　　　地　　　址:北京清华大学学研大厦 A 座　　　　　邮　　编:100084
　　　　社　总　机:010-83470000　　　　　　　　　　　邮　　购:010-62786544
　　　　投稿与读者服务:010-62776969,c-service@tup.tsinghua.edu.cn
　　　　质量反馈:010-62772015,zhiliang@tup.tsinghua.edu.cn
　　　　课件下载:http://www.tup.com.cn,010-83470236
印　装　者:三河市君旺印务有限公司
经　　　销:全国新华书店
开　　　本:185mm×260mm　　　印　　张:20　　　字　　数:484 千字
版　　　次:2013 年 8 月第 1 版　　2020 年 6 月第 2 版　　印　　次:2023 年 8 月第 4 次印刷
定　　　价:58.00 元

产品编号:084944-02

第 2 版前言

贯彻党的二十大精神,筑牢政治思想之魂。编者在对本书进行修订时牢牢把握这个根本原则。党的二十大报告提出,要坚持教育优先发展、科技自立自强、人才引领驱动,加快建设教育强国、科技强国、人才强国,坚持为党育人、为国育才,全面提高人才自主培养质量,着力造就拔尖创新人才,聚天下英才而用之。而网络技术相关课程是落实立德树人根本任务,培养德智体美劳全面发展的社会主义建设者和接班人不可或缺的环节,对提高人才培养质量具有较大的作用。

2013 年,我们组织编写了《无线网络技术》教材,当年被称为我国的 4G 网络元年。2013 年 12 月 4 日,工业和信息化部向中国电信、中国移动、中国联通发放 4G 牌照。2019 年 6 月 6 日,工业和信息化部向中国电信、中国移动、中国联通、中国广电发放 5G 牌照。在这 6 年中,无线网络技术取得了极大的进步。随着光纤到户的全面普及,基于电话线的 ADSL 技术全面淘汰。光纤宽带和 Wi-Fi 的完美结合成为家庭无线网络的主要形态。4G 网络的全面发展,促使移动互联网业务呈现爆炸式增长。

本书第 1 版中,我们还在细分无线局域网、无线城域网、无线广域网等相关技术特征,而到了现在的 2020 年,我们发现很多无线网络技术已经很难用传统方法区分了。当年,专家学者为 3G 和 WiMax 何者能成为广域网主流技术而争论不休,如今 IEEE 802.20 工作组和 IEEE 802.16 工作组都已经处于休眠状态。然而,针对无线局域网的 IEEE 802.11 工作组和面向无线个域网的 IEEE 802.15 工作组却异常活跃。3G 时代早已结束,4G 网络已经完全成熟。5G 网络也会在 2020 年全面推进。从云计算到物联网,再到大数据,技术飞速发展,我们现在真正进入了高速无线网络时代。

本书出版 6 年来,得到了很多国内院校的广泛使用和充分肯定,收到了很多高校同人及读者的宝贵意见和反馈。因此,及时补充新内容,实现该教材的重修再版非常必要。本次修订再版中,主要完成了如下工作。

第 1 章全面补充了 4G 和 5G 的基本概念,对 IEEE 802.11 的相关标准进行了及时更新和补充,删除了已经淘汰的无线上网卡等内容。第 3 章补充了当前无线网络中极为关键的 MIMO-OFDM 通信技术。第 4 章中,无线自组网实验全面采用 Windows 10 平台更新。第 5 章中,基于华为的最新 eNSP 仿真平台实现二层无线局域网和三层无线局域网的组网过程。第 6 章删除了 WiMax 技术和其他技术的比较等内容。第 7 章重点补充了 5G 通信技术的核心内容。第 8 章主要增加了 6LoWPAN 通信技术。第 9 章补充了物联网的两项主要组网技术 LoRa 和 NB-IoT。

本书由王建平、陈改霞、耿瑞焕、杜玉红、刘鹏辉编著。其中,第 1～4 章由陈改霞、耿瑞焕编写,第 5～6 章由王建平编写,第 7～9 章由杜玉红、刘鹏辉编写,全书由王建平统稿,陈伟主审。

本书编写过程中得到武汉理工大学、河南科技学院、宝鸡文理学院及鹤壁汽车工程职业学院相关领导的大力支持,清华大学出版社对本书的编辑出版做了大量工作,在此一并致以衷心的感谢。我们相信,经过这次修订,本书的内容会更加全面新颖,可以满足无线网络技术课程的教学需求。然而,由于时间仓促,加之编者水平有限,书中难免存在不足之处,恳请读者批评指正。

编　者

2023 年 7 月

第 1 版前言

面向社会培养实用性人才战略计划是当前高等教育教学改革的重要内容。2008 年 9 月,教育部教高函〔2008〕21 号①文件中明确指出建设高等学校特色专业,要大力加强课程体系和教材建设,改革人才培养方案,强化实践教学。目前,国内很多高校都在开展复合型技能人才培养项目,实现校企联合、任务驱动等多种教学模式,给学生毕业就业创造了很好的条件。

为此,经过多方交流、探讨,我们制定了这套计算机网络实用工程系列教材的体系结构,组织了一批网络工程技术业内人士和长期在计算机网络工程一线教学的教师共同编写了这套教材。

本套计算机网络实用工程系列教材,以当前流行的网络工程技术为依托,结合市场上实用的系统平台、软硬件产品,采用任务驱动模式编写,精简理论教学内容,强化实践教学环节。

本书以当前流行的无线网络技术为中心,划分为无线通信基础和无线网络技术两个模块,分 9 章进行详细阐述。其中,无线通信基础模块涵盖了全书的第 1~3 章,主要介绍无线网络的基本概念,相关的无线通信基础知识,无线网络的调制技术。无线网络技术模块涵盖第 4~9 章,详细介绍了无线局域网技术、无线局域网的仿真、无线城域网技术、无线广域网技术、无线个域网技术和 Ad Hoc、无线传感器等其他相关的无线网络技术。

编者认为,虽然各种无线网络技术的性能和参数各不相同,但其相关的无线通信基础知识是相同的,很多新的技术、新的理念都是构建在这些无线通信基础知识之上的,例如调制技术等。为此,专门用 1~3 章来全面阐述对应的通信技术知识。学习完这 3 章,读者可以建立无线通信的基本技术,为日后构建无线网络技术打基础。读者在全面掌握这些无线通信的基础知识之后,学习后面对应的无线网络技术就能得心应手,理解某种无线网络技术的工作原理也就更加容易。第 4~9 章详细介绍了当前流行的无线网络技术,为使读者能够掌握相关通信技术的标准,书中详细列出了对应的相关标准、组织、论坛的官方站

---

① 教育部财政部关于批准第三批高等学校特色专业建设点的通知

点,可供读者扩展查询。在第 4~9 章中,注重各种无线网络的核心技术和网络结构,注重其协议层次和当前的研究热点,可作为相关的无线网络技术研究的切入点。

全书语言通俗易懂,体系结构完整,内容丰富翔实,图文并茂,突出了实用性,每章末附有相关实验习题,便于读者巩固知识点。

本书由王建平、余根坚、李晓颖、刘明月编著。参加本书的编写人员还有马丽娟、郭飞、焦长义、王晓峰。其中,第 1~6 章由余根坚、李晓颖、吴辉、郭飞和焦长义编写,第 7~9 章由王建平、马丽娟、王晓峰编写,全书由王建平统稿。

本书编写过程中得到武汉理工大学、中原工学院、闽江学院、河南科技学院和鹤壁职业技术学院相关领导的大力支持,清华大学出版社为本书的编辑出版做了大量工作,在此一并致以衷心的感谢。由于时间仓促,加之编者水平有限,书中不足之处在所难免,恳请读者批评指正。

编　者

2013 年 3 月

CONTENTS

目　录

CONTENTS

CONTENTS

C O N T E N T S

CONTENTS

C O N T E N T S

CONTENTS

CONTENTS

CONTENTS

第1章　无线网络概述

本章主要讲述如下知识点：
➢ 无线网络的发展简史；
➢ 无线电的频率管理及频谱划分；
➢ 无线传输方式；
➢ 无线网络的分类；
➢ 网络的协议层次模型；
➢ 无线网络的相关设备；
➢ 无线天线的相关技术。

1.1　无线网络的发展史

无线网络指的是将地理位置上分散的计算机通过无线电技术连接起来实现数据通信和资源共享的网络。无线网络中的传输媒介是无线电波。与有线网络不同的是，这种网络通信模式不需要实现物理布线。这解决了实际网络布线存在的相关问题。构建的无线网络在网络覆盖范围、移动性等方面也有极大的优势。

前些年，很多专家学者还在就下一代网络是基于光纤技术还是基于无线技术等问题进行喋喋不休的争论。由于无线网络速率低、相关标准滞后，以及相关安全性的问题等，人们对无线网络的未来并不看好。而近几年来，无线网络以极快的速度在许多领域展开了应用，无线网络的速率在不断提高，相关的安全和加密措施也在不断发展，无线网络的优势越来越明显，其性能也在不断提高。作者认为未来基于无线网络和光纤网络的混合模式将是网络发展的趋势。

1.1.1　发展基础阶段

在这个阶段，产生无线通信的相关理论和基础设备。1865 年，麦克斯韦(J. C. Maxwell)建立了著名的电、磁、光现象相统一的麦克斯韦方程。1887 年，赫兹(H. R. Hertz)首次证明了在数米远两点之间可以发射和检测电磁波；1895 年 5 月 7 日，波波夫在俄国彼得堡的物理化学分会上，宣读了关于"金属屑与电振荡的关系"的论文，并当众展示了他发明的无线电接收机。

1895 年，G. M. Marconi 成功地进行了约 3 千米的无线电通信；1901 年，马可尼在英格兰和纽芬兰之间进行了横跨大西洋的莫尔斯电报码发射和接收试验，通信距离超过 3000千米。

1904 年，J. Fleming 发明了二极管，二极管具有检波和整流两种功能，三极管则又增添了放大功能，从而可将弱电流放大成强电流，解决了无线电的接收问题。1906 年，L. De Forest 发明了三极管，他使用三极管研制出了电子管振荡器，用它产生高频电磁波，解决了无线电的发送问题,后来又把若干放大三极管级联起来,形成多级放大器,再与振荡器配合,制成了强力无线电发射机。

1.1.2 无线广播技术

1907 年,L. De Forest 在纽约进行了音乐和语言的无线电实验广播。第一次世界大战期间,交战双方广泛使用了无线电通信和无线电话,此间,美国的 Armstrong 改进了无线电接收机的线路,1918 年发明了超外差电路。这一方式可防止两个频率相近的信号在接收机中发生干扰,从而能够保证接收机接收各个不同频率的广播。战后,无线电工业和技术转向民用,大量无线广播电台建立起来。

最初的无线电广播是中波和短波调幅广播两种方式。中波可沿着地球表面传播(地波),如果功率较大,能够覆盖半径为 100 多千米的地区,也可依靠地球外层空间的电离层反射(天波),有可能到达几百以至上千千米以外的远方。短波主要依靠电离层的反射,功率较大的短波能够传播到几千千米以外。

20 世纪 40 年代起,调频广播出现。与中波调幅广播相比,它可以进行高保真广播,具有较高的抗干扰能力;广播频段可以容纳大量发射机,播出多套节目;在使用同等功率发射机时,调频广播发射台的服务范围比中波发射台大得多,可以比较容易地实现立体声广播。

1948 年,贝尔实验室宣布晶体管研制成功。很快在收音机、电视机的生产中,立即用晶体管替代了电子管。广播接收机发展到半导体阶段,才真正得到空前的普及。从 20 世纪 70 年代起,收音机朝着能够接收调频和多波段的调幅广播以及录音的多功能、高音质方向发展。

中短波广播广泛采用了 PDM、PSM、DAM 技术,采用了数字电路技术,固态化,但仍是模拟广播。随着技术的发展,目前调频广播大量采用数字电路技术,调频同步广播已广泛开始。另外,基于卫星传输的卫星广播采用 DVB-S2 技术标准已全部实现数字化。

1.1.3 无线电视技术

无线电视技术也是非常古老的一种无线通信技术。1890 年,Ferdinand Braun 发明了阴极射线管 CRT(Cathode Ray Tube)。1897 年开发了阴极射线管示波器。这是雷达屏幕和电视显像管的先驱。1907 年第一次采用 CRT 产生了初步的电视图像,1954 年美国 TI 公司研制出了第一台晶体管电视机。1936 年英国开播黑白电视广播,1958 年北京电视台开播,1973 年我国开始试播彩色电视,2006 年我国建立了地面数字传输标准。当前地面无线数字电视已结束实验并进入应用阶段,地面高清开始试验广播。

国内的无线数字电视主要包括数字电视地面传输(Digital Television Terrestrial Multimedia Broadcasting,DTMB)和数字卫星电视卫星传输(Digital Video Broadcasting-Satellite,DVB-S)两种。

国标 DTMB 以时域正交频分复用(TDS-OFDM)调制技术为核心,传输效率高,抗多径干扰能力强,信道估计性能良好,适于移动接收。2011 年 12 月,国际电信联盟在修订地面数字电视国际标准时,将我国的数字电视地面多媒体广播系统 DTMB 标准纳入其中,DTMB 标准也正式成为继美、欧、日之后的第四个数字电视国际标准。

DVB-S 数字卫星电视传输具有覆盖面广、节目容量大等特点,其数据流的调制采用四相相移键控调制（QPSK）方式，传输效率高，抗误码性能较优，其调制信号是包络恒定信号，传输信道中的幅度衰减对其性能无影响，当前卫星电视传输主要采用 C 波段和 Ku 波段两种。

1.1.4　移动通信技术

移动通信技术大致经历了如下几个阶段。

1. 第一代移动通信系统（1G）

第一代移动通信系统是指最初用于模拟语音的蜂窝电话通信标准，它完成于 20 世纪 90 年代初，如 Nordic 移动电话系统（NMT），美国的高级移动电话系统（Advanced Mobile Phone System，AMPS），英国的总访问通信系统（TACS）以及日本的 JTAGS、西德的 C-Netz，法国的 Radiocom 2000 和意大利的 RTMI 等。

第一代移动通信主要采用模拟通信技术和频分多址（FDMA）技术。由于受到传输带宽的限制，不能进行移动通信的长途漫游，只能是一种区域性的移动通信系统。第一代移动通信有多种制式，我国主要采用的是 TACS。第一代移动通信系统基于模拟传输，其特点是业务量小、质量差、安全性差、没有加密和速度低，不能提供数据业务和自动漫游等。1G 网络目前已经淘汰。

2. 第二代移动通信系统（2G）

第二代移动通信系统起源于 20 世纪 90 年代，它以数字技术为主体。2G 技术主要有 TDMA 和 CDMA 两种技术。常见的 2G 标准如下所示。

（1）GSM：基于 TDMA 发展，源于欧洲，目前已全球化。

（2）IDEN：基于 TDMA 发展，美国独有的系统，被美国电信系统商 Nextell 使用。

（3）IS-136（D-AMPS）：基于 TDMA 发展，是美国最简单的 TDMA 系统，用于美洲。

（4）IS-95（CDMAOne）：基于 CDMA 发展，是美国最简单的 CDMA 系统，用于美洲和亚洲一些国家。

（5）PDC（Personal Digital Cellular）：基于 TDMA 发展，在日本普及。

我国的 2G 网络技术主要包括中国移动的 GSM 和中国联通的 CDMA（IS-95）。目前 2G 网络正在被淘汰。

另外，通常在很多地方可以看到 2.5G 的概念。2.5G 移动通信技术指的是实现从 2G 迈向 3G 的衔接性技术。通常认为，GPRS、EDGE、CDMA2000 1x、蓝牙（Bluetooth）等技术都是 2.5G 技术。GPRS（General Packet Radio Service，通用分组无线业务）是在现有 GSM 系统上发展出来的一种新的分组数据承载业务。EDGE（Enhanced Data rate for GSM Evolution，增强数据速率的 GSM 演进）是速度更高的 GPRS 后续技术。

3. 第三代移动通信系统（3G）

第三代移动通信系统也称 IMT 2000，其最基本的特征是智能信号处理技术，智能信号处理单元将成为基本功能模块，支持语音和多媒体数据通信，它可以提供各种宽带信息业务，例如高速数据、慢速图像与电视图像等。第三代移动通信标准有 WCDMA、CDMA2000 和 TDS-CDMA 三大分支。

WCDMA 即宽带码分多址，也称为直接扩频宽带码分多址。最初提出者是欧洲电信标准组织 ETSI，后来与日本的 W-CDMA 技术融合，成为 ITU 倡导的 3G 三大主流技术之一，即 IMT-2000 CDMA-DS。中国联通的 3G 网络采用 WCDMA 标准。

CDMA 2000 是由窄带 CDMA(CDMA IS95)技术发展而来的宽带 CDMA 技术,它由高通北美公司提出,摩托罗拉、Lucent 和三星参与,韩国成为该标准的主导者。该标准提出了从 CDMA IS95(2G)到 CDMA 2000 1x(2.5G)再到 CDMA 2000 3x(3G)的演进策略。中国电信的 3G 网络采用 CDMA 2000。

TD-SCDMA(Time Division-Synchronous Code Division Multiple Access,时分同步码分多址)是我国提出的 3G 标准,它是 ITU 批准的三大 3G 标准之一,是以我国知识产权为主的、被国际上广泛接受和认可的无线通信国际标准。中国移动的 3G 网络采用 TD-SCDMA 标准。

4. 第四代移动通信技术的发展(4G)

第四代移动通信技术是集 3G 与 WLAN 于一体并能够传输高质量视频图像的技术产品。4G 是 3G 技术的进一步演化,能够提供高速移动网络宽带服务和全球移动通信服务。

第四代通信的核心技术包括软件无线电技术、OFDM 技术、MIMO 技术、智能天线等。它和 3G 的主要区别是数据速率、业务类型、传输方式、Internet 接入技术、与有线骨干网接口的兼容性、服务质量和安全性等。

4G 是当前主流的移动通信技术。然而,随着用户的急剧增加和对服务性能要求的提高,4G 技术凸显出了如下缺陷,包括不支持突发数据流量;基站处理能力的利用率低下;同频干扰严重;支持异构无线网络的性能较差,室内用户和室外用户无法分离等。

5. 第五代移动通信技术(5G)

第五代移动通信技术是指提供移动超宽带 eMBB(Enhanced Mobile Broadband)业务的蜂窝网络技术。eMBB 可以实现在现有移动宽带业务场景的基础上,极大提升网络服务质量和用户体验。5G 的核心技术如下。

1) 非正交多址接入技术

非正交多址接入技术(Non-Orthogonal Multiple Access,NOMA)在相同的时频资源块上,通过不同的功率级构建多址接入。NOMA 在发送端使用叠加编码(Superposition Coding)以实现非正交发送,其子信道传输仍然采用 OFDM 技术,子信道之间是正交的,互不干扰,每个子信道分配给多个用户共享。在接收端使用串行干扰删除技术(Successive Interference Cancelation,SIC)进行多用户检测,以消除用户间干扰,实现解调。

2) 高频段传输技术

传统的移动通信系统通常工作在 3GHz 频段,当前,该频段的频谱资源极其紧张。为有效缓解频谱资源紧张问题,在 5G 中设计了 60GHz 的高频段传输技术,以实现极高速率的短距离通信方案。

3) D2D 通信技术

考虑到以基站为中心的通信业务提供方式无法满足海量用户的灵活业务需求,在 5G 中构建了 D2D(Device-to-Device)通信技术,以支持更灵活的网络架构和连接方法,提升链路灵活性和网络可靠性。当前,D2D 采用广播、组播和单播技术方案,其增强技术包括基于 D2D 的中继通信、多天线技术和联合编码等。

4) 超密集组网技术

高频段是 5G 网络的主要频段,为改善网络覆盖,实现高流量密度、高峰值速率和高用户体验等性能指标需求,通过超密集组网提高 5G 系统的频谱效率,并采用快速资源调度进行无线资源调配,以提高资源利用率和频谱效率。5G 超密集组网可分为宏基站＋微基站及微基站＋微基站两种模式,两种模式通过不同的方法实现干扰与资源调度。

5) 大规模 MIMO 技术

大规模 MIMO 技术是 MIMO 技术的扩展和延伸,其基本特征是在基站侧配置大规模的天线阵列,利用空分多址技术同时服务多个用户。通过大规模 MIMO 技术提高了 5G 系统的频谱效率和能量效率。

1.1.5　无线网络技术

最初的无线网络技术主要指的是基于计算机实现无线网络互连的通信技术。而随着网络技术的发展,目前的无线网络技术可容纳多种无线终端实现基于无线的数据通信和资源共享。1971 年,夏威夷大学的研究员开发了 ALOHNET 网络,这是无线局域网的雏形。ALOHNET 包括了 7 台计算机,采用双向星状拓扑横跨 4 座夏威夷的岛屿,中心计算机放置在瓦胡岛上。

1997 年,IEEE 802.11 标准正式实施。1999 年,IEEE 发布了 802.11b 和 802.11a 标准,IEEE 802.11b 标准工作在 2.4G 频段,其物理速率最大为 11Mbps。IEEE 802.11a 标准定义了三种可选的 5G 频段($5.150 \sim 5.350 \text{GHz}$,$5.475 \sim 5.725 \text{GHz}$,$5.725 \sim 5.850 \text{GHz}$),其物理速率最大为 54Mbps,由于两者采用不同的频段,其相互之间无法兼容。2003 年发布的 IEEE 802.11g 标准仍然采用 2.4G 频段,其物理速率达到 54Mbps,可以和 IEEE 802.11b 标准兼容。但是,这些标准仍然存在带宽不足、兼容性差、安全风险、漫游困难、管理困难等问题。为实现高带宽、高质量的无线局域网服务,使无线局域网达到以太网的性能水平,2009 年发表了 IEEE 802.11n 标准。该标准定义了 2.4G 和 5G 两个频段,其非重叠信道数达到 15 个,物理速率高达 600Mbps,信道带宽最高达 40MHz,该标准可以同时兼容 IEEE 802.11b、IEEE 802.11a 和 IEEE 802.11n。

2013 年推出的 IEEE 802.11ac 标准采用 5G 频段,其信道带宽可以选择 20MHz、40MHz、80MHz 和 160MHz,在 8×8 MIMO 环境下,其理论物理速率可达 6.93Gbps。2019 年 1 月,IEEE 802.11ax 草案 4.0 通过,并将于 2020 年 1 月获批。该无线技术标准拥有 8×8 MU-MIMO,可以同时向 8 个终端共享上行、下行的 MU-MIMO 数据包,支持 1024-QAM 调制方式。理论最大关联速率为 9.6Gbps。

1.2　无线电频谱

1.2.1　无线电的管理机构

无线电频谱资源是国家稀缺的战略资源。随着技术进步和信息化的推进,无线电技术飞速发展,无线电用户和市场达到了前所未有的规模,这使无线电频谱资源稀缺程度不断加大。无线电技术发展和应用日益广泛与社会大众对无线电知识缺乏形成矛盾,这是无线电频谱资源监管面临的主要问题,随意设置无线电台(站)和侵占无线电频谱资源的现象,也给国家造成了安全隐患。实施无线电管制是保护无线电频谱资源的客观要求。

无线电管理是国家通过专门机关,对无线电频谱资源和卫星轨道资源的研究、开发、使用所实施的,以实现合理、有效利用无线电频谱和卫星轨道资源为目的的行为、活动和过程。我国的无线电管理机构如下所述。

1. 工业和信息化部无线电管理局

工业和信息化部无线电管理局(国家无线电办公室)是工业和信息化部主管全国无线电管理工作的职能机构。其主要职责包括编制无线电频谱规划;负责无线电频率的划分、分配与指配;依法监督管理无线电台(站);负责卫星轨道位置协调和管理;协调处理军地间无线电管理相关事宜;负责无线电监测、检测、干扰查处,协调处理电磁干扰事宜,维护空中电波秩序;依法组织实施无线电管制;负责涉外无线电管理工作。

2. 国家无线电监测中心

国家无线电监测中心(国家无线电频谱管理中心)是国家无线电管理技术机构,为工业和信息化部直属事业单位,主要承担无线电监测和无线电频谱管理工作。其主要职责包括负责短波、卫星日常无线电监测相关工作;按照有关要求和规定,监测短波、卫星无线电频率/卫星轨道资源使用情况及无线电台(站)是否按照规定的程序和核定的项目工作。参与北京地区相关超短波、微波频段的无线电监测工作;承担重大活动、重大事件无线电安全的相关技术保障工作;按照有关要求和规定,测试有关电波参数和电磁环境,查找未经批准擅自使用的无线电台(站),定位、查找无线电干扰源及非无线电设备辐射无线电波的干扰源,承担通过采取技术措施对非法无线电发射予以制止或阻断的相关任务;按照国家规定,监测无线电设备的主要技术指标,监测工业、科学和医疗应用设备、信息技术设备以及其他电器设备等非无线电设备的无线电波辐射;承担无线电频率、台(站)管理及涉外业务的技术支撑工作;受部委托承担北京地区相关无线电台(站)频率占用费收缴工作;负责全国无线电频率台(站)数据库、监测数据库等无线电管理基础数据库的建设、运行和维护;承担无线电管理相关技术标准、规范的研究及起草工作;承担无线电管理相关应用软件的开发和应用推广等工作;为各省(区、市)无线电管理工作提供技术指导;受部委托管理国家无线电频谱管理中心;承办工业和信息化部交办的其他事项。

3. 中国人民解放军无线电管理机构

负责军事系统的无线电管理工作,其主要职责包括参与拟订并贯彻执行国家无线电管理的方针、政策、法规和规章,拟订军事系统的无线电管理办法;审批军事系统无线电台(站)的设置,核发电台执照;负责军事系统无线电频率的规划、分配和管理;核准研制、生产、销售军用无线电设备和军事系统购置、进口无线电设备的有关无线电管理的技术指标;组织军事无线电管理方面的科研工作,拟制军用无线电管理技术标准;实施军事系统无线电监督和检查;参与组织协调处理军地无线电管理方面的事宜。

4. 省市级无线电管理机构

省、自治区、直辖市在上级无线电管理机构和同级人民政府领导下,负责辖区内除军事系统外的无线电管理工作。其主要职责包括贯彻执行国家无线电管理的方针、政策、法规和规章;拟订地方无线电管理的具体规定;协调处理本行政区域内无线电管理方面的事宜;根据审批权限审查无线电台(站)的建设布局和台址,指配无线电台(站)的频率和呼号,核发电台执照;负责本行政区域内无线电监测。

5. 国务院有关部门的无线电管理机构

负责本系统的无线电管理工作，其主要职责包括贯彻执行国家无线电管理的方针、政策、法规和规章；拟订本系统无线电管理的具体规定；根据国务院规定的部门职权和国家无线电管理机构的委托，审批本系统无线电台(站)的建设布局和台址，指配本系统无线电台(站)的频率、呼号，核发电台执照；国家无线电管理机构委托行使的其他职责。

1.2.2　无线电的频谱划分

无线通信采用电磁波进行信号传输。目前应用于计算机无线通信的手段主要有无线电短波、超短波、微波、红外线、激光以及卫星通信等。电磁波是发射天线感应电流而产生的振荡波。这些电磁波在空中传播，最后被感应天线接收。

电磁波可运载的信息量与它的带宽有关。无线电波、微波、红外线和可见光都可以通过调节振幅、频率或相位来传输信息。紫外线、X 射线和伽马射线也可以用来传输信息且可以获得更好的效果，但它们难以生成和调制，穿过建筑物的特性不好，且对生物有害。电磁波的辐射频率如图 1-1 所示。

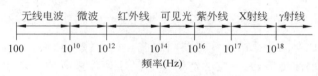

图 1-1　电磁波频率

在真空中，所有的电磁波以相同的速度传播，与频率无关，大约为 $3 \times 10^8 \mathrm{m/s}$。设电磁波的频率为 f，波长为 λ，波速为 C，则有 $C = \lambda \times f$。由于波速 C 是一个常数值，所以，f 和 λ 成反比。在无线网络中，通常采用微波进行信息传输，表 1-1 列出了无线通信中常见的频谱划分。

表 1-1　常见的频谱划分

频段名称	频段范围	波段名称	波长范围/m
极低频(ELF)	3～30Hz	极长波	$10^7 \sim 10^8$
超低频(SLF)	30～300Hz	超长波	$10^6 \sim 10^7$
特低频(ULF)	300Hz～3kHz	特长波	$10^5 \sim 10^6$
甚低频(VLF)	3～30kHz	甚长波	$10^4 \sim 10^5$
低频(LF)	30～300kHz	长波	$10^3 \sim 10^4$
中频(MF)	300kHz～3MHz	中波	$10^2 \sim 10^3$
高频(HF)	3～30MHz	短波	$10 \sim 10^2$
甚高频(VHF)	30～300MHz	超短波	$1 \sim 10$
特高频(UHF)	300MHz～3GHz	分米波(微波)	$10^{-1} \sim 1$
超高频(SHF)	3～30GHz	厘米波(微波)	$10^{-2} \sim 10^{-1}$

续表

频段名称	频段范围	波段名称	波长范围/m
极高频(EHF)	30～300GHz	毫米波(微波)	10^{-3}～10^{-2}
至高频	300GHz～3THz	丝米波	10^{-4}～10^{-3}

在表 1-1 所列的频谱中,长波的穿透能力最强,电磁波靠地波传播,但其收发天线的占用场地很大,常用于海上通信。中波比较稳定,主要用于广播。短波在传输过程中,碰到电离层会发生反射现象因而其传输距离很远,故短波常用于远距离通信或广播。但极易受电离层变化的影响,信号会时强时弱。超短波的传输特性同光波一样,是沿直线传播的,要求通信双方之间(两微波站之间)没有阻挡物。微波传输特性也和光波一样,只能沿直线传播即视距传播,绕射能力弱,且在传播中遇到不均匀的介质时,将产生折射和反射。

1.3 无线传输方式

1.3.1 地波通信

沿地球表面附近空间传播的无线电波叫地波。在无线信道通信中,频率较低的电磁波趋于沿弯曲的地球表面传播,有一定的绕射能力。这种传播方式叫地波传输。根据电磁波的衍射特性,当波长大于或相当于障碍物的尺寸时,波才能明显地绕到障碍物的后面。图 1-2 是地波传输的基本示意图。

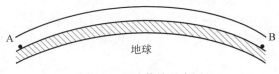

图 1-2 地波传输示意图

地波传播时,陆地和海洋均会引起信号衰损。地球表面会因地波的传播产生感应电流,因而地波在传播过程中有能量损失。频率越高,损失的能量越多。地波不受昼夜变化和气候影响,传播比较稳定可靠。但在传播过程中,能量被大地不断吸收,因此地波的传播距离不远,一般在几百千米的范围内。地波适宜在较小范围里的通信和广播业务使用。

通常由于长波和中波的波长较大,所以可以方便地采用地波通信,部分地域条件较好的地方也可以采用短波实现地波通信。地波通信一般用于实现相关的无线电广播业务。

1.3.2 天波通信

天波指的是将信号发射到地球上空电离层,通过电离层反射来实现信号传输的一种方式。在地面上空 50 千米到几百千米,大气中一部分气体分子由于受到太阳光的照射而丢失电子,即发生电离,产生带正电的离子和自由电子,这层大气就叫作电离层。电离层对于不同波长的电磁波表现出不同的特性。实验证明,波长短于 10m 的微波能穿过电离层,波长超过 3000 千米的长波,几乎会被电离层全部吸收。

对于中波、中短波、短波,波长越短,电离层对它吸收得越少而反射得越多。天波从电离

层第一次反射落地(第一跳)的最短距离约
为 100 千米。短波一般采用天波形式进行
传播。在这种方式下,电波经过电离层与
地面之间的多次反射,进行远距离通信。
图 1-3 是天波通信的基本示意图。

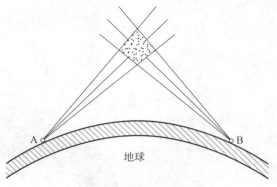

图 1-3　天波传输示意图

天波通信系统配置简单,机动性大,广
泛应用于电话、电报、传真和广播等业务。
但是该通信系统载频较低,稳定性较差。

1.3.3　微波直线通信

微波是一种电磁波,微波通信使用的
频率范围通常是 3~30GHz,因此称为厘米波。实际微波设计中的设备使用的频率为
7~38GHz,频率越高,传输距离越短。根据微波传播的特点,可视其为平面波。平面波沿传
播方向没有电场和磁场纵向分量,所以称为横电磁波。

微波通信沿直线进行信号传输,并且不能穿透障碍物,因此微波通信主要依靠视距通
信,超过视距以后需要中继转发。一般相隔 50 千米就需要设置中继站,将电波放大转发而
延伸。远距离微波通信通常要经过数十次中继,图 1-4 展示了微波通信的基本模型。可以
看到 A、B 两个站点之间要进行数据通信,则必须经过中间的三个中继站。这些中继站要和
A、B 两个站点严格对准。

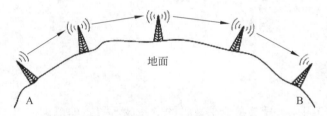

图 1-4　微波通信的基本模型

1980 年以前,模拟微波在通信中一直占据统治地位。1990 年开始,数字微波技术发展
迅猛。除了技术进步的原因以外,数字信号保持优良信噪比的长距离传输能力起到很关键
的推动作用。微波通信频带宽、容量大,广泛应用于各种电信业务的传送。

1.3.4　卫星微波通信

卫星微波通信是指利用人造卫星进行中转的通信方式。通信卫星一般被发射在赤道上
方 3.6 万千米的同步轨道上,与地球的自转同步运行。轨道的平面与赤道平面的夹角保持
为零度,使卫星相对地面静止不动,因此称为同步卫星。卫星通信系统由卫星和地球站两部
分组成。卫星在空中起中继站的作用,把地球站发送来的电磁波放大后回送另一个地球站。
卫星微波通信的基本原理如图 1-5 所示。

地球站是卫星系统形成的链路。由于每一颗通信卫星可俯视地球 1/3 的面积,所以利
用在定点同步轨道上等距离分布的三颗卫星,就能进行全球通信,如图 1-6 所示。

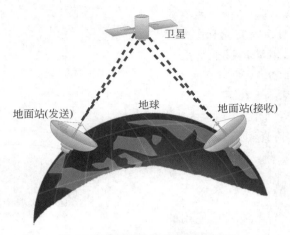

图 1-5 卫星微波通信的基本原理

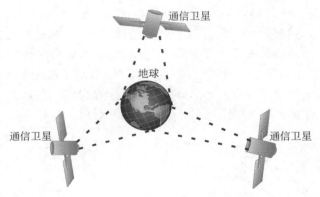

图 1-6 基于卫星微波的全球通信

卫星通信覆盖范围广,只要在卫星发射的电磁波所覆盖的范围内,任何两点之间都可进行通信。卫星通信容量大,同一信道可用于不同方向或不同区间,同时可在多处接收,能经济地实现广播、多址通信。卫星通信的缺点是传输延时较大,费用较高。

1.3.5 红外线传输

红外线是波长为 750nm~1mm 的电磁波,它的频率高于微波而低于可见光,是一种人眼看不到的光线。由于红外线的波长较长,对障碍物的衍射能力差,所以更适合在需要短距离无线通信的场合,进行点对点的直线数据传输。

红外数据协会(IrDA)将红外数据通信所采用的光波波长的范围限定在 850~900nm。红外接口是目前在世界范围内被广泛使用的一种无线连接技术,被众多的硬件和软件平台所支持;通过数据脉冲和红外光脉冲之间的相互转换实现无线数据收发。红外线通信技术适合于低成本、跨平台、点对点高速数据连接。

红外线传输技术实际上是非常古老的通信技术,日常生活中使用的遥控器等都采用的是红外线通信。目前,在实际无线网络通信中基本上已经将基于红外线的方式淘汰,红外线通信仅使用在家电控制等简单的单工通信模式下。

1.3.6　空间激光传输

空间激光通信是指用激光束作为信息载体进行空间(包括大气空间、低轨道、中轨道、同步轨道、星际间、太空间)通信。激光空间通信与微波空间通信相比,波长比微波波长明显短,具有高度的相干性和空间定向性,其特点如下。

1. 大通信容量

激光的频率比微波高 $3\sim4$ 个数量级(其相应光频率为 $10^{13}\sim10^{17}$ Hz),作为通信的载波有更大的利用频带。光纤通信技术可以移植到空间通信中,目前光纤通信每束波束的数据率可达 20Gbps 以上,并且可采用波分复用技术使通信容量上升几十倍。因此在通信容量上,激光通信比微波通信有更大的优势。

2. 低功耗

激光的发散角很小,能量高度集中,落在接收机天线上的功率密度高,发射机的发射功率可大大降低,功耗相对较低。这对应于能源成本高昂的空间通信来说,是十分适用的。

3. 体积小、重量轻

由于空间激光通信的能量利用率高,使得发射机及其供电系统的重量减轻。由于激光的波长短,在同样的发散角和接收视场角要求下,发射和接收望远镜的口径都可以减小。摆脱了微波系统巨大的碟形天线,重量减轻,体积减小。

4. 高度的保密性

激光具有高度的定向性,发射波束纤细,激光的发散角通常在毫弧度,这使激光通信具有高度的保密性,可有效地提高抗干扰、防窃听的能力。

5. 建网费用低

激光空间通信具有较低的建造经费和维护经费。

1.4　无线网络的分类

1.4.1　从覆盖范围分类

按覆盖范围划分,无线网络分为无线广域网、无线城域网和无线局域网。

1. 无线广域网

无线广域网(Wireless Wide Area Network,WWAN)是采用无线网络技术把分散的局域网(LAN)连接起来的通信方式。WWAN 技术可使用户通过远程公用网络或专用网络建立无线网络连接。通过无线服务提供商负责维护的若干天线基站或卫星系统,这些连接可以覆盖较大的地理范围,从而使分布的局域网互联。无线广域网的结构分为末端系统(两端的用户集合)和通信系统(中间链路)两部分。

IEEE 802.20 是 WWAN 的重要标准,适用于高速移动环境下的宽带无线接入系统空中接口规范。

IEEE 802.20 标准在物理层以正交频分复用技术(Orthogonal Frequency Division Multiplexing,OFDM)和多输入多输出技术(Multiple Input Multiple Output,MIMO)为核心,充分挖掘时域、频域和空间域的资源,大大提高了系统的频谱效率。在设计理念上,基于分组数据的纯 IP 架构适应突发性数据业务,在实现和部署成本上也具有较大的优势。IEEE 802.20 能够满足无线通信市场高移动性和高吞吐量的需求,具有性能好、效率高、成本低和部署灵活等特点。

2. 无线城域网

无线城域网(Wireless Metropolitan Area Network,WMAN)实现在城区的多个场所之间创建无线网络连接。WMAN 使用无线电波或红外线传送数据。在许多情况下,无线城域网可用来代替现有的有线宽带接入,因此又称为无线本地环路。

1999 年,IEEE 设立了 802.16 工作组,其主要工作是建立和推进全球统一的无线城域网技术标准,2001 年成立了 WiMax 论坛组织,2002 年 4 月通过了 802.16 无线城域网标准。IEEE 802.16 工作组是无线城域网标准的制定者,而 WiMax 论坛则是 IEEE 802.16 技术的推动者,因而相关无线城域网技术在市场上又被称为"WiMax 技术"。

WiMax 技术的物理层和媒质访问控制层(MAC)技术基于 IEEE 802.16 标准,可以在 5.8GHz、3.5GHz 和 2.5GHz 这三个频段上运行。WiMax 利用无线发射塔或天线,能提供面向互联网的高速连接,其接入速率最高达 75Mbps,最大距离可达 50km,覆盖半径达 1.6km,它可以替代现有的有线和 DSL 连接方式。

WiMax 的优点:

(1) 传输距离远,接入速度高,应用范围广;

(2) 不存在瓶颈限制,系统容量大;

(3) 提供广泛的多媒体通信服务;

(4) 安全性高。

3. 无线局域网

无线局域网(Wireless Local Area Network,WLAN)是利用无线网络技术实现局域网应用的产物,它具备局域网和无线网络两方面的特征,即 WLAN 是以无线信道作为传输媒体实现的计算机局域网。WLAN 是传输范围在 100m 左右的无线网络,它由 Wi-Fi Alliance 推动(目前都以 Wi-Fi 产品的称呼来形容 IEEE 802.11 的产品),使用户可以在不同时间、在办公楼的不同地方工作。

WLAN 技术可以使用户在本地创建无线连接,主要用于临时办公室或其他无法大范围布线的场所,或用于增强现有的局域网。

WLAN 以两种不同的方式运行。在基础结构 WLAN 中,无线站连接到无线接入点,无线接入点在无线站与现有网络中枢之间起桥梁作用。在点对点 WLAN 中,有限区域内的几个用户可以在不需要访问网络资源时建立临时网络,而无须使用接入点。

WLAN 采用与有线局域网相同的工作方式,整个局域网系统由计算机、服务器、网络操作系统、无线网卡、无线接入点(Access Point,AP)等组成。WLAN 在系统规模、投资、建设周期上比移动数据网络都要小得多。

WLAN 有两个主要标准,即 IEEE 802.11 和 HiperLAN。IEEE 802.11 由面向数据的计算机通信(有线局域网技术)技术发展而来,它主张采用无连接的 WLAN。HiperLAN 由 ETSI(欧洲电信标准化协会)提出,由电信行业发展而来,它更关注基于连接的 WLAN。目前大多数 WLAN 产品基于 IEEE 802.11。

WLAN 具有以下优势:

（1）安装便捷，维护方便；

（2）使用灵活，移动简单；

（3）经济节约，性价比高；

（4）易于扩展，大小自如。

4. 无线个域网

无线个域网（Wireless Personal Area Network，WPAN）指的是在工作的地方把属于个人使用的电子设备用无线技术连接起来实现自组网络，不需要使用接入点 AP。WPAN 技术使用个人操作空间（Personal Operation Space，POS）设备，POS 指的是以个人为中心，最大距离为 10m 的一个空间范围。

WPAN 是以个人为中心的无线个人区域网，是一种低功率、小范围、低价格的电缆替代技术。WPAN 工作在 2.4GHz 的工业科学医疗（Industrial Scientific Medical，ISM）频段。

目前，两个主要的 WPAN 技术是蓝牙（Bluetooth）和红外线。为规范 WPAN 的发展，IEEE 已为 WPAN 成立了 802.15 工作组，此工作组发展基于 Bluetooth 版本的 WPAN 标准。

1）低速 WPAN

低速 WPAN 主要用于工业监控组网、办公自动化与控制等领域，其速率是 2～250kbps。低速 WPAN 的标准是 IEEE 802.15.4。

低速 WPAN 中最重要的是 ZigBee（紫蜂）。ZigBee 技术主要用于各种电子设备（固定的、便携的或移动的）之间的无线通信，其主要特点是通信距离短（10～80m），数据传输速率低，成本低廉。

2）高速 WPAN

高速 WPAN 用于在便携式多媒体装置之间传送数据，支持 11～55Mbps 的数据传输速率，使用的标准是 IEEE 802.15.3。IEEE 802.15.3a 工作组还提出了更高数据传输速率的超高速 WPAN，它使用超宽带 UWB（Ultra Wideband，脉冲无线电）技术。UWB 技术工作在 3.1～10.6GHz 微波频段，有非常高的信道带宽。超宽带信号的带宽应超过信号中心频率的 25％以上，或信号的绝对带宽超过 500MHz。超宽带技术使用了瞬间高速脉冲，可支持 100～400Mbps 的数据传输速率，可用于小范围内高速传送图像或 DVD 质量的多媒体视频文件。

1.4.2　从应用角度分类

目前，无线网络的应用范围不断扩展，无线网络的使用可以更好地扩大计算机网络的覆盖范围，解决有线网络移动性差的缺点。目前市场上热门的无线技术如下。

1. Wi-Fi

Wi-Fi（Wireless-Fidelity），即无线保真技术，它是一个无线网络通信技术品牌，由 Wi-Fi 联盟（Wi-Fi Alliance）持有，目的是改善基于 IEEE 802.11 标准的无线网络产品之间的互通性。早期，Wi-Fi 是指 IEEE 802.11b 标准，自从 Wi-Fi 标准确立以来，各企业都为了达到速度更高、传输更快、范围更广而进行着激烈的竞争。为了方便识别和使用，当前 Wi-Fi 联盟把对应的 IEEE802.11 相关技术进行了 Wi-Fi 重命名，其对应关系如表 1-2 所示。

表 1-2　Wi-Fi 名称

IEEE 标准	Wi-Fi 名称	理论速率	IEEE 标准	Wi-Fi 名称	理论速率
802.11b	Wi-Fi 1	11Mbps	802.11n	Wi-Fi 4	600Mbps
802.11a	Wi-Fi 2	54Mbps	802.11ac	Wi-Fi 5	6.93Gbps
802.11g	Wi-Fi 3	54Mbps	802.11an	Wi-Fi 6	9.6Gbps

2. 第四代移动通信技术

4G 即第四代移动通信技术。4G 技术集 3G 与 WLAN 技术于一体,能够传输高质量视频图像信息。4G 的频带范围为 2～8GHz,带宽为 10～20MHz,可以采用 FDMA、TDMA、CDMA、SDMA 等多种多址技术,其核心网络为全 IP 网络,实现了语音和数据的全面融合,支持多媒体业务,构建了局域网和广域网混合的网络体系结构。4G 系统可以采用 OFDM、MC-CDMA、LAS-DMA 等接入方式,4G 能够以 100Mbps 的速度下载,上传的速度也能达到 20Mbps。2019 年 2 月发布的第 43 次中国互联网络发展状况统计报告显示,截至 2018 年 12 月,我国网民使用手机上网比例达到 98.6%,手机网民规模达 8.17 亿,移动宽带用户通过 4G 网络访问互联网的平均速度达 22.05Mbps。这表明,4G 移动宽带接入已经成为国内无线网络接入的主要技术。

3. 蓝牙

蓝牙(Bluetooth)是由东芝、爱立信、IBM、Intel 和诺基亚于 1998 年 5 月共同提出的近距离无线数据通信技术标准。蓝牙系统采用一种灵活的无基站的组网方式,可以应用于任何用无线方式替代线缆的场合。蓝牙技术具有电磁波的基本特征,没有角度及方向性限制,可在物体之间反射、绕射,传输速度快,并有较大的功率。当前蓝牙经历了 1.1、1.2、2.0、2.1、3.0、4.0、4.1、4.2、5.0 这 9 个版本的发展。蓝牙 1.1 传输速率为 748～810kbps,蓝牙 1.2 增加了抗干扰跳频功能。蓝牙 2.0 的传输速率为 1.8～2.1Mbps,支持双工模式。蓝牙 3.0 标准数据传输速率提高到了大约 24Mbps。蓝牙 4.0 理论最高传输速率仍然为 24Mbps,理论有效覆盖范围扩大到 100m。蓝牙 5 的理论有效传输距离增大到 300m。

蓝牙有微微网(Piconet)和分布式网络(Scatternet)两种组网形式。微微网是一种微型网络,在微微网建立时,定义其中一个蓝牙设备为主设备,其余设备为从设备。主设备负责提供时钟同步信号和跳频序列,从设备一般是受控同步的设备,接受主设备的控制。分布式网络由多个独立的非同步微微网组成,以跳频顺序识别每个微微网。一个微微网中的主设备单元同时也可以作为另一个微微网的从设备单元。分布式网络支持多个蓝牙设备连接,可以灵活建网,无须基站支持,可实现独立分组、转发和决策。

4. HomeRF

HomeRF 是由 HomeRF 工作组开发的,应用于家庭范围内的无线通信开放性工业标准。HomeRF 技术使用开放的 2.4GHz 频段,采用跳频扩频(FHSS)技术,跳频速率为 50 跳/秒,共有 75 个带宽为 1MHz 的跳频信道。调制方式为恒定包络的 FSK 调制,分为 2FSK 与 4FSK 两种。2FSK 方式下,最大数据传输速率为 1Mbps,4FSK 方式下,速率可达 2Mbps。在 HomeRF 2.x 标准中,采用了宽带调频(Wide Band Frequency Hopping,WBFH)技术来增加跳频带宽,由原来的 1MHz 跳频信道增加到 3MHz、5MHz,跳频的速率也增加到 75 跳/秒,数据峰值速率达到 10Mbps。

HomeRF 技术采用共享无线接入协议(SWAP)作为联网的技术指标,建立对等结构的家庭无线局域网,数据通信采用简化的 IEEE 802.11 协议标准,沿用带冲突检测的载波监听多址技术(CSMA/CA)。语音通信采用 DECT(Digital Enhanced Cordless Telephony)标准,使用 TDMA 时分多址技术。HomeRF 具有较好的带宽、低干扰和低误码率,真正实现了流媒体服务的支持。

1.5　网络协议层次模型

计算机问世至今,出现了许多商品化的网络系统。这些网络在体系结构上有较大的差异,它们之间互不兼容,难于互联构成更大的网络系统。为此,许多研究机构和厂商都在开展网络体系结构的研发,其中最为著名的有 ISO 的开放系统互连参考模型(Open System Interconnection/Reference Model,OSI/RM)和 TCP/IP(Transmission Control Protocol/ Internet Protocol)参考模型。

1.5.1　OSI 参考模型

OSI 参考模型是为网络协议的层次划分建立的一个标准框架。"开放(Open)"表示不同厂家产品,只要遵照这个参考模型,就可以实现互连、互操作和可移植。任何遵循 OSI 标准的系统,只要物理上连接起来,它们之间都可以互相通信。

OSI/RM 模型将计算机网络分为七层,如图 1-7 所示。这七层结构可以划分成三个核心层次,分别是高层、低层和中间层。高层由应用层、表示层和会话层组成,面向信息处理和网络应用;低层由网络层、数据链路层和物理层组成,面向通信处理和网络通信;中间层是运输层,它为高层的网络信息处理应用提供可靠的端到端通信服务。

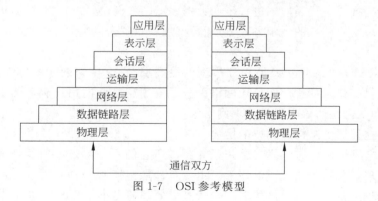

图 1-7　OSI 参考模型

1. 物理层

物理层(Physical Layer)是 OSI 模型的最底层或第一层,它的主要功能是完成相邻节点之间原始比特流的传输,它定义了为建立、维护和拆除物理链路所需的机械、电气、功能和规程特性,实现原始的数据比特流在物理媒体上传输。具体涉及接插件的规格,0、1 信号的电平表示,收发双方的协调等内容。

2. 数据链路层

数据链路层(Data Link Layer)是 OSI 模型的第二层,它控制网络层与物理层之间的通信,在物理层提供比特流传输服务的基础上,在通信的实体之间建立数据链路连接,以帧为单位传送数据信息,通过校验、确认和反馈重发等手段,将不可靠的物理链路改造成对网络层来说无差错的数据链路。数据链路层还要协调收发双方的数据传输速率,即进行流量控制,以防止接收方因来不及处理发送方来的高速数据而导致缓冲器溢出及线路阻塞。

3. 网络层

网络层(Network Layer)是 OSI 模型的第三层,它关心的是通信子网的运行控制,主要功能是完成网络中主机间的报文传输,通过路由算法,为分组选择最佳路径。另外,为避免通信子网中出现过多的分组而造成网络阻塞,需要对流入的分组数量进行控制。当分组要跨越多个通信子网才能到达目的地时,还要解决网际互联的问题。网络层根据运输层的要求来选择服务质量并向运输层报告未恢复的差错。

4. 运输层

运输层(Transport Layer)是 OSI 模型的第四层,它的主要功能是向用户提供可靠的端到端(End-to-End)服务,透明地传送报文。运输层对高层屏蔽了下层数据通信的细节,使高层用户不必关心通信子网的存在。运输层还要处理端到端的差错控制和流量控制问题。

5. 会话层

会话层(Session Layer)是 OSI 模型的第五层,其主要功能是组织和同步不同主机上各种进程间的通信(也称为对话)。会话层的功能包括建立通信链接,保持会话过程通信链接的畅通,同步两个节点之间的对话,决定通信是否被中断以及通信中断时决定从何处重新发送。

6. 表示层

表示层(Presentation Layer)是 OSI 模型的第六层,它为上层用户提供共同的数据或信息的语法表示变换。它代表应用进程协商数据表示,完成数据转换、格式化和文本压缩等功能。表示层处理交换信息的表示方式,包括数据加密与解密、数据压缩与解压缩等。

7. 应用层

应用层(Application Layer)是 OSI 模型的最高层,它直接为最终用户服务。其主要功能是为软件提供接口以使程序能使用网络服务。应用层是面向用户服务的层次,它的协议很多,使用不同的网络协议来提供相关网络服务。

OSI 采用这种层次结构具有如下优势。

(1) 各层之间是独立的。某一层并不需要知道它的下一层是如何实现的,而仅仅需要知道该层的接口(即界面)所提供的服务。由于每一层只实现一种相对独立的功能,因而可将一个难以处理的复杂问题分解为若干个较容易处理的更小一些的问题,这样,整个问题的复杂程度就下降了。

(2) 灵活性好。当任何一层发生变化时(如技术的变化),只要层间接口关系保持不变,则在这层的以上或以下各层均不受影响。

(3) 结构上可分割开,各层都可以采用最合适的技术来实现。

(4) 易于实现和维护。这种结构使得实现和调试一个庞大而又复杂的系统变得易于处理,因为整个系统已被分解为若干个相对独立的子系统。

（5）能促进标准化工作，因为每一层的功能及其所提供的服务都已有了较明确的说明。

注意：OSI 模型本身并不是网络体系结构的全部内容，这是因为它并未确切地描述用于各层的协议和实现方法，而仅仅说明了每一层应完成的功能。

1.5.2　TCP/IP 模型

TCP/IP 源于美国 DARPA 的 ARPANET，是一种网际互联的通信协议，目的在于通过它实现异构网络或异种机之间的互相通信。TCP/IP 实际上是一个协议族，TCP 和 IP 是这个协议族中最著名的两个协议。TCP 提供运输层服务，而 IP 提供网络层服务。

TCP/IP 体系共分成四个层次，如图 1-8 所示，它们分别是网络接口层、网络层、运输层和应用层。

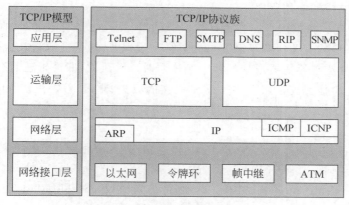

图 1-8　TCP/IP 参考模型

1. 网络接口层

网络接口层与 OSI 参考模型的数据链路层和物理层相对应，它是 TCP/IP 的最底层。TCP/IP 对网络接口层并没有给出具体的规定，它负责数据帧的接收并发送至选定的网络。网络接口层不是 TCP/IP 的一部分，但它是 TCP/IP 与各种通信网进行通信的接口。这些通信网包括广域网（ARPANET、X.25 公共数据网等）和局域网（Ethernet、Fast Ethernet、FDDI、ATM、千兆以太网、IEEE 标准的各种局域网等）。

2. 网络层

网络层负责相邻计算机之间通信，包括处理来自运输层的发送分组请求，检查并转发数据报，并处理与此相关的路径选择，流量控制及拥塞控制等问题。

网络层有四个主要的协议：IP、Internet 控制报文协议（Internet Control Message Protocol，ICMP）、地址解析协议（Address Resolution Protocol，ARP）和逆地址解析协议（Reverse Address Resolution Protocol，RARP）。

IP 的主要功能是无连接的数据报传送、数据报寻址和差错处理等。IP 位于通信子网的最高层，提供点对点无连接的数据报传输机制，不能保证传输的可靠性。IP 向上层提供统一的 IP 数据报，使得各种物理帧的差异性对上层协议不复存在，这是 TCP/IP 迈向异种网互连的第一步。

ICMP 提供的服务包括测试目的地址的可达性和状态、报文不可达的目的地、数据报的流量控制、路由器路由改变请求等。ARP 的任务是查找与给定 IP 地址相对应主机的物理地址。RARP 主要解决物理网络地址到 IP 地址的转换。

3. 运输层

运输层提供可靠的点对点数据传输,确保源主机传送分组到达并正确到达目标主机。TCP/IP 的运输层提供了两个主要的协议,即传输控制协议(Transmission Control Protocol,TCP)和用户数据报协议(User Datagram Protocol,UDP)。

TCP 是面向连接的协议。所谓连接,就是两个对等实体为进行数据通信而进行的一种结合。面向连接服务是在数据交换之前,必须先建立连接,当数据交换结束后,则应终止这个连接。面向连接服务具有连接建立、数据传输和连接释放这三个阶段。TCP 在传送数据时是按顺序传送的,为应用程序提供可靠的通信连接。它适合一次传输大批数据的情况,并适用于要求得到响应的应用程序。

UDP 是面向无连接的服务。在无连接服务的情况下,两个实体之间的通信不需要先建立连接,因此其下层的有关资源不需要事先进行预定保留,这些资源将在数据传输时动态地进行分配。无连接服务不需要通信的两个实体同时是活跃的(即处于激活态)。它的优点是灵活、方便和迅速。但无连接服务不能防止报文的丢失、重复或失序。UDP 特别适合传送少量零星的报文。

4. 应用层

应用层提供各种网络服务。在 TCP/IP 体系结构中,应用层包含所有的高层应用协议,如超文本传输协议(Hypertext Transfer Protocol,HTTP)、远程登录协议(Telnet)、文件传输协议(File Transfer Protocol,FTP)、简单邮件传送协议(Simple Mail Transfer Protocol,SMTP)和域名服务(Domain Name System,DNS)等。

1.6 无线网络的相关设备

本节主要介绍无线网络的相关设备。

1.6.1 无线网卡

无线网卡是无线网络终端设备,无线网卡在无线局域网中的作用相当于有线网卡在有线局域网中的作用。

1. 无线网卡标准

(1) IEEE 802.11b:使用 2.4GHz 频段,传输速率为 11Mbps。

(2) IEEE 802.11a:使用 5GHz 频段,传输速率为 54Mbps,与 802.11b 不兼容。

(3) IEEE 802.11g:使用 2.4GHz 频段,传输速率为 54Mbps,可向下兼容 802.11b。

(4) IEEE 802.11n:使用 2.4GHz 和 5GHz 两个频段,传输速率为 600Mbps,可向下兼容 802.11b、802.11a 和 802.11g。

(5) IEEE 802.11ac:使用 5GHz 频段,传输速率为 6.93Gbps,可向下兼容 802.11a 和 802.11n。

(6) IEEE 802.11an:使用 2.4GHz 和 5GHz 两个频段,传输速率为 9.6Gbps,可向下兼容 802.11b、802.11a、802.11g、802.11n 和 802.11ac。

2. 无线网卡的分类

无线网卡根据用途和需求分为 PCMCIA 无线网卡、PCI 无线网卡、USB 接口无线网卡、MiniPCI 无线网卡、CF 卡无线网卡等类型。其中,PCMCIA 无线网卡仅适用于笔记本电脑,支持热插拔;PCI 无线网卡适用于台式机;USB 接口无线网卡同时适用于笔记本电脑和台式机,支持热插拔;MiniPCI无线网卡仅适用于笔记本电脑,MiniPCI 是笔记本电脑的专用接口;CF 卡无线网卡适用于掌上电脑(PDA)。图 1-9 展示了一款腾达 W311M USB 接口的无线网卡。

图 1-9　USB 接口的无线网卡

表 1-3 列出了该 USB 接口无线网卡的参数。

表 1-3　无线网卡参数

网络标准	IEEE 802.11b/g/n	天线增益	3dBi
传输速率	150Mbps	安全性能	64/128 位 WEP 数据加密、WPA/WPA2 加密方式、WPS 一键加密
频率范围	2.4~2.4835GHz		
总线接口	USB		
天线类型	内置天线	工作模式	Infrastructure、Ad Hoc

1.6.2　无线 AP

无线 AP(Access Point)即无线接入点,它是在无线局域网环境中进行数据发送和接收的设备。无线 AP 是移动计算机用户进入有线网络的接入点。按照使用场景,无线 AP 可以分为胖 AP(FAT AP)和瘦 AP(FIT AP)两种类型。胖 AP 设备内置有基于 Web 界面的管理系统,每个设备可以单独配置和使用,具备网络设置、接入模式配置、数据加密等功能。胖 AP 设备主要用于小规模的家庭宽带或者办公无线局域网,相对瘦 AP,其性能较差,价格低廉。

在大规模高性能无线网络中,主要采用瘦 AP 作为接入设备。瘦 AP 设备通过网络控制器实现统一管理和维护,一般脱离控制器后不能单独使用。在大规模无线网络环境下,使用瘦 AP 可以提高网络管理效率和可靠性。瘦 AP 一般接入的用户数量较多,性能和价格相比胖 AP 要高很多。如图 1-10 所示是一款型号为 AP8050DN 的华为无线瘦 AP。

图 1-10　华为 AP8050DN

表 1-4 列出了该款无线 AP 的基本参数。

表 1-4　华为 AP8050DN 基本参数

支持协议	IEEE 802.11a/b/g/n/ac/ac wave2
最高数据速率	1.267Gbps
天线类型	内置定向天线
同时在线用户数	≤512

续表

最大发射功率	2.4G：27dBm 5G：26dBm
调制方式	BPSK、QPSK、CCK、 OFDM BPSK、QPSK 16-QAM、64-QAM
天线增益	2.4G：10dBi 5G：10dBi

1.6.3　无线控制器

无线控制器（Wireless Access Point Controller），又叫接入控制器（Access Controller，AC）是构建基于瘦 AP 架构无线网络的中央集控设备。在大规模无线网络环境下，通常采用 AC+FIT AP 的组网模式，在该模式下，AC 是整个无线网络的中心，负责管理所有无线AP，对 AP 实现下发配置、修改配置、射频管理、安全控制等功能，瘦 AP 变成了即插即用的零配置设备，这种网络模式提高了组网效率和管理效率。如图 1-11 所示是一款华为 AC6605-26-PWR接入控制器。

图 1-11　无线控制器

表 1-5 列出该控制器的相关参数。

表 1-5　无线控制器的相关参数

PoE 端口	24 端口
转发能力	10Gbps
管理 AP 数	1024
AP 与 AC 组网方式	L2/L3 层网络拓扑
转发模式	直接转发/隧道转发
AC 冗余备份	支持 1+1 热备/N+1 备份方式
无线协议	802.11 a/b/g/n/ac/ac wave2/ax
管理界面	基于 Web：HTTP/HTTPS 命令行界面：Telnet、Secure Shell（SSH）协议、串行端口

1.6.4　无线路由器

无线路由器是无线胖 AP 与宽带路由器的结合。它集成了无线胖 AP 的接入功能和路由器的路由选择功能。无线路由器一般使用在家庭或者小型办公环境。借助于无线路由器，可以实现无线网络共享接入。无线路由器通常拥有一个广域网接口（WAN）和多个局域网接口（LAN）。如图 1-12 所示是一款水星八天线无线路由器。

表 1-6 列出了该款无线路由器的基本参数。

表 1-6　无线路由器基本参数

网络标准	802.11ac
最高传输速率	2600Mbps
支持频率	2.4GHz/5GHz
网络接口	1 个 1000Mbps WAN 口， 3 个 1000Mbps LAN 口
天线类型	外置全向天线
天线数量	8 根
WPS	支持
WDS	支持
防火墙	支持

图 1-12　无线路由器

在无线路由器的选择中,要关注如下几个问题。

(1) 根据实际需要选择无线标准,不同的标准,接入的速度不同,价格上也有差异。例如,基于 IEEE 802.11ac 标准的无线路由器速率可达 2.6Gbps,而 IEEE 802.11n 标准的无线路由器大多速率为 300Mbps。

(2) 可以考虑选择同时工作在 2.4GHz 和 5GHz 频段的双频无线路由器。在具备 5GHz 频段接收设备上采用 5GHz 频段可以实现更高的无线传输速率,具备更强的抗干扰性,无线信号更强,稳定性更高,不容易掉线。要注意的是,5GHz 穿透性比 2.4GHz 要差一些。

(3) 无线设备用发射功率来衡量发射机的性能。发射功率的度量单位为 dBm(或 mw)。随着发射功率的增大,传输距离也会增大。目前,2.4G 频段的最大发射功率达 27dBm,5G 频段设备的最大发射功率可达 26dBm。

(4) 此外,也要关注无线路由器天线的数量和增益的大小。当前 IEEE 802.11ac 标准的无线路由器通常配置有 8 根外置天线,而早期的 IEEE 802.11g 标准的无线路由器仅有 1～2 根天线。一般而言,路由器天线的增益越大,信号的收发性能就越好。目前市场上的产品最大天线增益可达 10dBi。

1.6.5　其他设备

1. 蓝牙适配器

蓝牙适配器是各种数码产品适用蓝牙设备的接口转换器。蓝牙适配器基于 USB 总线,使用 2.4GHz 的无线电频段。当前蓝牙的版本为 4.0。在选购时要注意适配器和蓝牙设备之间的兼容性。一般来说,蓝牙的版本是向下兼容,即高版本兼容低版本。此外,不同版本蓝牙设备使用场景不同,蓝牙 2.0 传输速率为 1.8～2.1Mbps,蓝牙 3.0 传输速率大约 24Mbps,此两个版本的设备传输距离在 10m 的范围内构建微微网,而蓝牙 4.0 的最大范围可超过 100m,并且支持双工和单工两种部署模式。当前最新的蓝牙 5.0 传输距离可达 300m,并且大幅降低功耗,如图 1-13 是一款 CSR 蓝牙 4.0 适配器。

表 1-7 列出了该款蓝牙适配器的基本参数。

图 1-13　蓝牙适配器

表 1-7　蓝牙适配器基本参数

版本	蓝牙 V 4.0
规格支援	HSP,HFP,A2DP,AVRCP
功率级	Class 2
接口类型	USB 3.0
有效距离	100m

2. 红外线适配器

IrDA(The Infrared Data Association,红外数据协会)是 1993 年 6 月成立的一个国际性组织,专门制定和推进红外数据互联标准。IrDA 1.0 可支持最高 115.2kbps 的数据传输速率,而 IrDA 1.1 可以支持的数据传输速率达到 4Mbps。IrDA 数据通信按发送速率分为三大类：SIR、MIR 和 FIR。串行红外(SIR)的速率为 9600bps～115.2kbps。MIR 可支持 0.576Mbps 和 1.152Mbps 的速率；高速红外(FIR)通常用于 4Mbps 的速率。

红外适配器是指利用红外线技术实现各种电子设备之间进行数据交换和传输的设备。图 1-14 展示了一个 USB 接口的红外适配器。

表 1-8 列出了该款红外适配器的基本参数。

图 1-14　红外适配器

表 1-8　红外适配器的基本参数

产品类型	USB 红外适配器
产品接口	USB 1.1
数据传输速率	4Mbps
通信距离	3～100cm

3. 无线网桥

无线网桥是在数据链路层实现无线局域网互连的存储转发设备,它能够通过无线(微波)进行远距离数据传输。根据协议不同,无线网桥又可以分为 2.4GHz 频段的 802.11b 或 802.11g 以及采用 5.8GHz 频段的 802.11a 无线网桥。无线网桥有点对点、点对多点、中继连接三种工作方式。无线网桥可用于固定数字设备与其他固定数字设备之间的远距离、高速无线组网。

无线网桥通常部署于室外,主要用于连接两个网络,使用无线网桥不可能只使用一个,必须两个以上,而 AP 可以单独使用。无线网桥功率大,传输距离远,抗干扰能力强等,不自带天线,一般配备抛物面天线实现远距离的点对点连接。图 1-15 展示了一款莱宝 LB-205g 电信级室外无线网桥。

表 1-9 列出了该款无线网桥的基本参数。

表 1-9　LB-205g 无线网桥基本参数

类型	电信级无线网桥
网络标准	IEEE 802.11a/b/g
最大传输速率	54Mbps
传输距离	5～8km
输出功率	100mW
频率范围	2.4～2.483GHz
展频技术	OFDM
工作模式	支持点对点、点对多点、中继模式、AP 模式
天线	内置 17/20dBi 天线
安全	WEP(64/128/152 位)，MAC 过滤
端口类型	RJ-45
电源电压	100/240V AC，POE 供电

图 1-15　无线网桥

1.6.6　无线网络设备的选型

在网络工程中，考虑到实际组网环境和相关需求，可能需要构建无线网络来作为实际有线网络的补充。然而无线网络的技术层出不穷，各种技术的性能也各不相同，这就对实际采购设备提出了较高要求。一般认为无线网络设备的采购必须关注如下问题。

1. 无线网络标准

无线网络的标准非常多，在设备选型时，必须首先关注构建的网络技术标准，订好了技术标准，购置的设备也要求必须满足这个技术标准。

就目前市场来看，无线网络标准有 IEEE 802.11a、b、g、n 四种。其中，支持 IEEE 802.11b 标准的网络设备最高传输速率为 11Mbps，支持 IEEE 802.11g 标准的网络设备最高传输速率达到 54Mbps，支持 IEEE 802.11n 标准的网络设备最高传输速率可达 300Mbps，具有更高的先进性和适用性。

2. 发射功率和接收灵敏度

无线电管理委员会规定 WLAN 产品的发射功率不能高于 100mW，因此如果通过增加发射功率来提高穿透能力，扩大无线覆盖范围将是违规行为。一般 WLAN 产品都将发射功率设定在 17dB，预留±2dB 误差，从而满足无线电管理委员会的规定。

要提高无线产品的传输距离，接收灵敏度是一个重要指标。一般认为 IEEE 802.11g 产品的接收灵敏度一般为−85dB，目前市面上的无线产品接收灵敏度最高可达−105dB，比普通产品提高了 20dB。每增加 3dB，接收灵敏度提高一倍。

3. 兼容性

无线网络的技术标准较多，部分标准不兼容，例如符合 IEEE 802.11b 或 IEEE 802.11g 标准的产品，与符合 IEEE 802.11a 标准的产品是不兼容的，无法在同一网络中使用。IEEE

802.11b 和 IEEE 802.11g 标准虽然可以兼容,但不同标准的产品在同一网络中使用只能以最低标准的性能来工作。因此,要最大限度地发挥无线产品的性能,必须选型符合同一标准的无线产品来配套使用,这样不但可以避免兼容性问题,而且设备的性能会发挥得更为出色。

4. 安全性

安全性是无线网络设备选型必须要考虑的因素。无线信息很容易被截取,为此无线网络设备必须通过相关的安全措施来保证数据的安全性。无线网络产品须提供 SSID、IEEE 802.1X、MAC 地址绑定、WEP、WPA、TKIP、AES 等多种数据加密与安全性认证机制,以保证网络的安全性与保密性。对于诸如无线路由器、无线 AP 等相关设备,必须提供防火墙等相关控制功能,以保证网络的可用性。

1.7   无线天线技术

天线(Antenna)的功能是将信号源发送的信号传送至远处。当计算机与无线 AP 或其他计算机相距较远时,随着信号的减弱,或者传输速率明显下降,或者根本无法实现与 AP 或其他计算机之间通信,此时,就必须借助于天线对所接收或发送的信号进行增益(放大)。天线相当于信号放大器,主要用来解决无线网络传输中因传输距离、环境影响等造成的信号衰减。

天线的功能主要包括能量转换和定向辐射。对于发射天线,应将电路中的高频电流或传输线上的导行波能量尽可能多地转换为空间的电磁波能量辐射出去。对于接收天线,应将接收的电磁波能量最大限度地转换为电路中的高频电流输送到接收机。这就要求天线与发射机源尽可能有好的匹配,或与接收机负载尽可能有好的匹配。

定向辐射对于发射天线而言,辐射的电磁波能量应尽可能集中在指定的方向上,而在其他方向不辐射或辐射很弱。对于接收天线而言,只接收来自指定方向上的电磁波,在其他方向接收能力很弱或不接收。

1.7.1   天线的分类

天线种类繁多,以供不同频率、不同用途、不同场合、不同要求等情况下使用。天线主要可以按照如下方法进行分类。

按其结构形式分为两大类:一类是由金属导线构成的线天线,一类是由尺寸远大于波长的金属面或口径面构成的面状天线,简称口面天线。此外,还有介质天线。介质天线是用同轴线馈电的介质陶瓷片/棒。由同轴线内导体的延伸部分,形成一个振子,用以激发电磁波,套筒的作用除夹住介质棒外,更主要的是反射电磁波,从而保证由同轴线的内导体激励电磁波,并向介质棒的自由端传播。介质天线主要应用于全球定位系统和无线广播系统。

从方向性可分为强方向性天线、弱方向性天线、定向天线、全向天线、针状波束天线、扇形波束天线等。

从极化特性可分为有线极化天线、圆极化天线和椭圆极化天线。有线极化天线又分为垂直极化和水平极化天线。

按天线上电流分布可分为行波天线和驻波天线。

按工作性质可分为发射天线、接收天线和收发共用天线。

按用途可分为通信天线、广播天线、电视天线、雷达天线、导航天线、测向天线等。

按使用波段分类有长波天线、超长波天线、中波天线、短波天线、超短波天线和微波天线。

按载体分有车载天线、机载天线、星载天线、弹载天线等。

从频带特性可分为窄频带天线、宽频带天线和超宽频带天线。

按天线外形分类有鞭状天线、T 形天线、Γ 形天线、V 形天线、菱形天线、环天线、螺旋天线、波导口天线、波导缝隙天线、喇叭天线、反射面天线等。

另外，还有八木天线、对数周期天线、阵列天线。阵列天线又有直线阵天线、平面阵天线、附在某些载体表面的共形阵列天线等。

1.7.2　天线的主要指标

天线的主要指标包括方向图、增益、输入阻抗、极化方式和频率范围。

1. 方向图

天线的方向性是指天线向一定方向辐射电磁波的能力。对于接收天线而言，方向性表示天线对不同方向传来的电波所具有的接收能力。天线的方向性特性曲线通常用方向图来表示。方向图可用来说明天线在空间各个方向上所具有的发射或接收电磁波的能力。方向图是天线辐射出的电磁波在自由空间存在的范围。

方向图通常都有两个或多个瓣，其中辐射强度最大的瓣称为主瓣，其余的瓣称为副瓣或旁瓣。在主瓣最大辐射方向两侧，辐射强度降低 3dB 的两点间的夹角定义为波瓣宽度（又称波束宽度或主瓣宽度或半功率角或波瓣角）。波瓣宽度越窄，方向性越好，作用距离越远，抗干扰能力越强。

2. 增益

天线增益是用来衡量天线朝一个特定方向收发信号的能力，它是选择基站天线最重要的参数。一般来说，增益的提高主要依靠减小垂直面向辐射的波瓣宽度，而在水平面上保持全向的辐射性能。相同条件下，增益越高，电波传播的距离越远。

表征天线增益的参数有 dBm、dBd 和 dBi。dBm 是一个考证功率绝对值的参数。天线增益 G_{dBm} 的计算如式（1-1）所示：

$$G_{dBm} = 10\lg(P/1mW) \tag{1-1}$$

其中，P 表示天线的发射功率，如果发射功率 P 为 1mW，折算 dBm 后为 0dBm。如果天线的发射功率为 40W，则按 dBm 单位进行折算后的增益值应为 46dBm。

dBi 和 dBd 是考证增益的值（功率增益），两者都是一个相对值，但参考基准不一样。dBi 的参考基准为全方向性天线，dBd 的参考基准为偶极子天线。一般认为，表示同一个增益，用 dBi 表示出来比用 dBd 表示出来要大 2.15，假设 G_{dBd} 表示天线采用 dBd 表示的增益，G_{dBi} 表示天线采用 dBi 表示的增益，则有式（1-2）：

$$G_{dBi} = G_{dBd} + 2.15 \tag{1-2}$$

可以看出，0dBd 表示的是 2.15dBi，如果一个天线的增益为 16dBd，折算成 dBi 时，则为 18.15dBi。

3. 输入阻抗

天线的输入阻抗是天线馈电端输入电压与输入电流的比值。天线与馈线的连接,最佳情形是天线输入阻抗是纯电阻且等于馈线的特性阻抗,这时馈线终端没有功率反射,馈线上没有驻波,天线的输入阻抗随频率的变化比较平缓。天线的匹配工作就是消除天线输入阻抗中的电抗分量,使电阻分量尽可能地接近馈线的特性阻抗。匹配的优劣一般用四个参数来衡量,即反射系数、行波系数、驻波比和回波损耗,四个参数之间有固定的数值关系。在日常维护中,用得较多的是驻波比和回波损耗。一般移动通信天线的输入阻抗为 50Ω。

4. 极化方式

极化方式是指天线辐射时形成的电场强度方向。天线按照极化方式可分为单极化和双极化两种。单极化又分为垂直极化和水平极化两种。当电场强度方向垂直于地面时,此电波就称为垂直极化波;当电场强度方向平行于地面时,此电波就称为水平极化波。双极化指的是组合了 $+45°$ 和 $-45°$ 两副极化方向且相互正交,同时能工作在收发双工模式。

由于电波的特性,决定了水平极化传播的信号在贴近地面时会在地表产生极化电流,极化电流因受地表阻抗影响产生热能而使电场信号迅速衰减,而垂直极化方式则不易产生极化电流,从而避免了能量的大幅衰减,保证了信号的有效传播。

垂直极化波要用具有垂直极化特性的天线来接收,水平极化波要用具有水平极化特性的天线来接收。右旋圆极化波要用具有右旋圆极化特性的天线来接收,而左旋圆极化波要用具有左旋圆极化特性的天线来接收。

双极化最突出的优点是节省单个定向基站的天线数量。双极化天线对架设安装要求不高,不需要征地建塔,只需要架一根直径 20cm 的铁柱,将双极化天线按相应覆盖方向固定在铁柱上即可,从而节省基建投资,同时使基站布局更加合理,基站站址的选定更加容易。

当来波的极化方向与接收天线的极化方向不一致时,接收到的信号都会变小,发生极化损失。当接收天线的极化方向与来波的极化方向完全正交时,例如用水平极化的接收天线接收垂直极化的来波,或用右旋圆极化的接收天线接收左旋圆极化的来波时,天线就完全接收不到来波的能量,这种情况下极化损失为最大,称极化完全隔离。

5. 频率范围

天线的频带宽度一种是指在驻波比(Standing Wave Ratio,SWR)不超过 1.5 条件下天线的工作频带宽度,一种是指天线增益下降 3dB 范围内的频带宽度。

驻波比 SWR 是一个数值,用来表示天线和电波发射台是否匹配。设 SWR 为驻波比,R 为输出阻抗,r 为输入阻抗,反射系数为 k,则有式(1-3)和式(1-4):

$$\text{SWR} = \frac{R}{r} = \frac{1+k}{1-k} \tag{1-3}$$

$$k = \frac{R-r}{R+r} \tag{1-4}$$

当两个阻抗数值一样时,即达到完全匹配,反射系数 $k=0$,驻波比 SWR 的值等于 1,这是最理想的情况,表示发射传输给天线的电波没有任何反射,全部发射出去。实际上总存在反射,所以驻波比总大于 1。如果 SWR 值大于 1,则表示有一部分电波被反射回来,最终变成热量,使得馈线升温。

一般说来,在工作频带宽度内的各个频率点上,天线性能是有差异的,但这种差异造成的性能下降是可以接受的。天线的工作频带宽度是选择天线的重要指标。

1.7.3　常见的无线天线

1. 全向天线

全向天线,即在水平方向图上表现为 360°均匀辐射,在垂直方向图上表现为有一定宽度的波束。一般情况下波瓣宽度越小,增益越大。图 1-16 展示了一款 TP-Link 全向天线。

表 1-10 列出了该款全向天线的基本参数。

图 1-16　全向天线

表 1-10　全向天线基本参数

设备类型	全向天线
天线增益	5.0dBi
频率范围	2.4～2.4835GHz
最大功率	1W
极化方向	垂直
驻波比	≤1.921
输入阻抗	50Ω

2. 定向板状天线

板状天线是一类重要的基站天线。这种天线增益高、扇区方向图好、后瓣小、垂直面方向图俯角控制方便、密封性能可靠,使用寿命长。板状天线也常常被用作直放站的用户天线,根据作用扇区的范围大小,应选择相应的天线型号。图 1-17 展示了一款 WFS-2400BKC 板状天线。

表 1-11 列出了该款板状天线的基本参数。

图 1-17　板状天线

表 1-11　板状天线的基本参数

类型	板状天线
工作带宽	83MHz
频率范围	2400～2483MHz
增益	5dBi
输入阻抗	50Ω
驻波比	≤2.0
最大功率	100W
极化方向	垂直极化

3. 抛物面天线

抛物面天线是由抛物面反射器和位于其焦点处的馈源组成的面状天线。抛物面天线分为发射天线和接收天线两种,发射天线由馈源发出的球面电磁波经抛物面反射后,成方向性很强的平面波束向空间辐射,可以将无线信号直线发射到卫星或者其他抛物面接收天线。接收天线由抛物面反射器将垂直信号反射收集到馈源。抛物面天线广泛用于微波和卫星通信。图 1-18 展示了一款抛物面天线。

表 1-12 列出了该款抛物面天线的基本参数。

图 1-18　抛物面天线

表 1-12　抛物面天线的基本参数

类型	抛物面天线
频率范围	5725～5850MHz
输入驻波比	≤1.2
输入阻抗	50Ω
增益	28dBi
极化形式	垂直或水平
半功率角(3dB)	≤6.0
前后比	≥39dB

4. 栅状抛物面天线

栅状抛物面天线采用栅状结构,一方面为了减轻天线的重量,另一方面减少风的阻力。由于抛物面具有良好的聚焦作用,所以抛物面天线集射能力强,直径为 1.5m 的栅状抛物面天线,在 900 兆频段,其增益可达 20dBi。它特别适用于点对点通信,常被选用为直放站的施主天线。图 1-19 展示了一款栅状抛物面天线。

表 1-13 列出了该款栅状抛物面天线的基本参数。

图 1-19　栅状抛物面天线

表 1-13　栅状抛物面天线的基本参数

类型	栅状抛物面天线
频率范围	2400～2483MHz
带宽	83MHz
增益	27/29/30.5
水平面波瓣宽度	6.5/5.3/4.5dBi
垂直面波瓣宽度	6.5/5.3/4.5dBi
前后比	≥30dB
驻波比	≤1.5
输入阻抗	50Ω
极化方式	垂直
最大功率	100W

5. 八木定向天线

八木定向天线具有增益较高、结构轻巧、架设方便、价格便宜等优点。因此,它特别适用于点对点通信,例如它是室内分布系统的室外接收天线的首选。八木定向天线的单元数越多,其增益越高,通常采用 6～12 单元的八木定向天线,其增益可达 10～15dB。图 1-20 展示了一款八木定向天线。

表 1-14 列出了该款八木定向天线的基本参数。

表 1-14   八木定向天线的基本参数

类型	八木定向天线
频率范围	340±10MHz
带宽	20MHz
输入阻抗	50Ω
电压驻波比	≤1.5
增益	12dBi
前后比	14dB
最大功率	150W
长度	≤1.4m
波瓣宽度	53dBi
极化方式	垂直

图 1-20   八木定向天线

6. 室内吸顶天线

室内吸顶天线具有结构轻巧、外形美观、安装方便等优点。这种吸顶天线能很好地满足在非常宽的工作频带内的驻波比要求。按照国家标准,在很宽的频带内工作的天线其驻波比指标小于或等于 2。室内吸顶天线属于低增益天线,其增益一般为 2～5dBi。图 1-21 展示了一款室内吸顶天线。

表 1-15 列出了该款室内吸顶天线的基本参数。

表 1-15   室内吸顶天线的基本参数

类型	室内吸顶天线
工作频率	800～2500MHz
增益	4.5dBi
电压驻波比	≤1.5
水平面波瓣宽度	120
垂直面波瓣宽度	55
前后比	≥15dB
极化方式	垂直
输入阻抗	50Ω
功率容量	100W

图 1-21   室内吸顶天线

7. 室内壁挂天线

室内壁挂天线同样具有结构轻巧、外形美观、安装方便等优点。壁挂天线的内部结构,属于空气介质型微带天线。由于采用了展宽天线频宽的辅助结构,借助计算机的辅助设计,以及使用网络分析仪进行调试,所以较好地满足了工作宽频带的要求。室内壁挂天线的增益约为 7dBi。图 1-22 展示了一款室内壁挂天线。

图 1-22　室内壁挂天线

表 1-16 列出了该款室内壁挂天线的基本参数。

表 1-16　室内壁挂天线的基本参数

类型	室内壁挂天线
频率范围	800～960MHz,1710～2500MHz
极化方式	垂直
增益	8±1dBi
水平面波瓣宽度	90±15/75±12
垂直面水平面波瓣宽度	65/60
驻波比	<1.4∶1
前后比	8dB
阻抗	50Ω

本 章 小 结

本章主要介绍了无线网络的基本概念,主要内容包括无线网络的发展简史,无线电的管理和频谱的划分,地波、天波、微波、卫星、红外线和激光等无线传输方式,无线网络的分类,网络的 OSI 参考模型和 TCP/IP 模型,无线网卡,无线路由器,无线 AP、无线控制器等相关设备的基本功能和选型。最后介绍了无线天线技术及其常见天线的分类。学习完本章,读者应该重点掌握无线网络的频谱划分,了解无线传输的基本类型,掌握常见的无线网络设备及其选型,掌握无线天线的基本技术。

习　　题

1. 简述移动通信系统的基本发展史及其特点。
2. 简述 5G 的核心技术。
3. 简述无线频谱的划分标准及其名称。
4. 简述常见的无线通信方式及其特点。

5. 简述无线网络按照覆盖范围的分类。

6. 简述常见的无线网络设备。

7. 简述无线控制器的基本功能。

8. 无线路由器和无线 AP 的区别在哪里?

9. 简述无线天线的主要技术。

10. 简述常见的无线天线及其特点。

第 2 章　无线通信基础

本章主要讲述如下知识点：
- ➤ 数据通信的基本模型；
- ➤ 数据通信的基础计算；
- ➤ 数据传输损耗；
- ➤ 抽样定理；
- ➤ 脉冲编码调制；
- ➤ 傅里叶分析和傅里叶变换；
- ➤ 多路复用技术。

2.1　数据通信的基本模型

实现信息传递所需的技术设备和传输媒质的总和称为通信系统。通信系统的一般模型如图 2-1 所示。

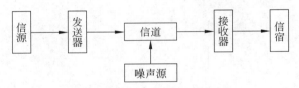

图 2-1　通信系统的一般模型

图 2-1 中，信源（信息源，也称发送端）的作用是把待传输的信息转换成原始电信号，如电话系统中电话机可看成是信源。信源输出的信号称为基带信号。所谓基带信号是指没有经过调制（进行频谱搬移和变换）的原始信号，其特点是信号频谱从零频附近开始，具有低通形式。根据原始电信号的特征，基带信号可分为数字基带信号和模拟基带信号，相应地，信源也分为数字信源和模拟信源。

发送器的基本功能是将信源和信道匹配起来，即将信源产生的原始电信号（基带信号）变换成适合在信道中传输的信号。变换方式是多种多样的，在需要频谱搬移的场合，调制是最常见的变换方式。为了传输数字信号，发送器又常常包含信源编码和信道编码等部分。

信道是指信号传输的通道，可以是有线的，也可以是无线的，甚至还可以包含某些设备。图 2-1 中的噪声源，是信道中的所有噪声以及分散在通信系统中其他各处噪声的集合。

在接收端，接收器的功能与发送器相反，即进行解调、译码、解码等。它的任务是从带有干扰的接收信号中恢复出相应的原始电信号。

信宿（也称受信者或接收端）是将复原的原始电信号转换成相应的消息，如电话机将对方传来的电信号还原成声音。

2.1.1　模拟通信系统

把信道中传输模拟信号的系统称为模拟通信系统。模拟通信系统的组成可由一般通信系统模型略加改变而成，如图 2-2 所示。这里，一般通信系统模型中的发送设备和接收设备分别被调制器和解调器代替。

图 2-2　模拟通信系统模型

对于模拟通信系统，它主要包含两种重要变换。一是把连续消息变换成电信号（发端信息源完成），二是把电信号恢复成最初的连续消息（收端信宿完成）。由信源输出的电信号（基带信号）由于具有频率较低的频谱分量，一般不能直接作为传输信号而送到信道中。因此，模拟通信系统里常有第二种变换，即将基带信号转换成其适合信道传输的信号，这一变换由调制器完成；在接收端同样需经相反的变换，它由解调器完成。经过调制后的信号通常称为已调信号。已调信号有三个基本特性：一是携带消息，二是适合在信道中传输，三是频谱具有带通形式，且中心频率远离零频。已调信号又常称为频带信号。

必须指出，从消息的发送到消息的恢复，事实上并非仅有以上两种变换，通常在一个通信系统里可能还有滤波、放大、天线辐射与接收、控制等过程。对信号传输而言，由于上面两种变换对信号形式的变化起着决定性作用，它们是通信过程中的重要方面。而其他过程对信号变化来说，没有发生质的变化，只不过是对信号进行了放大和改善。

2.1.2　数字通信系统

信道中传输数字信号的系统，称为数字通信系统。数字通信系统可进一步细分为数字频带传输通信系统、数字基带传输通信系统和模拟信号数字化传输通信系统。

1. 数字频带传输通信系统

数字通信的基本特征是，它的消息或信号具有"离散"或"数字"的特性，从而使数字通信存在如下问题。

（1）数字信号传输时，信道噪声或干扰所造成的差错，原则上可以控制。这是通过差错控制编码来实现的。因此，就需要在发送端增加一个编码器，而在接收端相应需要一个解码器。

（2）当需要实现保密通信时，可对数字基带信号进行人为"扰乱"（加密），此时在接收端就必须进行解密。

（3）由于数字通信传输的是一个接一个按一定节拍传送的数字信号，因而接收端必须有一个与发送端相同的节拍，否则，就会因收发步调不一致而造成混乱。

（4）为了表述消息内容，基带信号都是按消息特征进行编组的，因此，在收发之间一组组的编码规律也必须一致，否则接收时消息的真正内容将无法恢复。在数字通信中，称节拍一致为"位同步"或"码元同步"，而称编组一致为"群同步"或"帧同步"，所以数字通信中还必须考虑"同步"这个重要问题。

综上所述,数字通信系统模型一般可用图2-3来表示。

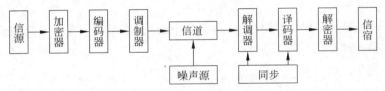

图2-3 数字频带通信系统

需要说明的是,图2-3中调制器/解调器、加密器/解密器、编码器/译码器等环节,在具体通信系统中是否全部采用,这要取决于具体设计条件和要求。但在一个系统中,如果发送端有调制/加密/编码,则接收端必须有解调/解密/译码。通常把有调制器/解调器的数字通信系统称为数字频带传输通信系统。

2. 数字基带传输通信系统

与频带传输系统相对应,把没有调制器/解调器的数字通信系统称为数字基带传输通信系统,如图2-4所示。

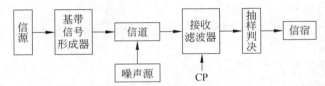

图2-4 数字基带通信系统

图2-4中基带信号形成器可能包括编码器、加密器以及波形变换等,接收滤波器亦可能包括译码器、解密器等。

3. 模拟信号数字化传输通信系统

上面论述的数字通信系统中,信源输出的信号均为数字基带信号。实际上,在日常生活中大部分信号(如语音信号)为连续变化的模拟信号。要实现模拟信号在数字系统中的传输,则必须在发送端将模拟信号数字化,即进行A/D转换;在接收端需进行相反的转换,即D/A转换。实现模拟信号数字化传输的系统如图2-5所示。

图2-5 模拟信号数字化传输的系统

2.2 数据通信的基础计算

不同的通信系统有不同的性能指标,就数据通信系统而言,其性能指标主要有传输速率、频带利用率、差错率等。

2.2.1 传输速率

传输速率是指在单位时间内传输的信息量,它是评价通信速度的重要指标。数据传输中,经常用到的指标有码元传输速率、数据信号速率和数据传输速率。

1. 码元传输速率

码元传输速率简称传码率,又称符号速率、码元速率、波特率、调制速率。它表示单位时间内(每秒)信道上实际传输码元的个数,单位是波特(Baud),常用符号 B 来表示。值得注意的是,码元速率仅仅表征单位时间内传送的码元数目,而没有限定这时的码元应是何种进制的码元。但对于传信率,则必须折合为相应的二进制码元来计算。式(2-1)列出了传码率的计算。

$$R_{\text{B}} = \frac{1}{T} \qquad\qquad (2\text{-}1)$$

其中,T 是周期,即传送单位调制信号波所用时间,单位是 s。

2. 数据信号速率

数据信号速率简称传信率,又称信息速率、比特率,它表示单位时间(每秒)内实际传输信息的比特数,单位为比特/秒(b/s 或 bps)。比特在信息论中作为信息量的度量单位。一般在数据通信中,如使用 1 和 0 的概率是相同的,则每个 1 和 0 就是一个比特的信息量。

若以串行方式进行数据传输时,则数据信号速率可定义如式(2-2):

$$R_{\text{b}} = R_{\text{B}} \log_2 m = \frac{1}{T} \log_2 m \qquad\qquad (2\text{-}2)$$

其中,R_{B} 为波特率,m 为调制信号波的状态数,T 为单位调制信号波的时间长度。

3. 数据传输速率

数据传输速率是指在单位时间内数据的输送量,其单位可以是比特、字符等。时间单位可以是时、分、秒等。通常将"字符/min"作为它的单位。数据在实际传输时需要附加一定数量的比特位,计算时根据实际情况确定传输数据的长度及附加位数。

2.2.2 信噪比

信号在传输过程中不可避免地要受到噪声的影响,信噪比(Signal to Noise Ratio,SNR)是用来描述在此过程中信号受噪声影响程度的量,它是衡量传输系统性能的重要指标之一。信噪比通常是指某一点上的信号功率与噪声功率的比值,用式(2-3)表示信噪比:

$$\frac{S}{N} = \frac{P_s}{P_n} \qquad\qquad (2\text{-}3)$$

其中,$\dfrac{S}{N}$ 是信噪比,P_s 是信号的平均功率,P_n 是噪声的平均功率。

通常采用分贝(dB)来表示信噪比,用式(2-4)表示:

$$\left(\frac{S}{N}\right)_{\text{dB}} = 10\lg\frac{P_s}{P_n} = 10\lg\frac{S}{N} \qquad\qquad (2\text{-}4)$$

2.2.3 香农定理

香农定理指的是当信号与信道加性高斯白噪声的平均功率给定时,在具有一定频率宽度

B 的信道上,理论上单位时间内可能传输信息量的极限数值。香农定理可用式(2-5)表示:

$$C = B \log_2 \left(1 + \frac{S}{N}\right) \tag{2-5}$$

式(2-5)中,B 表示带宽,单位为 Hz,$\frac{S}{N}$ 为信噪比,S 是平均信号功率,N 是平均噪声功率。由式(2-4)可以推导出式(2-6):

$$\frac{S}{N} = 10^{\frac{1}{10}\left(\frac{S}{N}\right) \text{dB}} \tag{2-6}$$

把式(2-6)代入式(2-5)可得到香农定理的另一种表达式,如式(2-7)所示,此种表达式在计算中大量使用。

$$C = B \log\left(1 + 10^{\frac{1}{10}\left(\frac{S}{N}\right) \text{dB}}\right) \tag{2-7}$$

香农定理给出了通信系统所能达到的极限信息传输速率,达到极限信息速率的通信系统称为理想通信系统。它描述了有限带宽、有随机热噪声、信道的最大传输速率与信道带宽信号噪声功率比之间的关系。

由于信道上存在损耗、延迟、噪声,所以会引起信号强度减弱,导致信噪比降低。延迟会使接收端的信号产生畸变,噪声会破坏信号,产生误码。香农定理指出,对于一定的传输带宽和一定的信噪比,信息传输速率的最大值就确定了。

要想提高信息的传输速率,或者提高传输线路的带宽,或者提高所传信号的信噪比,此外没有其他办法。但是,香农定理只证明了理想通信系统的"存在性",却没有指出这种通信系统的实现方法。

2.3 数据传输损耗

在计算机通信技术飞速发展的今天,各种数据传输系统在性能等诸多方面得到了不断完善。然而在任何传输系统的信号传输过程中一定会出现传输损耗,因为对于各种传输系统接收端得到的信号不可能与发送端传送出的信号完全一致。这些损耗会随机地引起模拟信号的改变,或使数字信号出现差错。它们也是影响数据传输速率和传输距离的一个重要因素。

2.3.1 衰损

信号在传输过程中将会有部分能量转化为热能或者被传输介质吸收,从而造成信号强度不断减弱,这就是衰损。衰损在远距离通信时尤为明显,通常采用放大器或中继器来增加信号强度。图 2-6 显示的是信号强度和传输距离之间的关系。

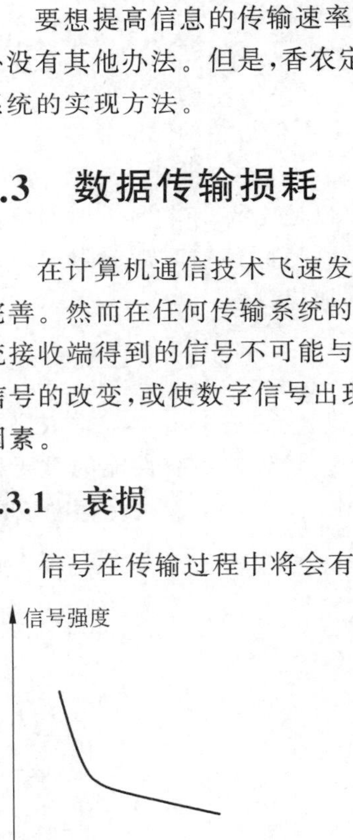

图 2-6 信号强度与传输距离

衰损的计算公式如式(2-8)所示:

$$D = 10 \lg \frac{P_1}{P_2} \tag{2-8}$$

其中,D 表示衰损值,其单位为分贝(dB),P_2 为源信号功率,P_1 为测量点信号功率。根据式(2-9):

$$P = \frac{U^2}{R} = I^2 R \tag{2-9}$$

可以把衰损的计算公式推导为如下的等价式(2-10),即

$$D = 10\lg \frac{P_1}{P_2} = 20\lg \frac{U_1}{U_2} = 20\lg \frac{I_1}{I_2} \tag{2-10}$$

当 $P_1 < P_2$ 时,$D < 0$,表示信号功率从 P_1 到 P_2 出现了衰损。当 $P_1 > P_2$ 时,$D > 0$,表示信号功率从 P_1 到 P_2 出现了增益。

在远距离传输系统中,信号通过一系列的电缆和设备后会出现衰损或增益。为了便于进行各点间的比较,通常在系统中选择一个称为传输电平的参考点。由于在求出用分贝表示的一个点上的增益代数和之后,就可以确定该点的相对电平,其中这个代数和的值就是该点的传输电平。而绝对电平却是由信号自身决定。因此一般参考点被定为 0dB 传输点,简称零电平点,缩写为 dBm_0。

2.3.2　失真

信号不同频率的分量在传输过程中受到不同程度的衰减和延迟的影响,最终使到达接收端的信号与发送端送出的初始信号在波形上有所差异,把这种传输过程中信号波形的变化称为失真。

根据产生的原因不同分为振幅失真和延迟失真。

振幅失真:由各个频率分量振幅值发生不同变化而引起的失真,是由传输设备和线路引起的衰损造成的,图 2-7 为振幅失真的信号波形。

延迟失真:由各频率分量的传播速度不一致所造成的失真,容易造成码间串扰。

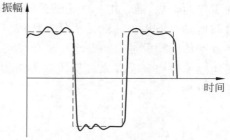

图 2-7　振幅失真的信号波形

2.3.3　噪声

噪声是指在发送和接收之间的某处插入的不必要信号。它是通信系统性能(特别是带宽的使用效率)的主要制约因素。数据通信中可能出现的噪声主要有以下四类。

1. 热噪声

热噪声是在电阻一类导体中由自由电子的布朗运动引起的噪声。电子由于布朗运动会产生一个交流电流成分,这个交流成分称为热噪声。热噪声是由带电粒子在导电媒介中进行的分子热运动造成的,它是绝对存在的,无法被消除的。

噪声功率密度可作为热噪声的度量,它以瓦/赫(W/Hz)为单位。1Hz 带宽的噪声值可由式(2-11)计算:

$$N_0 = KT \tag{2-11}$$

式中,N_0 为噪声功率密度,K 为玻尔兹曼常数,其值是 1.3805×10^{-23} 焦耳/开(J/K); T 为热噪声源的热力学温度,其单位是 K。

值得一提的是,热噪声是一种高斯白噪声。高斯白噪声是指 n 维分布都服从高斯分布

的噪声,而白噪声是指功率谱密度在这个频率范围内均匀分布的噪声。在服从高斯分布的同时,功率谱密度又是均匀分布的噪声被称为高斯白噪声,而热噪声恰恰具有这两项特性。

2. 交调噪声

交调噪声指的是多个不同频率的信号共享一个传输媒介时可能产生的噪声,通常是通信系统中存在非线性因素造成的。这些信号的频率是某两个频率和、差或倍数。这些非线性因素通常由元件故障引起。通常情况下,发送端和接收端是以线性系统模式工作的,即输出为输入的常数倍。

3. 串扰

串扰又叫串音,它是指一个信道中的信号对另一个信道中的信号产生的干扰。串扰分为边带线性串扰和边带非线性串扰两种。边带线性串扰指的是,当单边带通信中的边带滤波器对另一边带的衰减不够大时,上边带信号窜入下边带或下边带信号窜入上边带所造成的可懂干扰。边带非线性串扰指的是,当单边带接收机的某一个边带在工作时,位于另一个边带内的两个高频信号形成的互调产物落到工作边带内所造成的不可懂干扰。

4. 脉冲噪声

脉冲噪声是一种由突发的振幅很大持续时间很短,耦合到信号通路中的非连续尖峰脉冲引起的干扰,通常由一些无法预知的因素造成,如电火花、雷电。该噪声是非连续的,在短时间里具有不规则的脉冲或噪声峰值。脉冲噪声对模拟数据传输不会造成明显影响,但数字数据传输中脉冲噪声是产生差错的主要来源。脉冲噪声造成的干扰是不易被消除的,必须通过差错控制手段来确保数据传输的可靠性。图 2-8 显示了脉冲噪声对数字信号传输造成的影响。

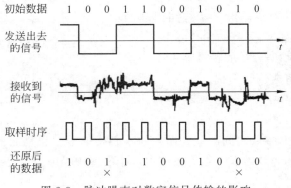

图 2-8 脉冲噪声对数字信号传输的影响

2.3.4 通信系统的性能衡量

一般通信系统的性能指标归纳起来有以下几个方面。

(1) 有效性,指通信系统传输消息的"速率"问题,即快慢问题。

(2) 可靠性,指通信系统传输消息的"质量"问题,即好坏问题。

(3) 适应性,指通信系统适用的环境条件。

(4) 经济性,指系统的成本问题。

(5) 保密性,指系统对所传输信号的加密措施,这对安全性系统尤为重要。

（6）标准性，指系统的接口、各种结构及协议是否合乎国家、国际标准。

（7）维修性，指系统是否维修方便。

（8）工艺性，指通信系统各种工艺要求。

有效性和可靠性是评价通信系统优劣的主要指标。一般情况下，要增加系统的有效性，就得降低可靠性。对于模拟通信来说，系统的有效性和可靠性具体可用系统频带利用率和输出信噪比（或均方误差）来衡量。对于数字通信系统而言，系统的可靠性和有效性具体可用误码率和传输速率来衡量。

数字通信系统的有效性可用传输速率来衡量，传输速率越高，系统的有效性越好。

由于数据信息都由离散的二进制数字序列来表示，因此在传输过程中，不论它经历了何种变换，产生了什么样的失真，只要在到达接收端时能正确地恢复出信源发送的二进制数字序列，就是达到了传输目的。所以衡量数据通信系统可靠性的主要指标是差错率。差错率越大，表明系统可靠性越差。表示差错率的常用方法有以下三种。

1. 码元差错率 P_e

码元差错率 P_e 简称误码率，是指发生差错的码元数在传输总码元数中所占的比例，更确切地说，误码率就是码元在传输系统中被传错的概率。误码率指某一段时间的平均误码率，对于同一条数据电路由于测量的时间长短不同，误码率就不一样。在日常维护中，ITU-T规定测试时间内数据传输误码率一般都低于 10^{-10}。

误码率用表达式可表示成式（2-12）：

$$P_e = \frac{接收的错误码元数}{系统传输的总码元数}\tag{2-12}$$

2. 信息差错率 p_{eb}

信息差错率 p_{eb} 简称误信率，或误比特率，是指发生差错的信息量在信息传输总量中所占的比例，或者说，它是码元的信息量在传输系统中被丢失的概率。

p_{eb} 可表示成式（2-13）：

$$p_{eb} = \frac{系统传输中出错的比特数}{系统传输的总比特数}\tag{2-13}$$

3. 频带利用率

在比较不同通信系统的效率时，只看它们的传输速率是不够的，还要看传输这样的信息所占用的频带。通信系统占用的频带越宽，传输信息的能力越大。在通常情况下，可以认为二者呈比例。所以真正用来衡量数据通信系统信息传输效率的指标应该是单位频带内的传输速率，记为 η，其计算可表示为式（2-14）：

$$\eta = \frac{传输速率}{占用频带}\tag{2-14}$$

η 的单位为比特/秒·赫（b/s·Hz）或波特/赫（B/Hz）。

2.4　抽样定理

抽样是把时间上连续的模拟信号变成一系列时间上离散的抽样值的过程。下面用一个简单的模拟正弦波来分析抽样过程。

（1）假设在该正弦波上取足够小的抽样间隔,直接连接用黑点表示的采样点就可充分表现正弦波形,如图 2-9 所示。

（2）若抽样间隔为正弦波信号周期 T,导致采样后的信号成为直流信号,显然抽样间隔太宽将导致信号得不到恢复,如图 2-10 所示。

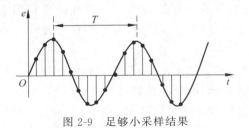

图 2-9　足够小采样结果

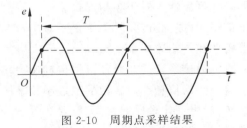

图 2-10　周期点采样结果

（3）若取抽样间隔为正弦波信号周期的 $T/2$,将得出全为 0 的数据,信号仍然得不到恢复,如图 2-11 所示。

（4）若在正弦波信号一个周期 T 内抽样三次,即抽样间隔 $T/3$,则可以近似地恢复原正弦波信号,如图 2-12 所示。

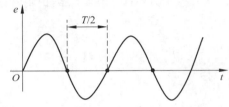

图 2-11　半周期点采样结果

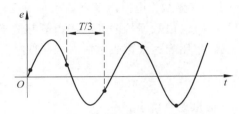

图 2-12　1/3 周期点采样结果

上面的简单过程说明,对模拟信号的采样恢复精确程度和抽样点距,即抽样频率的设置有非常重要的关系。要重建原信号,抽样频率必须要达到一定的数值。按理论来看,抽样点距取值越小,信号的重建度就越高。但是抽样过程中不可能无限制地减少抽样点距,一方面硬件设备不支持无限制地减少抽样点距,另一方面抽样点过多,将导致采样信号的数字化值过大。

抽样定理不仅为模拟信号的数字化奠定了理论基础,它还是时分多路复用及信号分析、处理的理论依据。根据信号是低通型的还是带通型的,抽样定理分低通抽样定理和带通抽样定理。

2.4.1　低通抽样定理

一个频带限制在 $(0,f_H)$ 内的时间连续信号 $m(t)$,如果以 $Ts=1/2f_H$ 秒的间隔对它进行等间隔（均匀）抽样,则 $m(t)$ 将被所得到的抽样值完全确定。若 $m(t)$ 的频谱在某一角频率 ω Hz 以上为零,则 $m(t)$ 中的全部信息完全包含在其间隔不大于 $\frac{1}{2}f_H$ 秒的均匀抽样序列里。在信号最高频率分量的每一个周期内至少应抽样两次。即抽样速率 f_s（每秒内的抽样点数）应不小于 $2f_H$,当 $f_s=2f_H$ 时,称 $2f_H$ 为奈奎斯特速率,$\frac{1}{2}f_H$ 为奈奎斯特间隔。若抽

样速率 $f_s < 2f_H$，则会产生失真，这种失真叫混叠失真。

2.4.2　带通抽样定理

实际信号很多是带通信号，其中心频率很高，用低通抽样定理来选择抽样，得到的抽样频率太高，传输所需的频带太宽，没有必要，所以应选择带通抽样。带通抽样的描述如下：

一个带通信号 $m(t)$，其频率限制在 f_L 与 f_H 之间，带宽为 $B = f_H - f_L$，如果最小抽样速率 $f_s = 2f_H/m$，m 是一个不超过 f_H/B 的最大整数，那么 $m(t)$ 可完全由其抽样值确定。下面分两种情况加以说明。

(1) 若最高频率 f_H 为带宽的整数倍，即 $f_H = nB$。此时 $f_H/B = n$ 是整数，$m = n$，所以抽样速率 $f_s = 2f_H/m = 2B$。图 2-13 画出了 $f_H = 5B$ 时的频谱图，在图 2-13 中，抽样后信号的频谱 $M_s(\omega)$ 既没有混叠也没有留空隙，而且包含 $m(t)$ 的频谱 $M(\omega)$ 图中虚线所框住的部分。这样，采用带通滤波器就能无失真恢复原信号，且此时抽样速率（$2B$）远低于按低通抽样定理时 $f_s = 10B$ 的要求。显然，若 f_s 再减小，即 $f_s < 2B$ 时必然会出现混叠失真。

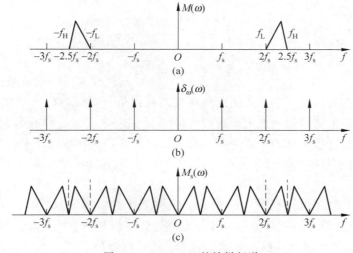

图 2-13　$f_H = 5B$ 的抽样频谱

由此可知，当 $f_H = nB$ 时，能重建原信号 $m(t)$ 的最小抽样频率为 $f_s = 2B$。

(2) 若最高频率 f_H 不为带宽的整数倍，即 $f_H = nB + kB$，$0 < k < 1$，此时，$\dfrac{f_H}{B} = n + k$，由带通抽样定理可知，m 是一个不超过 $n + k$ 的最大整数，显然，$m = n$，所以能恢复出原信号 $m(t)$ 的最小抽样速率可表示为式(2-15)：

$$f_s = 2f\frac{f_H}{m} = \frac{2(nB + kB)}{n} = 2B\left(1 + \frac{k}{n}\right) \tag{2-15}$$

式(2-15)中，n 是一个不超过 $\dfrac{f_H}{B}$ 的最大整数，$0 < k < 1$。

应用广泛的高频窄带信号就符合这种情况，这是因为 f_H 大而 B 小。由于带通信号一般为窄带信号，容易满足 $f_L \gg B$，因此带通信号通常可按 $2B$ 速率抽样。

2.5 脉冲编码调制

脉冲编码调制(Pulse Code Modulation,PCM),简称脉码调制,它是一种用一组二进制数字代码来代替连续信号的抽样值,实现对模拟信号数字化的取样技术。脉码调制的本质不是调制,而是数字编码,所以能充分保证传输质量。由于这种通信方式抗干扰能力强,它在光纤通信、数字微波通信、卫星通信中均获得了广泛应用。

2.5.1 PCM 实现

PCM 的系统原理框图如图 2-14 所示。首先,在发送端进行脉码调制,它包括抽样、量化和编码三个过程,即先对信号进行采样,并对采样值进行量化,再对经过采样和量化后的信号幅度进行数字编码,把模拟信号变换为二进制码组。在接收端,二进制码组经译码后还原为量化后的样值脉冲序列,经低通滤波器滤除高频分量,得到重建信号。

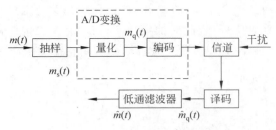

图 2-14 PCM 系统原理框图

利用预先规定的有限个电平来表示模拟抽样值的过程称为量化。抽样是把时间连续的模拟信号变成时间上离散的模拟信号,量化则进一步把时间上离散但幅度上仍连续的信号变成时间、幅度上都离散的信号。

量化是模拟信号数字化的重要环节。量化的目的是将抽样后的离散样本序列进行数字化处理,使得信息参量值的数目为有限量,可由有限个期望的精度长编码符号对应表示。

1. 量化过程

量化过程与其结果就是将信号抽样序列的每个样本幅度 $f(KT_s)$ 按照要求的误差限度,变为近似的离散幅度值。这里假设各样本的量化过程与结果均与其相邻前后样本无关。

以 Δ 为量化间距(台阶),量化级数量为 M 个,并覆盖信号样本值的动态范围 $2x_{max}$,如图 2-15 所示的双极性信号的样本序列,则量化间隔为式(2-16):

$$\Delta = \frac{2x_{max}}{M-1} \tag{2-16}$$

式(2-16)中,x_{max} 表示信号 $f(t)$ 的幅度最大值;$2x_{max}$ 为信号峰峰值的动态范围。一般地,$M \gg 1$,因此有式(2-17):

$$\Delta \approx \frac{2x_{max}}{M} \tag{2-17}$$

由于量化间隔 Δ 已经确定了量化精度,因此落在两个量化级之间的样本点,应按"四舍五入"(Trade-off)以最靠近它的量化级电平取其近似值作为样本的量化值。

2. 量化噪声

量化噪声也称量化误差,它指的是取样和量化数据之间的差值。设模拟信号 $m(t)$ 均值为零,概率密度为 $f(x)$ 的平稳随机过程。E 为统计平均,S_q 为量化器输出功率,N_q 为量化噪声功率,设抽样周期为 T_s,$m_q(kT_s)$ 是 $m(t)$ 的量化值,$m(kT_s)$ 是 $m(t)$ 的抽样值,则信号量化的噪声比可以表示为式(2-18)：

$$\frac{S_q}{N_q} = \frac{E[m_q^2(kT_s)]}{E[m(kT_s) - m_q(kT_s)]^2} = \frac{E[m_q^2]}{E[m - m_q]^2} \tag{2-18}$$

量化间隔 Δ 相同的量化方式叫均匀量化，均匀量化的噪声功率可由式(2-19)表示。

$$N_q = E[(m - m_q)^2] = \int_a^b (x - m_q)^2 f(x) \mathrm{d}x = \sum_{i=1}^M \int_{m_{i-1}}^{m_i} (x - q_i)^2 f(x) \mathrm{d}x \tag{2-19}$$

均匀量化的信号功率用式(2-20)表示。

$$S_q = E[m_q^2] = \sum_{i=1}^M (q_i)^2 \int_{m_{i-1}}^{m_i} f(x) \mathrm{d}x \tag{2-20}$$

若 $M \gg 1$，则有式(2-21)：

$$\frac{S_q}{N_q} \approx M^2 \tag{2-21}$$

即

$$\left(\frac{S_q}{N_q}\right)_{\mathrm{dB}} \approx 20\lg M \tag{2-22}$$

计算结果表明，量化器的输出信噪比随量化电平级数 M 的增加而提高。量化电平级数 M 越大，信号的逼真度越好。表 2-1 给出三种不同量化电平级数 M 下的量化信噪比。

表 2-1　不同量化电平级数 M 下的量化信噪比

电平级数 M	$m(t)$ 为常数时的量化信噪比	$m(t)$ 为语音信号时的量化信噪比
32	30	21
64	36	27
128	42	33
256	48	39

量化电平级数 M 增大，量化信噪比 $\frac{S_q}{N_q}$ 也增大。对于语音信号，在相同量化电平级数 M 下，量化信噪比要小。均匀量化时其量化信噪比随信号电平的减少而下降，因为量化间隔 Δ 为固定值，量化噪声功率 N_q 的大小与信号无关，当小信号时，$\frac{S_q}{N_q}$ 明显下降。对于语音信号来说，小信号的出现概率大于大信号的出现概率，这就使平均信噪比下降。解决的办法可以利用非均匀量化，在信号幅度小时，量化间隔划分得小；信号幅度大时，量化间隔划分得大，以提高小信号的信噪比，适当减小大信号的信噪比，使平均信噪比提高，获得较好的小信号接收效果。

3. PCM 数据的编码

如图 2-15 给出的双极性信号抽样样本序列，正极性部分 4 个电平由 100、101、110、111 表示，负极性部分 4 个电平由 000、001、011、001 表示。然后将已量化的样本量化值，按时序以它们所在的量化电平的代码符号表示。

对于 M 个量化级，PCM 编码可以由 $\log_2 M = K$ 位二进制码来表示，其中 K 表示利用二进制元码表示 M 个电平。若编码序列进入信道传输，则比特速率为式(2-23)：

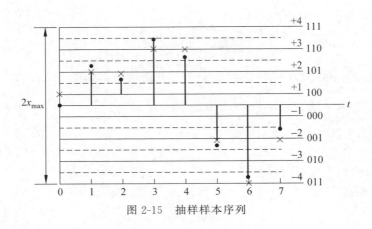

图 2-15　抽样样本序列

$$R_b = f_s \cdot k \geqslant k \cdot 2f_m \tag{2-23}$$

式(2-23)中，f_s 表示抽样速率，f_m 表示信号限带值。

根据式(2-23)得到，每秒钟对信号抽样数为 f_s 个样本点，经过 M 级电平量化后，每个样本量化值编为 k 比特二元码字。传入信道的二元码率，即比特率为每秒 $f_s \cdot k$ 比特，用 R_b 表示。

按式(2-23)的比特率，每个比特信息即码元间隔 T_b 是比特率 R_b 的倒数，即

$$T_b = \frac{1}{R_b} \tag{2-24}$$

图 2-15 的 PCM 编码序列 $\{a_k\}$ 可表示为十进制数值 A，即

$$A = a_{k-1} \cdot 2^{k-1} + a_{k-2} \cdot 2^{k-2} + \cdots + a_1 \cdot 2^1 + a_0 \cdot 2^0 \tag{2-25}$$

式(2-25)中，$k-i$ 表示序列的加权系数，取 $1,0,2^{k-i}$ ——表示 PCM 每个码元所处位置上的当量值。

二元码 PCM 序列可以由几种编码方式表示，如表 2-2 所示。表中自然码是完全按自然顺序的编码方法，鉴于格雷(Gray)码总平均差错率较低，因此在通信信号编码中常用格雷码。折叠码更适于交流(双极性)信号的数字化编码。当具有 $\pm M/2$ 个(共 M 个)量化电平时，各码字除了最高位各代表正负极性外，其余则以横轴为中心上下对应折叠相同，如 100 码

表 2-2　几种二元编码及关系

十进制	自然码	格雷码	折叠二进码	十进制	自然码	格雷码	折叠二进码
0	0000	0000	0111	8	1000	1100	1000
1	0001	0001	0110	9	1001	1101	1001
2	0010	0011	0101	10	1010	1111	1010
3	0011	0010	0100	11	1101	1110	1011
4	0100	0110	0011	12	1100	1010	1100
5	0101	0111	0010	13	1101	1011	1101
6	0110	0101	0001	14	1110	1001	1110
7	0111	0100	0000	15	1111	1000	1111

码字中的 1 表示正极性,000 中的首位 0 表示负极性,两个码字除最高位外相同,格雷码也是折叠码。

2.5.2 差分脉冲编码调制

任何信号,不论语音或图像,采用直接采样-量化-编码的方式进行编码,都会发现码组之间具有很强的相关性。由于相关性的存在,数据传输中存在大量不需要传输的信息,称为冗余。当利用 PCM 方式编码时,这些相邻样本很可能在一个量化级,或只差 1~2 个量化级,这样的 PCM 码序列,就产生了"冗余"信息。这意味着夹杂有重复信息传输而浪费传输性能。如果设法在编码前就去掉这些相关性很强的冗余,则可进行更为有效的信息传输。具有此种功能而普遍采用的编码机制,称为差分脉冲编码调制(DPCM)。

图 2-16 给出了一个实现 DPCM 功能的系统框图。它实现预测编码的基本设计,对预测误差 $e(k)$ 进行量化后,编成 PCM 码传输。这一差值的动态范围比 PCM 的绝大多数样本值小得多。PAM 序列的 $x(k)$ 所用的参考值 $\tilde{x}(k)$ 来自于预测器,而不断累积的阶梯波输出 $\tilde{x}(k)$ 是在 kT_s 以前所有累积值与差值量化值 $\hat{e}(k)$ 相加的结果。因此,阶梯波 $\tilde{x}(k)$ 总是在不断近似追踪输入序列 PAM 信号的各 $x(k)$ 值。

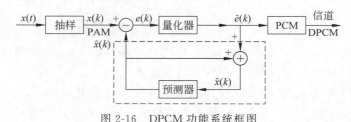

图 2-16 DPCM 功能系统框图

1. 各量值之间关系

(1) 系统输入的瞬时样本值与累积阶梯波之差为误差值,即

$$x(k) - \tilde{x}(k) = e(k) \tag{2-26}$$

(2) 比较器输出的误差值 $e(k)$ 经 M 个量化电平的量化器量化后为 $\hat{e}(k)$,它等于误差值与量化误差值之和,即

$$\hat{e}(k) = e(k) + q(k) \tag{2-27}$$

式(2-27)中,$q(k)$ 表示差值 $e(k)$ 的量化误差(量化噪声)。

(3) 预测器的输入值等于阶梯波累积值与差值的量化值之和

$$\hat{x}(k) = \tilde{x}(k) + \hat{e}(k) \tag{2-28}$$

(4) 通过系统的预测处理后,$x(k)$ 的最终损失为数值不大的差值量化噪声 $q(k)$,则有

$$\hat{x}(k) = x(k) + q(k) \tag{2-29}$$

或

$$x(k) = \hat{x}(k) - q(k) \tag{2-30}$$

(5) 由于预测输出通过分析阶梯波 $\tilde{x}(k)$ 是个累积过程,因此,式(2-26)可写为

$$e(k) = x(k) - \tilde{x}(k) = x(k) - \sum_{i=1}^{N} a_i \hat{x}(k-i) \tag{2-31}$$

式(2-31)中,$a_i = \pm 1$ 表示单位幅度的正负权值系数。

2. DPCM 编码

由式(2-26)产生的预测误差 $e(k)$ 虽然与样本值比较一般是不大的量,但由于信号 $x(t)$ 某段中可能增、减斜率较大,因此阶梯波 $\tilde{x}(k)$ 追踪能力就显不足,会导致瞬时差值 $e(k)$ 较大,况且通过量化器得到的量化值 $\hat{e}(k)$ 又有新的损失量 $q(k)$。因此,对于 kT_s 各时刻的正负不等的差值需进行编码。分析证明,对于动态范围远小于原信号动态范围的量化差值 $\hat{e}(k)$ 编制 PCM 码(线性),比直接利用 PCM 系统利用的编码位数 $k=\log_2 M$ 要少。

3. DPCM 解码

DPCM 解码方式如图 2-17 所示。接收端将差值 PCM 信号通过解码器变换为差值序列 $\hat{e}(k)$,然后经过预测器进行累加积分,恢复原信号的近似值,$\tilde{x}(k)$ 生成阶梯波,再由低通滤波器(LPF)平滑滤波后,可得原信号 $x(k)$ 的估值信号。

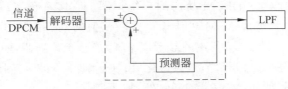

图 2-17 DPCM 解码方式

DPCM 与 PCM 的区别是,在 PCM 中用信号抽样值进行量化,编码后传输;而 DPCM 则是用信号 $m(t)$ 与 $m'(t)$ 的差值进行量化,再进行编码。经 DPCM 调制后的信号,抽样值压缩比大,与 PCM 相比信噪比改善 14~17dB。

DPCM 与 ΔM 的区别是,在 ΔM 中用一位二进制码表示增量,而在 DPCM 中用几位二进制表示增量。由于它增多了量化级,因此在改善量化噪声方面优于 ΔM。

DPCM 利用预测编码,应用范围很广,除了语音以外,更多地用于图像无失真压缩编码,如会议电视、可视电话等。DPCM 的缺点是易受信道噪声的影响。

2.5.3　自适应差分脉码调制

自适应差分脉码调制,即 ADPCM,它是利用样本与样本之间的高度相关性和量化阶自适应来压缩数据的一种波形编码技术。ADPCM 采用自适应预测和自适应量化技术,可使误差量化器的量化信噪比最大。CCITT 为此制定了 G.721 推荐标准,这个标准叫作32kbps ADPCM。ADPCM 综合了 APCM 的自适应特性和 DPCM 系统的差分特性。利用自适应的思想改变量化阶的大小,即使用小的量化阶(step-size)去编码小的差值,使用大的量化阶去编码大的差值,使用过去的样本值估算下一个输入样本的预测值,使实际样本值和预测值之间的差值总是最小。

图 2-18 为 ADPCM 编码器的基本结构图。它由 PCM 码/线形码变换器、自适应量化器、自适应逆量化器、自适应预测器及量化尺度适配器组成。编码器输入的信号为非线性 PCM 码,根据用户要求,可以使 A 律和 U 律 PCM 码。为了便于进行数字信号处理,首先将 8 位非线性 PCM 变换为 12 位线形码,然后进入 ADPCM 部分,线性 PCM 信号与预测信号相减获得预测误差信号。自适应量化器将该差值信号进行量化并编成 4 位 ADPCM 码输出。

ADPCM 译码器由自适应逆量化器、自适应预测器、线形码/PCM 变换器、量化尺度适

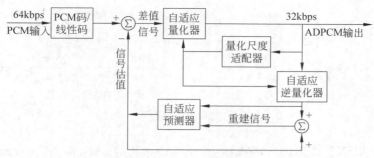

图 2-18   ADPCM 编码器

配器以及同步编码调整组成。译码器中的译码过程和编码有相同的电路,只是多了一个同步编码调整,其作用是使级联工作时不产生误差累积。ADPCM 译码器的结构如图 2-19 所示。

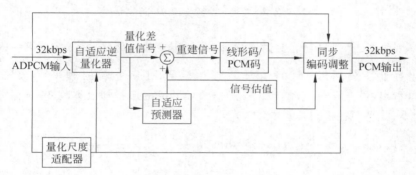

图 2-19   ADPCM 译码器

2.6   傅里叶变换和傅里叶分析

傅里叶变换是调制理论的基础,调制指的是用原始信号 $f(t)$ 去控制高频简谐波或周期性脉冲信号的某一参量,使它们随 $f(t)$ 线性变化。其中,把原始信号称为基带信号,把调制后得到的信号称为已调信号。

2.6.1   频谱的傅里叶变换

在通信系统的研究中常常遇到非周期信号,即信号的波形不会周期性重复出现的信号,它通常是单个脉冲,即在 $-\infty < t < +\infty$ 只有一个脉冲,如图 2-20(a)所示的方波脉冲 $f(t)$。若以大于脉冲宽度的周期 T 重复此波形,则构成周期信号,如图 2-20(b)所示。

所以,可以得出 $f_T(t)$ 的函数关系,如式(2-32)所示:

$$f_T(t) = \sum_{n=-\infty}^{\infty} f(t - nT) \tag{2-32}$$

若 $T \to \infty$ 时,它又变为原来的非周期信号。

$$f(t) = \lim_{T \to \infty} f_T(t) \tag{2-33}$$

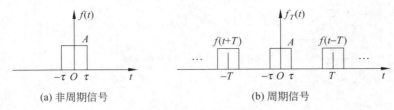

(a) 非周期信号　　　　　　　(b) 周期信号

图 2-20　信号波形

$f_T(t)$ 可以用谱系数描述频谱特性,利用 $T \to \infty$ 时 $f_T(t)$ 和 $f(t)$ 的关系,可以获得 $f(t)$ 频谱特性。

设图 2-20(b)的谱系数为

$$F_n(n\omega_0) = \frac{2A\tau}{T} \frac{\sin n\omega_0 \tau}{n\omega_0 \tau} = \frac{2A\tau}{T} \frac{\sin n 2\pi f_0 \tau}{n 2\pi f_0 \tau} = \frac{2A\tau}{T} \frac{\sin 2n\pi\tau/T}{2n\pi\tau/T} \tag{2-34}$$

设 $A = 3$ 和 $\tau = \frac{1}{6}$ 保持不变,令 $T \to \infty$,则有 $F_n(n\omega_0) \to 0$, $f_0 = \frac{1}{T} \to 0$,即谱线高度趋于无穷小,频率因 $\Delta f = f_0 = \frac{1}{T} \to 0$ 变为连续,因此频谱变为连续谱,图 2-21($T = 1, 4, 8$)说明了这种变化趋势。显然,非周期信号的频谱需要用一个新的频率函数来描述。由图 2-21 可以看出,虽然 $T \to \infty$ 时,$F_n(n\omega_0) \to 0$,但频谱的形状却没有改变,仍保持各分量幅度的相对大小,并且存在极限:

$$F(\omega) = \lim_{T \to \infty} \frac{1}{\Delta f} F_n(n\omega_0) = \lim_{T \to \infty} T \frac{2A\tau}{T} \frac{\sin 2n\pi\tau/T}{2n\pi\tau/T} = 2A\tau \frac{\sin \omega\tau}{\omega\tau} \tag{2-35}$$

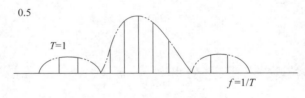

(a) T 为 1 的幅度谱

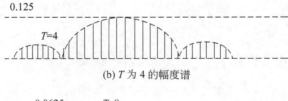

(b) T 为 4 的幅度谱

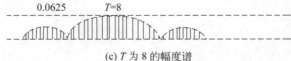

(c) T 为 8 的幅度谱

图 2-21　T 为 1、4、8 的幅度谱

由于 $F(\omega)$ 具有频度/频率的量纲,式(2-35)就称作该方波脉冲的频谱密度函数,简称频谱函数。这一概念还可以推广到其他非周期信号 $f(t)$,其相应的频谱密度函数为

$$F(\omega) = \lim_{T \to \infty} \frac{1}{\Delta f} F_n(n\omega_0) = \lim_{T \to \infty} TF_n(n\omega_0)$$

$$= \lim_{T \to \infty} T \frac{1}{T} \int_{-T/2}^{T/2} f(t) e^{-j2\pi n f_0 t} dt$$

$$F(\omega) = \int_{-\infty}^{\infty} f(t) e^{-j\omega t} dt \qquad (2\text{-}36)$$

通常 $F(\omega)$ 是个复数，即

$$F(\omega) = |F(\omega)| e^{j\theta(\omega)} \qquad (2\text{-}37)$$

式(2-37)中模 $|F(\omega)|$ 代表了非周期信号中各频率分量的相对大小，$\theta(\omega)$ 代表了相应各频率分量的相位。可以证明，$|F(\omega)|$ 是 ω 的偶函数，即 $|F(\omega)| = |F(-\omega)|$，$\theta(\omega)$ 是 ω 的奇函数，即 $\theta(-\omega) = -\theta(\omega)$。

根据非周期信号的频谱函数，可以确定其时间函数。令 $T \to \infty$，对无穷极数求和取极限得到：

$$f(t) = \lim_{T \to \infty} f_T(t) = \lim_{T \to \infty} T \cdot \frac{1}{T} \sum_{n=-\infty}^{\infty} F_n(n\omega_0) e^{jn\omega_0 t}$$

$$= \lim_{T \to \infty} \frac{1}{2\pi} \sum_{n=-\infty}^{\infty} T \cdot F_n(n\omega_0) e^{jn\omega_0 t} \cdot \frac{2\pi}{T}$$

$$= \frac{1}{2\pi} \lim_{T \to \infty} \sum_{n=-\infty}^{\infty} T \cdot F_n(n\omega_0) e^{jn\omega_0 t} \cdot \omega_0$$

$$= \frac{1}{2\pi} \int_{-\infty}^{\infty} F(\omega) e^{j\omega t} d\omega \qquad (2\text{-}38)$$

式(2-38)称作傅里叶积分，它表明信号 $f(t)$ 可以表示为频率在区间 $(-\infty < \omega < \infty)$ 内无穷多个指数信号之和，其实也是在区间 $(0 \leqslant \omega < \infty)$ 内无穷多个正弦信号之和：

$$f(t) = \frac{1}{2\pi} \int_{-\infty}^{\infty} F(\omega) e^{j\omega t} d\omega$$

$$= \frac{1}{2\pi} \int_{-\infty}^{0} |F(\omega)| e^{j(\omega t + \theta(\omega))} d\omega + \frac{1}{2\pi} \int_{0}^{\infty} |F(\omega)| e^{j(\omega t + \theta(\omega))} d\omega$$

$$= \frac{1}{2\pi} \int_{0}^{\infty} |F(\omega)| (e^{-j(\omega t + \theta(\omega))} + e^{j(\omega t + \theta(\omega))}) d\omega$$

$$= \frac{1}{\pi} \int_{0}^{\infty} |F(\omega)| \cos(\omega t + \theta(\omega)) d\omega \qquad (2\text{-}39)$$

其中，在角频率 ω 与 $\omega + d\omega$ 之间的正弦分量具有无限小的幅度 $\dfrac{|F(\omega)| d\omega}{\pi}$。式(2-36)和式(2-39)称为一对傅里叶变换，简称傅氏变换，常表示为 $f(t) \leftrightarrow F_1(\omega)$。称式(2-37)为傅里叶正变换，可以表示为 $\wp[f(t)]$；式(2-39)称为傅里叶逆变换，表示为 $\wp^{-1}[f(t)]$。

2.6.2　傅里叶变换的相关性质

1. 线性性质

若 $f_1(t) \leftrightarrow F_1(\omega)$，$f_2(t) \leftrightarrow F_2(\omega)$，则对任何常数 A、B 都有：

$$Af_1(t) + Bf_2(t) \leftrightarrow AF_1(\omega) + BF_2(\omega) \qquad (2\text{-}40)$$

此性质也可推广到多个信号的情况。

2. 频移性质

若 $f(t) \leftrightarrow F(\omega)$，则

$$f(t)e^{j\omega t} \leftrightarrow F(\omega - \omega_0) \tag{2-41}$$

在通信系统中，需要对信号频谱进行搬移。方法是一正弦信号（常被称作载波信号）与 $f(t)$ 相乘，即

$$f(t)\cos\omega_0 t = \frac{1}{2} f(t)e^{j\omega_0 t} + \frac{1}{2} f(t)e^{-j\omega_0 t}$$

所以

$$f(t)\cos\omega_0 t \leftrightarrow \frac{1}{2}\left[F(\omega + \omega_0) + F(\omega - \omega_0)\right] \tag{2-42}$$

同理可证：

$$f(t)\sin\omega_0 t \leftrightarrow \frac{1}{2}\left[F(\omega + \omega_0) - F(\omega - \omega_0)\right] \tag{2-43}$$

3. 时移性质

若 $f(t) \leftrightarrow F(\omega)$，则

$$f(t - T) \leftrightarrow F(\omega)e^{-j\omega T} \tag{2-44}$$

4. 时间微分和积分性质

若 $f(t) \leftrightarrow F(\omega)$，则 $\dfrac{\mathrm{d}f(t)}{\mathrm{d}t} \leftrightarrow j\omega F(\omega)$，即有

$$\int_{-\infty}^{0} f(\tau)\mathrm{d}\tau \leftrightarrow \frac{1}{j\omega} F(\omega) + \pi F(0)\delta(\omega) \tag{2-45}$$

2.7 多路复用技术

在数据通信系统中，传输媒体的带宽往往超过传输单一信号的需求，为了有效地利用通信线路，希望一个信道同时传输多路信号，这就是所谓的多路复用技术（Multiplexing）。采用多路复用技术能把多个信号组合起来在一条物理信道上进行传输，它相当于将一条物理信道划分为几条逻辑信道，在远距离传输时可大大节省电缆的安装和维护费用。

多路复用技术的理论基础是信号分割原理。信号分割的依据在于信号之间的差别。这种差别可以体现在频率、时间或波形等参量上。

2.7.1 频分多路复用

频分多路复用（Frequency Division Multiplexing，FDM），指的是按照频率参量的差别来分割信号的复用方式。FDM 的基本原理是若干通信信道共用一条传输线路的频谱。在物理信道的可用带宽超过单个原始信号所需带宽情况下，可将该物理信道的总带宽分割成若干个与传输单个信号带宽相同（或略宽）的子信道，每个子信道传输一路信号。FDM 将传输频带分成 N 部分后，每一个部分均可作为一个独立的传输信道使用。这样在一对传输线路上就有 N 路信息传送，而每一路所占用的只是其中的一个频段。

图 2-22 给出了 FDM 的一般情况。在该图中，有 4 个信号源输入一个多路复用器上，复

用器用不同的频率(f_1,f_2,f_3,f_4)调制每一个信号。每个调制后的信号都需要一个以它的载波频率为中心的带宽,称为通道(信道)。

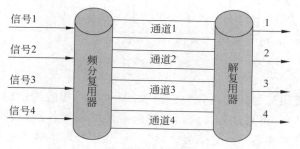

图 2-22　频分多路复用

FDM 的每个信道分别占用永久分配给它的一个频段,为了防止信号间的相互干扰,在每一条通道间使用保护频带进行隔离。保护频带是一些无用的频谱区。若介质频宽为 f,若均分为 n 个子信道,则每个信道的最大带宽为 f/n。考虑保护带宽,则每个信道的可用带宽都小于 f/n。信道 1 的频谱为 $0\sim f/n$,信道 2 的频谱为 $f/n\sim2f/n$,以此类推。

图 2-23 显示了一个频分复用电话系统的组成框图。图中,复用的信号共有 n 路,每路信号首先通过低通滤波器(LPF),以限制各路信号的最高频率 f_m。图中的调制器由乘法器和边带滤波器(SBF)构成。在选择载频时,既应考虑到边带频谱的宽度,还应留有一定的保护频带 f_g,以防止邻路信号间相互干扰,即

$$f_{c(i+1)}=f_{ci}+(f_m+f_g)\quad i=1,2,\cdots,n \tag{2-46}$$

式中,f_{ci} 和 $f_{c(i+1)}$ 分别为第 i 路和第 $(i+1)$ 路的载波频率。显然,邻路间隔保护频带越大,对边带滤波器的技术要求越低。但这时占用的总频带要加宽,这对提高信道复用率不利。因此,实际中应尽量提高边带滤波技术,以使 f_g 尽量缩小。目前,按 CCITT 标准,保护频带间隔应为 900Hz。

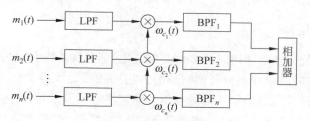

图 2-23　频分复用系统组成框图

经过频分多路复用器复用的各路信号,在频率位置上被分开了,因此,可以通过相加器将它们合并成适合信道传输的复用信号,其频谱结构如图 2-24 所示。图中,各路信号具有相同的 f_m,但它们的频谱结构可能不同。n 路单边带信号的总频带宽度为

$$B_n=nf_m+(n-1)f_g=(n-1)(f_m+f_g)+f_m=(n-1)B_1+f_m \tag{2-47}$$

式(2-47)中,$B_1=f_m+f_g$ 为一路信号占用的带宽。

合并后的复用信号,原则上可以在信道中传输,但有时为了更好地利用信道的传输特性,还可以再进行一次调制。

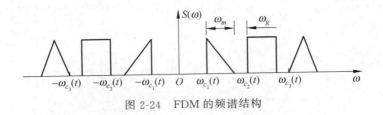

图 2-24   FDM 的频谱结构

解复用过程是复用过程的逆过程。在接收端,可利用相应的带通滤波器(BPF)来区分各路信号的频谱。然后,再通过各自的相干解调器便可恢复各路调制信号。解复用器采用滤波器将复合信号分解成各个独立信号。然后,每个信号再被送往解调器将它们与载波信号分离。最后将传输信号送给接收方处理。图 2-25 显示了解复用过程。

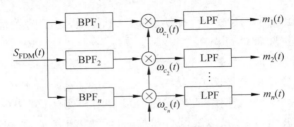

图 2-25   FDM 解复用过程

频分复用系统的最大优点是系统效率较高,充分利用传输媒介带宽,技术成熟。因此,它成为目前模拟通信中最主要的一种复用方式。特别是在有线和微波通信系统中应用十分广泛。

频分复用系统的主要缺点是设备生产比较复杂,会因滤波器件特性不够理想和信道内存在非线性而产生路间干扰。FDM 对于信道的非线性失真具有较高要求,因为非线性失真会造成严重的串音和交叉调制干扰。此外,FDM 本身不提供差错控制。FDM 所需载波量大,所需设备随输入信号的增多而增多,设备繁杂,不易小型化。

2.7.2   时分多路复用

在数字通信系统内通常使用时分多路复用技术,即 TDM 技术。TDM 以时间作为分割信号的参量,信号在时间位置上分开但它们能占用的频带是重叠的。当传输信道所能达到的数据传输速率超过了传输信号所需的数据传输速率时即可采用 TDM。

TDM 的理论基础是抽样定理。抽样定理使连续(模拟)的基带信号有可能被在时间上离散出现的抽样脉冲值所代替。这样,当抽样脉冲占据较短时间时,在抽样脉冲之间就留出了时间空隙,利用这种空隙便可以传输其他信号的抽样值。因此,这就有可能沿一条信道同时传送若干个基带信号。

TDM 的复用过程如图 2-26 所示。在图 2-26 中,3 路信号通过一个高速旋转的开关来轮流使用公共信道。各路信号首先通过相应的低通滤波器,使输入信号变为带限信号。然后再送到抽样开关(或转换开关),转换开关(电子开关)每 T_s 秒将各路信号依次抽样一次,这样 3 个抽样值按先后顺序错开纳入抽样间隔 T_s 之内。合成的复用信号是 3 个抽样消息之和。由各个消息构成单一抽样的一组脉冲叫作帧,一帧中相邻两个抽样脉冲之间的时间间隔称为时隙,未能被抽样脉冲占用的时隙部分称为保护时间。

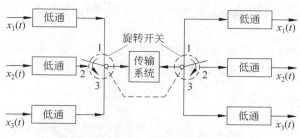

图 2-26　时分复用原理

多路复用信号可以直接送入信道传输，或者加到调制器上变换成适合信道传输的形式后再送入信道传输。

在接收端，合成的时分复用信号由分路开关依次送入各路相应的重建低通滤波器，恢复出原来的连续信号。在 TDM 中，发送端的转换开关和接收端的分路开关必须同步。所以在发送端和接收端都设有时钟脉冲序列来稳定开关时间，以保证两个时钟序列合拍。

TDM 按照时间片的轮转来共同使用一个公共信道，所以在对 TDM 系统进行分析的时候，通常考查如下几个概念。

1. 帧

TDM 传送信号时，将通信时间分成一定长度的帧。每一帧又被分成若干时间片。即一帧由若干个时间片组成。帧中的每个时间片是预先分配给某个数据源的，且这种关系固定不变。不论有无数据需要发送，所有数据源的时间片都会被占用。在具有 N 路输入的系统中，每个帧至少含有 N 个时间片。分配给某一设备的时间片在一帧中的位置是固定的，这些就构成了该设备的传输通道。

图 2-27 显示的是 4 路信号的 TDM 多路复用系统，其中一帧由 4 个时间片构成，并且时间片在帧中的位置是固定的。

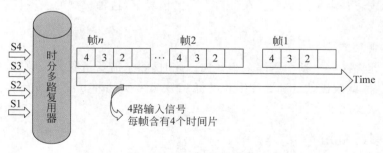

图 2-27　TDM 帧的格式

2. 交错

同步时分多路复用器的关键部件是高速旋转的电子开关，当开关移动到某个设备前，该设备就有机会向公共通路传输规定大小的数据。开关以固定的速率和顺序在设备间的移动过程称作交错。交错可以按比特、字节和数据块分配，实际上交错就是指一个时间片的信息量。

3. 帧定位比特

在每帧的开始附加一个或多个同步比特，以便于解复用器根据输入信息进行同步，从而精确地分离各时间片。控制信息使用的是可以识别的比特模式,如 101010 等。

4. 比特填充

同步不同传输速率的数据源,使得不同数据源的速率匹配(近似呈整数倍关系),主要通过复用器在设备的数据流中插入附加比特实现。

2.7.3 统计时分多路复用

同步 TDM 方式中,帧中时间片与用户一一对应,用户没有数据发送时也占用这个时间片,因而浪费资源。为了提高时隙的利用率,可以采用按需分配时隙的技术,以避免每帧中出现空闲时隙的现象,即每一个时间片都可被所连接的任何一个有数据发送的输入线路使用。以这种动态分配时隙方式工作的技术称为统计时分多路复用(STDM)或异步 TDM(ATDM)或智能 TDM(ITDM)。

STDM 系统复用器(解复用器)的一侧与几条低速线路相连,另一侧是高速复用线路;每条低速线路都有一个与之相联系的 I/O 缓冲区。在发送端,复用器首先扫描各条低速线路(输入缓冲区),将输入数据组织成 STDM 帧;STDM 帧长度可以是固定的,也可以是不固定的;时间片位置也可以是不固定的;所以每帧不仅包含数据,还有地址信息(每个时间片所对应数据都带地址)。在接收端,解复用器根据 STDM 帧结构将时隙数据分发给合适的输出缓冲区,直到输出设备。

STDM 所使用的帧结构对系统性能有一定的影响,一般应尽量减少用于管理的附加信息,将额外开销比特压缩到最小,以改善吞吐量。

通常 STDM 系统使用诸如 HDLC 规程的通信协议。如果使用 HDLC 帧,那么数据帧中必须含有复用操作的控制位。STDM 有两种帧格式。

1. 每帧一源格式

帧中只包含一个数据源的数据及其地址信息。数据字段的长度是可变的,并且数据字段的结束就标志着整个帧的结束。在负荷不重的情况下,这种机制的表现良好,但在负荷较重时效率很低。

2. 每帧多源格式

这种方法允许在一个帧中压缩多个数据。此时,除了需要指明数据源的地址外,还需要给出数据字长,因此改进地址和数据字长的标志方法可使这种方法更加有效。使用相对寻址的方法可以减少地址字段。

2.7.4 波分多路复用

波分多路复用(Wavelength Division Multiplexing,WDM)是 20 世纪末的新技术,用于提高光纤的利用率,主要用于全光纤网组成的通信系统。它将是计算机网络系统今后的主要通信传输复用技术。

WDM 是将一条单纤转换为多条"虚纤",每条"虚纤"工作在不同的波长上。它利用不同波长的光在一条光纤上同时传输多路信号,WDM 与 FDM 使用的技术原理是一样的,只要每个信道使用的频率范围各不相同,就可以使用波分多路复用技术,将光纤信道分为多个波段,每个波段传输一种波长的光信号,这样在一根共享光纤上可同时传输多个不同波长的光信号。

1. 基本原理

波分多路复用在发送端利用多路复用设备将不同信道的信号调制成不同波长的光,并复用到光纤信道上。在接收方,采用波分解复用设备分离不同波长的光信号。发送端的波分复用设备叫合波器,接收端的波分复用设备叫分波器。WDM 复用原理如图 2-28 所示。

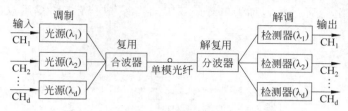

图 2-28　波分多路复用原理

波分多路复用使用无源的衍射光栅来实现不同光波的合成和分解。即在发送端用两根光纤连接到一个棱柱(衍射光栅)上,每根光纤的能量处于不同的波段,合成到一根共享的光纤上,传送到目的地,在接收端利用相同的设备将各路光波分解开来,如图 2-29 所示。

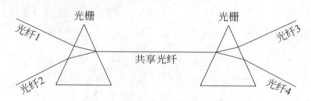

图 2-29　波分多路复用过程

2. WDM 的 3 种结构

1) 光多路复用单向单纤传输系统

在这种系统中,发送端将载有各种信息的、不同波长的已调光信号 $\lambda_1, \lambda_2, \cdots, \lambda_n$ 通过复用器(Multiplexer)组合在一起,在一条光纤中单向传输。由于各信号是通过不同光波长携带的,所以彼此之间不会混淆。接收端使用解复用器(Demultiplexer)将不同波长的信号分开,从而完成信号传输的任务。

光多路复用单向单纤传输系统结构如图 2-30 所示,图中 T(Transfer)为光发送器,R(Receptor)为光接收器。

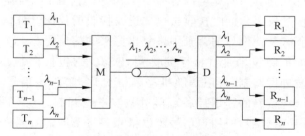

图 2-30　单向单纤传输系统

在单向传输系统中,WDM 通信可以很容易地扩大系统的传输容量,总的传输容量为每个不同波长信道传输容量之和。如果每个信道的传输容量相同,则一个具有 n 个不同波长信道的系统总容量为一般光纤通信系统的 n 倍。这种传输容量的扩容并不改变原有的光纤设施。

2）光双向单纤传输系统

在一根光纤中实现两个方向信号的同时传输,两个方向信号分别由不同的波长承载,实现彼此的通信联络,这种结构也称为单纤全双工通信系统。光多路复用双向单纤传输结构如图 2-31 所示。

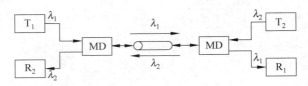

图 2-31 双向单纤传输系统

3）光分路插入传输系统

在这种系统中,收发两端都需要一组复用/解复用器 MD,复用器将光信号 λ_3,λ_4 插接到光纤中,解复用器将光信号 λ_1,λ_2 从光纤信号中分接出来,通过不同波长光信号的合流与分流实现信息的上、下通路。光分路插入传输系统如图 2-32 所示。

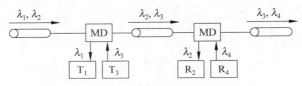

图 2-32 光分路插入传输系统

2.7.5 码分多址复用

码分多址(Code Division Multiple Access,CDMA)是一种信道复用技术,它允许每个用户在同一时刻同一信道上使用同一频带进行通信。码分多址系统以扩频技术为基础,增强了系统的抗干扰、抗多径、隐藏、保密和多址能力。

CDMA 的关键是信息在传输以前要进行特殊的编码,编码后的混合信息不会丢失原信息。有多少个互为正交的码序列,就可以有多少个用户同时在一个载波上通信。每个发射机都有唯一的代码(伪随机码),同时接收机也知道要接收的代码,用这个代码作为信号的滤波器,接收机就能从所有其他信号的背景中恢复出原来的信息码。

适用于 CDMA 的扩频技术是直接序列扩频(DS)。它包括调制和扩频两个步骤。例如,先对要传送的载波进行调制,再用伪随机序列(PN 序列)扩展信号频谱;也可以先用伪随机序列与信息相乘(把信息的频谱扩展),再对载波进行调制。在 CDMA 系统中,虽然信号在时间域和频率域是重叠的,但用户信号可以依靠各自不同的编码来区分。

在 CDMA 中,每一个比特时间被划分为 m 个短的间隔,称为码片,通常,m 的值是 64 或 128。适用 CDMA 的每一个站被指派一个唯一的 m 位的码片序列。如果一个站要发送比特 1,则发送自己的 m 位码片序列。如果要发送比特 0,则该发送码片序列的二进制反码。例如,指派给 S 站的 8 位码片序列是 11010101,当 S 发送比特 1 时,就要发送序列

11010101,而当 S 发送 0 时,就发送 00101010,为了方便按惯例将码片中的 0 写为－1,将 1
写为＋1,因此 S 站的码片序列就是(＋1＋1＋1－1＋1－1＋1－1＋1)。

现在假定 S 站要发送的信息数据速率为 N。由于每一个比特要转换成 m 个比特码片,
因此 S 站实际上发送的数据率提高到 N 倍,同时 S 站所占据的频带宽度也提高到原来的
m 倍。

CDMA 系统给每一个站分配的码片序列不仅必须各不相同,而且还必须互相正交。用
数学公式可以表示码片序列的正交关系。令向量 S 表示 S 站的码片向量,再令 T 表示其他
任意站的码片向量。两个不同站的码片正交就是向量 T 和 S 的规格化内积为 0。

$$S.T = \frac{1}{m}\sum_{i=1}^{m}S_iT_i = 0 \tag{2-48}$$

例如,设向量 S 为(－1－1－1＋1＋1－1＋1＋1),设向量 T 为(－1－1＋1－1＋1＋1＋
1－1)。将向量 S 和 T 各分量代入式(2-48),就可看出这两个码片序列是否正交。不仅如
此,向量码片和各站码片的向量内积也是 0。此外,任何一个码片向量和自身的规格化内积
都是 1。

本 章 小 结

本章主要介绍了无线通信的基础知识,主要内容包括数据通信的基本模型,数据通信的
基础计算,数据传输损耗,抽样定理,脉冲编码调制,傅里叶分析和傅里叶变换和多路复用技
术。学习完本章,读者应该理解数据通信的基本模型,掌握香农定理等相关数据通信的基础
计算,掌握数据传输损耗的计算。掌握抽样定理的计算,了解脉冲编码调制的基本过程,掌
握傅里叶变换的基本过程,理解常见的多路复用技术基本原理。

习 　 题

1. 简述常见的四种数据通信模型及其特点。

2. 计算机终端输出的数据经编码调制后通过电话信道传输,电话信道带宽为 3.14kHz,加
性高斯噪声信道输出的信噪比 S/N 为 20dB,求信道容量。若要求该信道能传输 4800bps
的数据,则要求接收端最小信噪比 S/N 为多少?

3. 已知在高斯信道理想通信系统传送某一信息所需带宽为 10^6 Hz,信噪比为 20dB,若
将所需信噪比降为 10dB,求所需信道带宽。

4. 若系统带宽为 w Hz,试求在 40℃的温度下热噪声源的噪声功率。

5. 设信号频率范围是 0～4kHz,幅值在－4.096～＋4.096V 均匀分布。若采用均匀量
化编码,以 PCM 方式传送,量化间隔为 2mv,用最小抽样速率进行抽样,求传送该 PCM 信
号实际需要最小带宽和量化信噪比。

6. 简述振幅失真和延迟失真的区别。

7. 什么是噪声,常见的噪声类型有哪些?

8. 简述通信系统的常见性能衡量参数。

9. 简述低通抽样定理和带通抽样定理的基本内容。

10. 简述脉冲编码调制(PCM)的基本工作过程。

11. 简述差分脉冲编码调制(DPCM)的编码和解码过程。

12. 简述常见的多路复用技术及其基本原理。

第 3 章　无线网络的调制技术

本章主要讲述如下知识点：
➤ 常规调幅（AM）技术；
➤ 双边带调幅（DSB）技术；
➤ 单边带调制技术；
➤ 频率和相位调制技术；
➤ 二进制幅移键控（2ASK）；
➤ 二进制频移键控（2FSK）；
➤ 二进制绝对相移键控（2PSK）；
➤ 二进制相对相移键控（2DPSK）；
➤ 四进制绝对相移键控（4PSK）；
➤ 四进制相对相移键控（4DPSK）；
➤ 正交幅度调制技术（QAM）。

3.1　模拟调制技术

模拟调制技术包括调幅、调频、调相及其相关的组合方式。

3.1.1　常规调幅

调幅的过程就是在频谱上将低频调制信号搬移到高频载波分量两侧的过程。在线性调制系列中，最先应用的幅度调制技术是全调幅或常规调幅，简称为调幅（AM）。AM 在频域中已调波频谱是基带调制信号频谱的线性位移。在时域中，已调波包络与调制信号波形呈线性关系。

1. AM 时域波形

设 A_0 为调制信号 $m(t)$ 的直流分量，$f(t)$ 为调制信号 $m(t)$ 的交流分量。载波信号 $c(t)$ 为单位幅度，角频为固定值 ω_c，初相为 θ_c，AM 的调制过程是对 $m(t)$ 与 $c(t)$ 进行乘法运算的结果，原理过程如图 3-1 所示。

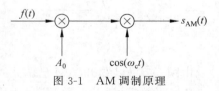

图 3-1　AM 调制原理

AM 调幅波的数学表达式为

$$s_{AM}(t) = m(t)c(t)$$
$$= [A_0 + f(t)]\cos(\omega_c t + \theta_c)A_0\cos(\omega_0 t + \theta_0) + f(t)\cos(\omega_0 t + \theta_0) \quad (3\text{-}1)$$

为了使交流信号 $f(t)$ 实现线性地控制载波幅度，需加入直流分量 A_0 构成 $m(t)$，以确保 $m(t) \geqslant 0$，即

$$A_0 + f(t) > 0$$

$$|f(t)|_{\max} \leqslant A_0 \tag{3-2}$$

设交流调制信号 $f(t) = A_m\cos(\omega_m t + \theta_m)$，由式(3-1)可得已调波为

$$s_{AM}(t) = [A_0 + A_m\cos(\omega_m t + \theta_m)]\cos(\omega_0 t + \theta_0)$$

$$= A_0\cos(\omega_0 t + \theta_0) + A_m\cos(\omega_m t + \theta_m)\cos(\omega_0 t + \theta_0)$$

$$= A_0\cos(\omega_0 t) + \frac{A_m}{2}\cos(\omega_0 + \omega_m)t + \frac{A_m}{2}\cos(\omega_0 - \omega_m)t \tag{3-3}$$

由式(3-2)的限制条件可知，为避免产生"过调幅"而导致严重失真，定义一个重要参数：

$$\beta_{AM} = \frac{A_m}{A_0} \leqslant 1 \tag{3-4}$$

称 β_{AM} 为调幅指数，或调幅深度。为了充分保证不过调，一般 β_{AM} 不超过 80%。当 $\beta_{AM} > 1$ 的时候信号将引起过载现象。

将 β_{AM} 代入式(3-3)有

$$s_{AM}(t) = A_0[1 + \beta_{AM}\cos(\omega_m t + \theta_m)]\cos(\omega_0 t + \theta_0) \tag{3-5}$$

或

$$s_{AM}(t) = A_0\cos(\omega_0 t) + \frac{\beta_{AM}A_0}{2}\cos(\omega_0 + \omega_m)t + \frac{\beta_{AM}A_0}{2}\cos(\omega_0 - \omega_m)t \tag{3-6}$$

2. AM 的频谱

对式(3-1)进行傅里叶变换，得到 s_{AM} 信号的频谱为

$$s_{AM}(\omega) = [2\pi A_0\delta(\omega + \omega_0) + F(\omega + \omega_0)]\frac{e^{-j\theta_0}}{2} +$$

$$[2\pi A_0\delta(\omega - \omega_0) + F(\omega - \omega_0)]\frac{e^{j\theta_0}}{2} \tag{3-7}$$

式(3-7)中，$F(\omega)$ 为 $f(t)$ 的频谱，即 $f(t) \leftrightarrow F(\omega)$，是任意调制信号的时-频变换对，图 3-2 为 AM 对应的频谱图。

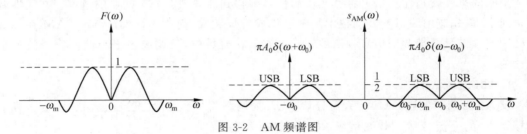

图 3-2　AM 频谱图

由图 3-2 可以看出，AM 已调波的频谱特征如下。

(1) 双边带，以载波角频 ω_0 为中心的上边带(USB)和下边带(LSB)均含有调制信号(交流)的信息，且在调制后将基带带宽 ω_m 扩展为 $2\omega_m$。上边带 USB 频分量为 $\omega + \omega_0$；下边带(LSB)频分量为 $\omega - \omega_0$。

(2) 载波频谱(谱线)位于 ω_0 频点，是已调波贡献的频谱。

3. 调幅信号的功率

调幅波的平均功率，可通过计算 $s_{AM}(t)$ 的均方值求得，即

$$P_{AM} = \overline{s_{AM}^2(t)} = \lim_{T \to \infty} \frac{1}{T} \int_{-\frac{T}{2}}^{\frac{T}{2}} s_{AM}^2(t) dt = \frac{A_0^2}{2} + \frac{\overline{f^2(t)}}{2} \tag{3-8}$$

其中,第一项是载波功率,第二项是双边带功率,即 $P_C = \dfrac{A_0^2}{2}$, $P_f = \dfrac{\overline{f^2(t)}}{2}$。两项成分中,$P_f$ 是含有调制信号的功率,即传送的有效信息功率,而 P_C 这一载波功率只是为了确保无过调失真,而付出的不含任何信息的功率。因此就存在一个发送信号功率利用率问题,以含有信息的双边带功率与总平均功率之比来表示,称为调制效率,即

$$\eta_{AM} = \frac{P_f}{P_{AM}} = \frac{\overline{f^2(t)}}{A_0^2 + \overline{f^2(t)}} \tag{3-9}$$

AM 调制信号将载波与双边带一起发送,目的在于实现调幅波包络与调制信号 $f(t)$ 呈线性关系。它的调制方式简单,易实现,对接收设备的要求较低,价格低廉,常见于广播通信中。AM 调制信号的频谱效率低,为信号最高频率的 2 倍。在常见的 AM 调制系统中,调制效率 η_{AM} 在 10% 左右。

4. AM 产生电路

AM 的产生电路按功率电平的高低分为高电平调幅电路和低电平调幅电路。低电平调幅电路是发射机功放的前级,属甲类功放。它的特点是电路简单,输出功率小,一般用模拟乘法器产生。常用在双边带调制的低电平输出系统中,如信号发生器等。

高电平调幅电路是发射机的最后一级,属丙类功放。它的特点是输出功率大,可提高整机效率,一般以调谐功率放大器为基础。即为输出电压幅度受调制信号控制的调谐功率放大器。高电平调幅电路分为基极调幅和集电极调幅两种。

1) 基极调幅

若设 $v_B(t) = V_{Bn} \cos\omega_c t$, $v_\Omega(t) = V_{\Omega m} \cos\Omega t$, $V_{BB}(t) = V_{BB0} + v_\Omega(t)$, $V_{BB}(t)$ 为基极有效电源电压,则集电极输出电压为 $v_c(t) = V_{cmo}(1 + M_a \cos\Omega t)\cos\omega_c t$。为了实现不失真的调制,电路工作在欠压状态。基极调幅的调制信号相当于一个缓慢变化的偏压,它的调制电路如图 3-3 所示。

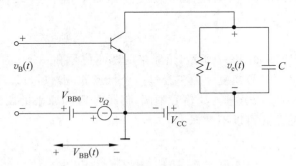

图 3-3　基极调幅电路

基极调幅对调制信号只要求很小的功率,电路简单,有利于整机的小型化。因工作在欠压状态,电压利用系数和集电极效率较低,管耗很大。

2) 集电极调幅

集电极调幅电路可以视为一个电源电压随调制信号变化的调谐功率放大器。若设

$v_B(t)=V_{Bm}\cos\omega_c t$，$v_\Omega(t)=V_{\Omega m}\cos\Omega t$，$V_{CC}(t)=V_{CC0}+v_\Omega(t)$，$V_{CC}(t)$ 为集电极有效电源电压，集电极输出电压为 $v_c(t)=V_{cmo}(1+M_a\cos\Omega t)\cos\omega_c t$。为了实现不失真的调制，电路工作在过压状态。集电极调幅的调制电路如图 3-4 所示。

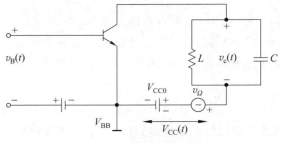

图 3-4　集电极调幅电路

5. AM 信号的解调

解调指的是从调幅信号中检出调制信号的过程。AM 信号的解调有两种方式，一种是直接用非线性器件和滤波器分离信号的包络，称为包络检波或 AM 信号的非相干检波；另一种是用乘法器将 AM 信号与接收机内部的本振信号(与 AM 信号的载波同频同相)相乘再经低通滤波后得到原来的基带信号，称为相干检波或同步检波。

1）包络检波

AM 信号的包络检波法通常采用的解调器是线性包络检波器，它的输出电压正比于输入信号的包络变化，AM 调制系统的包络检波原理如图 3-5 所示。

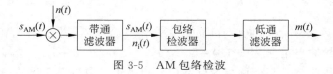

图 3-5　AM 包络检波

AM 波解调电路如图 3-6 所示，它的优点是电路简单，容易实现，缺点是输出信号中含有一定的干扰。

2）相干检波

AM 相干检波的原理如图 3-7 所示，给原来的调制信号和一个相干载波相乘，再通过低通滤波器滤波处理，将原信号恢复。由于经过一个低通滤波器后，可以得到与原来调制信号一样的频谱。其中只有直流分量与原信号不同，但是考虑到原来的调制信号中一般不含有直流分量，所以这里的差异可以不考虑。

图 3-6　AM 波解调电路　　　　　　图 3-7　AM 相干检波

相干解调不仅能够解调 AM 波，还可以解调出没有载波的 AM-SC 波以及其他改进的幅度调制波。但是它的电路复杂,解调端产生的参考载波频率必须与调制端完全一致,否则就无法恢复出原来的信号。

为了让调制和解调端产生的载波完全一致,一般在信号中适当地保留一些载频信号,接收端可以利用锁相环电路恢复出载波信号。

3.1.2　双边带调幅

在标准调幅中,由于 AM 信号在传输信息的同时,也同时传递载波,致使传输效率太低,造成功率浪费。为了提高调制效率,在标准调幅的基础上抑制掉载波分量,使总功率全部包含在双边带中。这种调制方式称为抑制载波双边带调制,简称双边带调制。

1. DSB 信号的产生

抑制载波的双边带调幅简称为 SC-DSB 或 DSB,它指的是 AM 调幅波的载波项为 0,DSB 的调制原理如图 3-8 所示。

DSB 信号的时域表达式为

$$S_{\text{DSB}}(t) = f(t)\cos(\omega_0 t + \theta_0) \tag{3-10}$$

双边带调幅信号的时域表示式是标准调幅信号直流分量为零的一种特例。利用平衡调制器(环路调制器)容易实现 DSB。如图 3-9 所示的电路采用了两对耦合线圈和 4 只性能相同的二极管构成平衡桥电路。当有调制信号和载波同时输入后,则输出不含载波的 DSB 信号。当电路平衡度不够理想时,会产生少量"载漏",但可以利用接收 DSB 信号中的"载漏"来提取相干接收的本地(相干)载波。

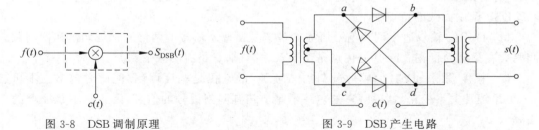

图 3-8　DSB 调制原理　　　　　　　　图 3-9　DSB 产生电路

2. DSB 信号的解调

抑制载波双边带调幅信号的时间波形包络已不再与调制信号形状一致,因而不能采用包络检波来恢复调制信号。DSB 相干解调模型如图 3-10 所示。图中 $S_{\text{L}}(t)$ 为本地载波,也叫相干载波,必须与发送端的载波同步。

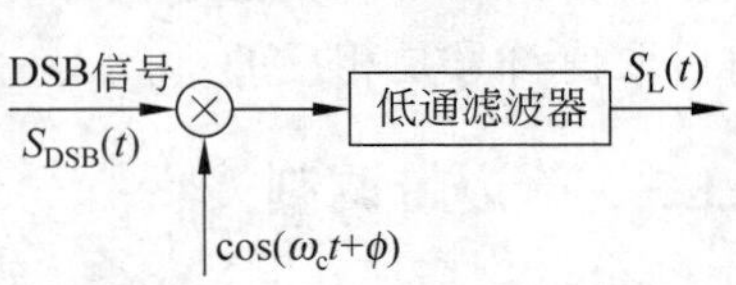

图 3-10　DSB 相干解调模型

3. DSB 信号的频域和功效

对式(3-10)进行傅里叶变换,可得 DSB 信号的频域表达式如下

$$S_{\text{DSB}}(\omega) = \frac{1}{2}[M(\omega - \omega_c) + M(\omega + \omega_c)] \tag{3-11}$$

可见双边带信号的频谱仅包含了位于载频两侧的上、下边带,在载频处已无载波分量。DSB 信号的典型波形和频谱如图 3-11 所示。

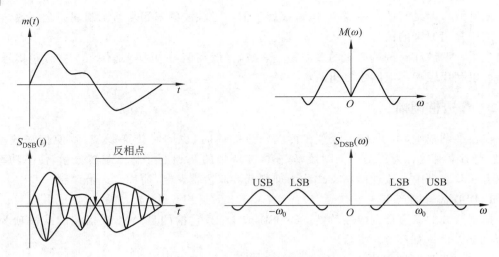

图 3-11　DSB 信号波形和频谱

DSB 信号的功率定义为已调信号的均方值，即

$$P_{\text{DSB}} = \overline{S_{\text{DSB}}^2(t)} = \overline{m^2(t)\cos^2(\omega_c t)} = \frac{1}{2}\overline{m^2(t)} + \frac{1}{2}\overline{m^2(t)\cos(2\omega_c t)}$$

$$= \frac{1}{2}\overline{m^2(t)} \tag{3-12}$$

显然，DSB 信号的功率仅由边带功率构成，其调制效率为 $\eta_{\text{DSB}} = 100\%$。

DSB 调制方式的特点如下。

（1）DSB 传输双边带调幅信号所需的带宽是原调制信号的两倍。常规调幅和抑制载波调幅具有相同的带宽。DSB 的优点是调制效率高，缺点是占用频带宽。

（2）幅度调制。DSB 信号是过调幅 AM 波，故它仍是幅度调制，但此时包络已不再与 $m(t)$ 呈线性关系变化，这说明它的包络不完全载有调制信号的信息，因此它不是完全的调幅波。

（3）幅度调制，频率未变。DSB 信号的频率仍与载波相同，没有受到调制。

（4）有反相点。DSB 信号在调制信号的过零点处出现了反相点，调制指数大于 1 的 AM 信号在调制信号过零点处出现反相点。所以有反相点出现，是因为调制信号在过零点前后取值符号是相反的。

3.1.3　单边带调制

双边带调制中上、下两个边带是完全对称的，它们所携带的信息相同，完全可以用一个边带来传输全部消息。这种传输方式除了节省载波功率之外，还可节省一半传输频带，即单边带调制（SSB）。单边带调制指的是只传送双边带调制信号的一个边带。因此传送单边带信号的最直接的方法是让双边带信号通过一个单边带滤波器，滤除不需要的边带，即可得到单边带信号。

1. SSB 信号的产生

设单频调制信号为 $m(t) = A_m \cos\omega_m t$，载波为 $\cos\omega_c t$，则双边带信号的时间波形为

$$S_{\mathrm{DSB}}(t)=A_{\mathrm{m}}\cos\omega_{\mathrm{m}}t\cos\omega_{\mathrm{c}}t=\frac{1}{2}A_{\mathrm{m}}\cos(\omega_{\mathrm{c}}+\omega_{\mathrm{m}})t+\frac{1}{2}A_{\mathrm{m}}\cos(\omega_{\mathrm{c}}-\omega_{\mathrm{m}})t \quad (3\text{-}13)$$

保留上边带的单边带调制信号为

$$S_{\mathrm{USB}}(t)=\frac{1}{2}A_{\mathrm{m}}\cos(\omega_{\mathrm{c}}+\omega_{\mathrm{m}})t=\frac{A_{\mathrm{m}}}{2}(\cos\omega_{\mathrm{c}}t\cos\omega_{\mathrm{m}}t-\sin\omega_{\mathrm{c}}t\sin\omega_{\mathrm{m}}t) \quad (3\text{-}14)$$

同理可得保留下边带的单边带调制信号为

$$S_{\mathrm{LSB}}(t)=\frac{1}{2}A_{\mathrm{m}}\cos(\omega_{\mathrm{c}}-\omega_{\mathrm{m}})t=\frac{A_{\mathrm{m}}}{2}(\cos\omega_{\mathrm{c}}t\cos\omega_{\mathrm{m}}t+\sin\omega_{\mathrm{c}}t\sin\omega_{\mathrm{m}}t) \quad (3\text{-}15)$$

式(3-13)第一项与调制信号和载波的乘积成正比,称为同相分量;而第二项乘积中则包含调制信号与载波信号分别相移 $-\dfrac{\pi}{2}$ 的结果,称为正交分量。单边带信号的产生方法通常有滤波法和相移法。

1) 滤波法

用滤波法实现单边带调制的原理如图 3-12 所示,图中的 $H_{\mathrm{SSB}}(\omega)$ 为单边带滤波器。产生 SSB 信号最直观的方法是将 $H_{\mathrm{SSB}}(\omega)$ 设计成具有理想高通特性 $H_{\mathrm{H}}(\omega)$ 或理想低通特性 $H_{\mathrm{L}}(\omega)$ 的单边带滤波器,从而只让所需的一个边带通过,而滤除另一个边带。产生上边带信号时 $H_{\mathrm{SSB}}(\omega)$ 即为 $H_{\mathrm{H}}(\omega)$,产生下边带信号时 $H_{\mathrm{SSB}}(\omega)$ 即为 $H_{\mathrm{L}}(\omega)$。

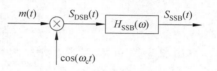

图 3-12　单边带调制原理

对于保留上边带的单边带调制来说,则取 $H_{\mathrm{SSB}}(\omega)$ 为高通滤波器(HPF),它的频域函数为

$$H_{\mathrm{SSB}}(\omega)=H_{\mathrm{USB}}(\omega)=\begin{cases}1, & |\omega|>\omega_{\mathrm{c}} \\ 0, & |\omega|\leqslant\omega_{\mathrm{c}}\end{cases} \quad (3\text{-}16)$$

对于保留下边带的单边带调制来说,则取 $H_{\mathrm{SSB}}(\omega)$ 为带通滤波器,它的频域函数为

$$H_{\mathrm{SSB}}(\omega)=H_{\mathrm{LSB}}(\omega)=\begin{cases}1, & |\omega|<\omega_{\mathrm{c}} \\ 0, & |\omega|\geqslant\omega_{\mathrm{c}}\end{cases} \quad (3\text{-}17)$$

单边带信号的频谱为

$$S_{\mathrm{SSB}}(\omega)=H_{\mathrm{DSB}}(\omega)H_{\mathrm{SSB}}(\omega) \quad (3\text{-}18)$$

用滤波法形成 SSB 信号,原理简单、直观,但由于一般调制信号都具有丰富的低频成分,经调制后得到的 DSB 信号上、下边带之间的间隔很窄,这就要求单边带滤波器在 f_{c} 附近具有陡峭的截止特性,才能有效地抑制无用边带。这就使滤波器的设计和制作十分困难。

2) 相移法

SSB 信号时域表示式的推导比较困难,一般需借助希尔伯特变换来表述。希尔伯特变换指的是对输入信号所有频率的 90°相移。根据希尔伯特变换的定义和性质推导出 SSB 信号的上边带时域函数为

$$S_{\mathrm{USB}}(t)=m(t)\cos\omega_{\mathrm{c}}t-\frac{1}{2}m(t)\sin\omega_{\mathrm{c}}t-\frac{1}{2}m(t)[\sin2\omega_{\mathrm{c}}t\sin\omega_{\mathrm{c}}t+\cos2\omega_{\mathrm{c}}t\cos\omega_{\mathrm{c}}t]$$

$$=m(t)\cos\omega_{\mathrm{c}}t-\frac{1}{2}m(t)\sin\omega_{\mathrm{c}}t-\frac{1}{2}m(t)\cos\omega_{\mathrm{c}}t-\frac{\pi}{2}$$

$$= \frac{1}{2}m(t)\cos\omega_c t - \frac{1}{2}m(t)\sin\omega_c t \tag{3-19}$$

同理可得下边带信号的时域表达式为

$$S_{LSB}(t) = \frac{1}{2}m(t)\cos\omega_c t + \frac{1}{2}m(t)\sin\omega_c t \tag{3-20}$$

由式(3-19)、式(3-20)可得到单边带调制相移法的一般模型,如图 3-13 所示。图中 $H_h(\omega)$ 为希尔伯特滤波器,它实质上是一个宽带相移网络,对 $m(t)$ 中的任意频率分量均相移。图中上一行乘法器输出为同相分量,下一行乘法器的输出为正交分量。

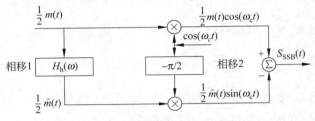

图 3-13 单边带调制的相移法

由图 3-13 可知,两路相乘结果相减时得到的为上边带信号,相加时则得到的是下边带信号。当调制信号为确知的周期性信号时,由于它可以分解成多个频率分量之和,因而只要相移 1 是一个宽带相移网络,对每个频率分量都能相移,则图中所示的相移法同样适用,只需将输入调制信号更改为 $\dfrac{m(t)}{2}$ 即可。

2. SSB 信号的解调

单边带信号的解调也不能采用包络检波法。与双边带抑制载波信号相比,单边带信号的包络更不能反映调制信号的波形。通常,单边带信号采用相干解调,如图 3-14 所示。

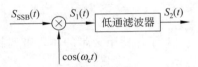

图 3-14 单边带调制的相干解调

单边带信号的时域表达式为

$$S_{SSB}(t) = m(t)\cos\omega_c t \mp m(t)\sin\omega_c t \tag{3-21}$$

乘上同频同相载波后得

$$S_1(t) = S_{SSB}(t)\cos\omega_c t = \frac{1}{2}m(t) + \frac{1}{2}m(t)\cos2\omega_c t \mp \frac{1}{2}m(t)\sin2\omega_c t \tag{3-22}$$

经低通滤波后的解调输出为

$$S_2(t) = \frac{1}{2}m(t) \tag{3-23}$$

因而可得到无失真的调制信号。

3.1.4 残留边带调制

多数基带调制信号的 DSB 频谱很难准确保留一个单边带来实现 SSB 传输。在实际应用中,往往利用残留边带(VSB)调制方式。

1. VSB 信号的产生

残留边带调制是介于单边带调制与抑制载波双边带调制之间的一种调制方式，基本思想是最大限度保留一个边带。但由于实际滤波器的过渡响应，只好或多或少地残留另一个边带。对于具有低频即直流分量的调制信号，用滤波法实现单边带调制时所需要的过渡带是无限陡的理想滤波器，在残留边带调制中已不再需要，这就避免了实现上的困难。其代价是传输频带增宽了一些。用滤波法实现残留边带调制的原理如图 3-15 所示。图中 $H_{\mathrm{VSB}}(\omega)$ 为残留边带滤波器。

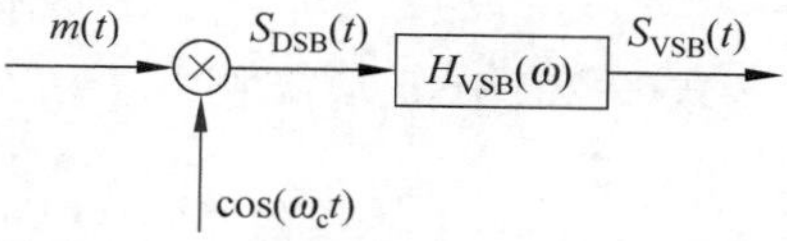

图 3-15　残留边带调制的滤波法形成

由滤波法可知，残留边带信号的频谱为

$$S_{\mathrm{VSB}}(\omega)=\frac{1}{2}S_{\mathrm{DSB}}(\omega)[M(\omega-\omega_c)+M(\omega+\omega_c)] \tag{3-24}$$

其时域表达式为

$$S_{\mathrm{VSB}}(t)=S_{\mathrm{DSB}}(t)*H_{\mathrm{VSB}}(t) \tag{3-25}$$

残留部分下边带时滤波器的传递函数如图 3-16(a)所示，残留上边带时滤波器的传递函数如图 3-16(b)所示。

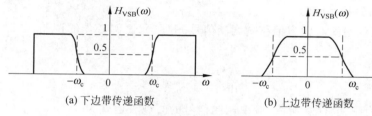

(a) 下边带传递函数　　(b) 上边带传递函数

图 3-16　传递函数

2. 残留边带信号的解调

残留边带的解调可以采用图 3-17 所示的相干解调。

由频域卷积定理可知

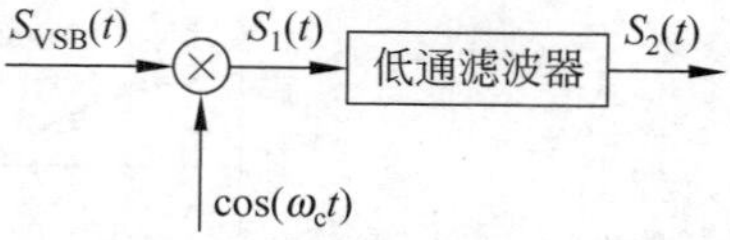

图 3-17　残留边带调制的相干解调

$$\begin{aligned}S_1(\omega)&=\frac{1}{2\pi}S_{\mathrm{VSB}}(\omega)\cdot\cos\omega_c t\\&=\frac{1}{2\pi}S_{\mathrm{VSB}}(\omega)[\pi\delta(\omega-\omega_c)+\pi\delta(\omega+\omega_c)]\\&=\frac{1}{2}[S_{\mathrm{VSB}}(\omega-\omega_c)+S_{\mathrm{VSB}}(\omega+\omega_c)]\end{aligned} \tag{3-26}$$

将式(3-24)代入式(3-26)，得

$$\begin{aligned}S_1(\omega)=&\ \frac{1}{4}H_{\mathrm{VSB}}(\omega-\omega_c)[M(\omega-2\omega_c)+M(\omega)]+\frac{1}{4}H_{\mathrm{VSB}}(\omega+\omega_c)[M(\omega)+M(\omega+2\omega_c)]\\=&\ \frac{1}{4}M(\omega)[H_{\mathrm{VSB}}(\omega-\omega_c)+H_{\mathrm{VSB}}(\omega+\omega_c)]+\\&\ \frac{1}{4}[H_{\mathrm{VSB}}(\omega-\omega_c)M(\omega-2\omega_c)+H_{\mathrm{VSB}}(\omega+\omega_c)M(\omega)+M(\omega+2\omega_c)]\end{aligned} \tag{3-27}$$

若选择合适的低通滤波器的截止频率，滤除上式中的第二个方括号项，则有

$$S_1(\omega) = \frac{1}{4}M(\omega)\left[H_{\text{VSB}}(\omega - \omega_c) + H_{\text{VSB}}(\omega + \omega_c)\right] \qquad (3\text{-}28)$$

由式(3-28)可知,为了保证相干解调的输出无失真地重现调制信号 $m(t)$,必须满足

$$H_{\text{VSB}}(\omega - \omega_c) + H_{\text{VSB}}(\omega + \omega_c) = c \qquad (3\text{-}29)$$

式(3-29)中,c 是常数。因为当 $|\omega| > \omega_H$,有 $M(\omega) = 0$,所以只需在 $|\omega| < \omega_H$ 时得到满足,即要求

$$H_{\text{VSB}}(\omega - \omega_c) + H_{\text{VSB}}(\omega + \omega_c) = c \qquad (3\text{-}30)$$

残留边带滤波器的截止特性具有很大的选择自由度。若滤波器的截止特性非常陡峭,那么,所得到的残留边带信号便接近单边带信号,滤波器将难以制作;如果滤波器截止特性变差,则残留部分自然就增多,残留边带信号所占据的带宽也越宽,甚至越来越逼近双边带信号。

3.1.5　频率和相位调制

频率和相位调制属于非线性调制。非线性调制指的是已调信号的频谱与调制信号的频谱之间不存在线性关系,而是会产生与频谱搬移不同的新的频率分量,通过改变载波的频率或相位实现调制信号的频谱搬移,即载波的振幅不变,而载波的频率或相位随基带信号变化。常见的非线型调制包括频率调制(FM)和相位调制(PM)两种方法。

1. 频率调制的基本概念

频率调制指的是瞬时频率偏移随调制信号 $m(t)$ 成比例变化的调制,此时,瞬时频率偏移可表示为

$$\frac{\mathrm{d}\theta(t)}{\mathrm{d}t} = K_{\text{FM}}m(t) \qquad (3\text{-}31)$$

其中,K_{FM} 为频偏常数,所以,频率调制信号的时域表达式为

$$S_{\text{FM}}(t) = A\cos\left[\omega_c t + \int_{-\infty}^{t} K_{\text{FM}}m(\alpha)\mathrm{d}\alpha\right] \qquad (3\text{-}32)$$

FM 信号的时域波形图如图 3-18 所示。

调频信号波形

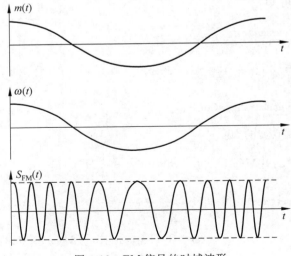

图 3-18　FM 信号的时域波形

设调制信号为单频余弦信号，即

$$m(t) = A_m \cos\omega_m t \tag{3-33}$$

当它对载波进行调制时，可得调频信号为

$$
\begin{aligned}
S_{FM}(t) &= A\cos\left[\omega_c t + K_{FM} \cdot A_m \int_{-\infty}^{t} K_{FM} m(\tau)d\tau\right] \\
&= A\cos\left(\omega_c t + \frac{K_{FM} \cdot A_m}{\omega_m}\sin\omega_m t\right) \\
&= A\cos(\omega_c t + \beta_{FM}\sin\omega_m t)
\end{aligned}
\tag{3-34}
$$

式（3-34）中 $\beta_{FM} = K_{FM} \cdot A_m / \omega_m$ 称为调频指数，是角调波瞬时相位偏移的最大值，单位为弧度。

$$\beta_{FM} = \Delta\theta_{FM} = K_{FM}\left|\int_{-\infty}^{t} m(\tau)d\tau\right|_{max} \tag{3-35}$$

由于 $K_{FM} \cdot A_m$ 为最大角频率偏移，通常记作 $\Delta\omega_{max} = K_{FM} \cdot A_m$，所以式（3-34）可表示为

$$S_{FM}(t) = A\left(\cos\omega_c t + \frac{\Delta\omega_{max}}{\omega_m}\sin\omega_m t\right) \tag{3-36}$$

对于调频信号，其瞬时角频率 $\omega(t)$ 有如下形式：

$$\omega(t) = \omega_c t + K_{FM} m(t) \tag{3-37}$$

式（3-37）中，调频常数 KFM 由调频电路决定，单位是弧度/伏（2π 赫/伏）。这样，调频信号的瞬时相位为

$$\theta(t) = \int_{-\infty}^{t} m(\tau)d\tau = \omega_c t + K_{FM}\int_{-\infty}^{t} m(\tau)d\tau \tag{3-38}$$

显然，虽然是 FM 波，但其相位仍与 $m(t)$ 有关。

2. 窄带调频

窄带调频（NBFM）指的是由调频所引起的最大瞬时相位偏移远小于 $\frac{\pi}{6}$，即 $\left|K_{FM}\int_{-\infty}^{t} m(\tau)d\tau\right|_{max} \ll \frac{\pi}{6}$，当不能满足上式的条件时，则称为宽带调频或宽带调相。

NBFM 的时域表达式为

$$S_{FM}(t) = A_0\cos\left[\omega_c t + K_{FM} \cdot \int_{-\infty}^{t} m(\tau)d\tau\right] \tag{3-39}$$

令 $g(t) = \int_{-\infty}^{t} m(\tau)d\tau$，所以有

$$
\begin{aligned}
S_{FM}(t) &= A_0\cos[\omega_c t + K_{FM} \cdot g(t)] \\
&= A_0\cos\omega_c t \cdot \cos[K_{FM} g(t)] - A_0\sin\omega_c t \cdot \sin[K_{FM} g(t)]
\end{aligned}
\tag{3-40}
$$

对于 NBFM，$\beta_{FM} \ll 1$，即 $|g(t)|_{max} \ll 1$

$$S_{FM}(t) \approx A_0\cos\omega_c t - A_0 K_{FM} g(t)\sin\omega_c t \tag{3-41}$$

式（3-41）为 NBFM 的时域表达式，它由两项组成，第一项为载波，不携带任何消息，第二项含有用消息信号。

根据 NBFM 波的时域近似表达公式可以得到

$$S_{FM}(\omega) = \pi A_0 [\delta(\omega - \omega_c) + \delta(\omega + \omega_c)] +$$
$$\frac{jA_0 K_{FM}}{2}[G(\omega - \omega_c) + G(\omega + \omega_c)] \qquad (3-42)$$

令 $m(t) \Leftrightarrow M(\omega)$，$g(t) = \int_{-\infty}^{t} m(\tau)d\tau t \Leftrightarrow G(\omega) = \frac{1}{j\omega}M(\omega)$，代入 $S_{FM}(\omega)$ 式得

$$S_{FM}(\omega) = \pi A_0 [\delta(\omega - \omega_c) + \delta(\omega + \omega_c)] +$$
$$\frac{1}{2}A_0 K_{FM}\left[\frac{M(\omega - \omega_c)}{\omega - \omega_c} - \frac{M(\omega + \omega_c)}{\omega + \omega_c}\right] \qquad (3-43)$$

根据 NBFM 的时域表达式得到，产生 NBFM 信号的模型如图 3-19 所示。

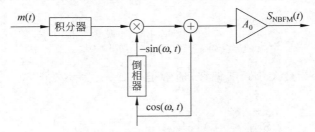

图 3-19　NBFM 信号的模型

由于 NBFM 属于线性调制，所以可以采用相干解调方法，如图 3-20 所示。

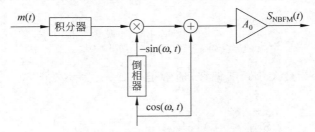

图 3-20　NBFM 相干解调

NBFM 的解调过程分析如下：

$$S_p(t) = -[A_0 \cos\omega_c t - A_0 \cdot K_{FM}g(t)\sin\omega_c t]\sin\omega_c t$$
$$= -\frac{1}{2}A_0 \sin2\omega_c t + \frac{1}{2}A_0 \cdot K_{FM}g(t)(1 - \cos2\omega_c t) \qquad (3-44)$$

经 LPF 后，$S_d(t) = \frac{1}{2}A_0 \cdot K_{FM}g(t)$，经微分器后，$m_0(t) = \frac{1}{2}A_0 \cdot K_{FM}m(t)$，这样就无失真地恢复了消息信号 $m(t)$。

3. 宽带调频

当调频指数 $\beta_{FM} > \dfrac{\pi}{6}$，则称为宽带调频（WBFM）。1930 年发现，WBFM 占用频带宽，曾被认为不经济，甚至认为无应用价值。1936 年，阿姆斯特朗认识到了 WBFM 具有消除噪声的优良性质，证明了它的使用价值。目前大多数使用的 FM 都属于 WBFM。

对于单音信号，有 $m(t) = A_m \cos\omega_m t$，所以

$$S_{FM}(t) = A_0 \cos\left(\omega_c t + K_{FM}\int A_m \cos\omega_m t\, dt\right)$$
$$= A_0 \cos\left(\omega_c t + \frac{A_m K_{FM}}{\omega_m}\sin\omega_m t\right)$$

$$= A_0 \cos\omega_c t \cos\left(\frac{A_m K_{FM}}{\omega_m}\sin\omega_m t\right) - A_0 \sin\omega_c t \sin\left(\frac{A_m K_{FM}}{\omega_m}\sin\omega_m t\right) \tag{3-45}$$

设 $\beta_{FM} = \dfrac{A_m K_{FM}}{\omega_m}$，则有如下转换关系：

$$S_{FM}(t) = A_0 \cos\omega_c t \cos(\beta_{FM}\sin\omega_m t) - A_0 \sin\omega_c t \sin(\beta_{FM}\sin\omega_m t)$$

$$= A_0\left[J_0(\beta_{FM}) + 2\sum_{n=1}^{\infty}J_n(\beta_{FM})\cos(2n\omega_m t)\right]\cos\omega_c t -$$

$$A_0\left[2\sum_{n=1}^{\infty}J_{2n-1}(\beta_{FM})\cos(2n-1)\omega_m t\right]\sin\omega_c t$$

$$= A_0\sum_{n=-\infty}^{\infty}J_n(\beta_{FM})\cos[(\omega_c + n\omega_m)t] \tag{3-46}$$

显然，FM 波是由一系列幅度不同、频率不同的余弦波组成，这样表示使求 FM 波的频谱变得更加简洁。对 FM 波的时域表达式进行傅里叶变换，得到 FM 波的频谱为

$$S_{FM}(\omega) = \pi A_0\sum_{n=-\infty}^{\infty}J_n(\beta_{FM})[\delta(\omega - \omega_c - n\omega_m) + \delta(\omega + \omega_c + n\omega_m)] \tag{3-47}$$

FM 波的频谱图如图 3-21 所示。

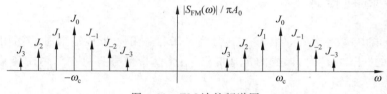

图 3-21　FM 波的频谱图

由 WBFM 的频谱可知，其具有如下的特点：

（1）FM 波的频谱包含载波和各次边带谐波，形成一个无限宽的频谱结构，所以 WBFM 为非线性调制；

（2）各相邻谱线间隔为 ω_m，幅度取决于 $J_n(\beta_{FM})$；

（3）各次谐波对称分布于载频两侧。

4. 相位调制

相位调制（PM）是指载波的振幅 A 和角频率 ω_c 保持不变，而瞬时相位偏移随调制信号 $m(t)$ 成比例变化的调制。此时，瞬时相位偏移可表示为

$$\theta(t) = K_{PM}m(t) \tag{3-48}$$

式（3-48）中，K_{PM} 称为相移常数，则相位调制信号的时域表达式为

$$S_{PM}(t) = A\cos[\omega_c t + K_{PM}m(t)] \tag{3-49}$$

设调制信号为单频余弦信号，即 $m(t) = A_m\cos\omega_m t$，当它对载波进行调制时，可得调相信号为

$$S_{PM}(t) = A\cos[\omega_c t + K_{PM} \cdot A_m\cos\omega_m t]$$

$$= A\cos[\omega_c t + \beta_{PM}\cos\omega_m t] \tag{3-50}$$

式（3-50）中 $\beta_{PM} = K_{PM} \cdot A_m$ 称为调相指数。PM 信号的时域波形如图 3-22 所示。

尽管 PM、FM 是两种不同的调制方式，但是并无本质上的区别。使用 FM 电路可以实现 PM 波，也可以使用 PM 电路实现 FM 波。

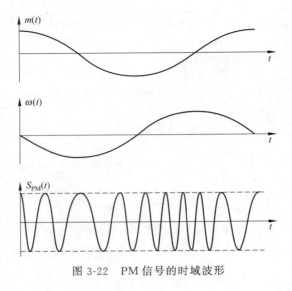

图 3-22　PM 信号的时域波形

3.2　数字调制技术

在数据通信中,数字信号的传输方式分为基带传输和频带传输两种。当用二进制的 0、1 表示电脉冲的"正""负"时,形成的是基带信号;将基带信号直接在信道中传输的方式称为基带传输方式。

3.2.1　二进制幅移键控

由于数字信号通常含有较低的频率分量,所以目前大多数信道不能直接传输基带信号,需要借助边续波调制时进行频率搬移,也就是将基带信号变换成适于信道传输的数字频带信号,用载波调制方式进行传输,这种传输方式称为频带传输方式。频带传输系统的基本结构如图 3-23 所示。

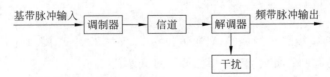

图 3-23　频带传输系统的基本结构图

1. 二进制幅度键控调制(2ASK)

数字幅度调制使用数字基带信号去控制正弦载波的幅度,使载波信号的幅度随基带信号的变化而变化。数字基带信号通常用单极性非归零的矩形脉冲序列 $m(t)$ 表示,即由式(3-51)所示。

$$m(t) = \sum_{n=-\infty}^{\infty} a_n g(t - nT_S)$$

$$a_n = \begin{cases} 1 & \text{概率为}(1-p) \\ 0 & \text{概率为 } p \end{cases}$$

$$g(t) = \begin{cases} 1 & 0 \leqslant t \leqslant T_s \\ 0 & \text{其他} \end{cases}$$

(3-51)

设频带信号为余弦载波信号,即 $f(t) = A\cos(w_0 t + \theta_0)$,则频带信号 $\varphi_{ASK}(t)$ 为

$$\varphi_{ASK}(t) = m(t)f(t) = \left[\sum_{n=-\infty}^{\infty} a_n g(t - nT_s) \right] A\cos(w_0 t + \theta_0)$$

$$= \begin{cases} 0 & m(t) = 0 \\ A\cos(w_0 t) & m(t) = 1 \end{cases}$$

(3-52)

2ASK 信号的产生有乘法器和通断键控 OOK(On-Off Keying)两种方法。乘法器的方式是直接将基带信号和一个频带信号相乘再经过一个带通滤波器实现,如图 3-24 所示。

通断键控 OOK 方式是将基带信号 $m(t)$ 和一个高速开关连接起来,当输出为 1 时,将开关接通,连接输出 2ASK 信号,如图 3-25 所示。

图 3-24　乘法器原理　　　　　　　　　图 3-25　通断键控 OOK 方式

例如,要把基带信号 10010101 采用 2ASK 方式输出,给出的频带信号为 $f(t) = \sin(2x)$,则信号的输出波形如图 3-26 所示。

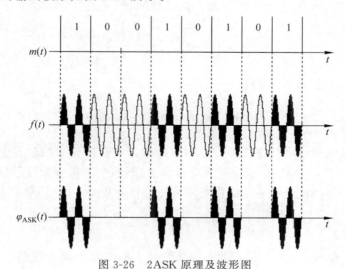

图 3-26　2ASK 原理及波形图

2. 二进制信号的解调

从已调信号中检出调制信号的过程称为解调或检波。2ASK 信号的解调指的是由已调信号恢复二进制基带信号的过程,解调的方法有相干解调和非相干解调两种方法。

1) 非相干解调法

非相干解调法,又叫包络检波法,它指的是幅值调制,就是让已调信号的幅值随调制信号的值变化,因此调幅信号的包络线形状与调制信号一致。只要能检出调幅信号的包络线即能实现解调。这种解调原理如图 3-27 所示。其中,带通滤波器的作用是抑制噪声,低通滤波器的作用是取出基带信号。抽样判决器在定时脉冲的控制下,对 LPF 输出的信号进行抽样,当抽样值大于判决门限时,判为 1,反之判为 0。通过这种方式还原基带信号。图中的抽样判决器用于提高接收机性能,恢复原数字信号。包络检波器由于电路简单、检波效率高、稳定性好和价格便宜等优点,应用得较为广泛。

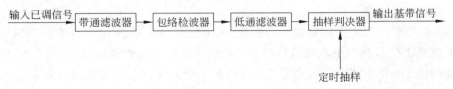

图 3-27　2ASK 非相干解调法

2) 相干解调法

相干解调的条件是,相干载波发生器产生的本地相干载波要与输入已调信号同频、同相。假定已调信号为 $s(t)=m(t)\cos(w_0 t+\theta_0)$,相干载波信号为 $f(t)=\cos(w_f t+\theta_f)$,经过乘法器和低通滤波器后的输出信号为 $m'(t)=\dfrac{1}{2}K_L m(t)\cos[(w_0-w_f)t+(\theta_0-\theta_f)]$,当且仅当 $w_0=w_f$,$\theta_0=\theta_f$ 时,解调器输出的信号为 $m'(t)=\dfrac{1}{2}K_L m(t)$,其中 K_L 为 LPF 的传输系数。图 3-28 为 2ASK 信号的相干解调法原理图。

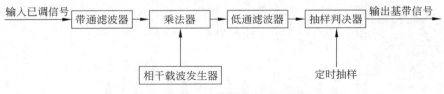

图 3-28　2ASK 信号的相干解调法

2ASK 频域调制就是将数字基带信号的频谱搬移到载波频率的位置上,即调幅过程使原始频谱搬移了 $\pm f_0$,且频谱中包含载频分量和上、下两个边带分量,所以调制信号又称为双边带调制信号。2ASK 信号占用的带宽是基带信号带宽的 2 倍,其带宽为

$$B=2f_s=\frac{2}{T_s} \tag{3-53}$$

其中 $f_s=\dfrac{1}{T_s}$ 为码元速率。信号的带宽是信号占据的整个频率范围。一个基带信号调制成 2ASK 信号时,会得到一个由许多简单频率组成的谱系。但是,有意义的频率是 $f_c-0.5N_{baud}$ 与 $f_c+0.5N_{baud}$ 之间的中间载波频率 f_c。

3.2.2　二进制频移键控调制

数字频率调制(Frequency Shift Keying,FSK)就是由数字基带信号去控制正弦载波的频率,使载波信号的频率随基带信号的变化而变化,实现频谱变换的过程,而载波振幅保持不变。

1. FSK 信号的产生

2FSK 信号用两个不同的频率 f_1、f_2 的正弦信号分别表示二进制数字的 1 和 0。2FSK 信号产生的方法有模拟调频法和键控法两种。

1）模拟调频法

模拟调频法是利用一个矩形脉冲序列对一个载波进行调频,是频移键控通信方式早期采用的实现方法。它用数字基带矩形脉冲控制一个振荡器的某些参数,直接改变振荡频率,输出不同的频率信号。这种方法容易实现,但频率稳定性较差(一般只能达到 10^{-3}),其原理如图 3-29 所示。

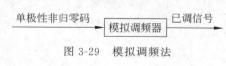

图 3-29　模拟调频法

模拟调频法的具体电路如图 3-30(a)所示。其中,VD1、VD2 导通时,振荡频率由 L、C、C_1 决定。用这种方法产生的 2FSK 信号相位是连续的,其波形如图 3-30(b)所示。

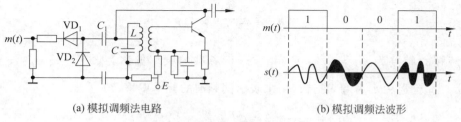

(a) 模拟调频法电路　　　　　　(b) 模拟调频法波形

图 3-30　模拟调频法

模拟调频法产生的 2FSK 信号表达式可写为

$$S(t) = A\cos\left[\omega_0 + \Delta\omega_d \int_{-\infty}^{t} m(\tau)\mathrm{d}\tau + \theta_0\right] v_2 \tag{3-54}$$

式(3-54)中,A 为载波振幅,ω_0 为未调载波频率,θ_0 为载波初相位,$\Delta\omega_d$ 为频率偏移,基带信号为

$$m(t) = \sum_{n=-\infty}^{\infty} a_n g(t - nT_s) \tag{3-55}$$

其中,$a_n = \begin{cases} 1 & \text{概率为 } 1-p \\ 0 & \text{概率为 } p \end{cases}$,$g(t) = \begin{cases} 1 & 0 \leqslant t \leqslant T_s \\ 0 & \text{其他} \end{cases}$

2）键控法

2FSK 键控法又称频率转换法,是利用矩形脉冲序列控制的开关电路对两个独立频率源进行选通,其原理如图 3-31 所示。

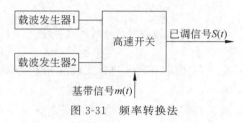

图 3-31　频率转换法

键控法的特点是转换速度快、波形好、稳定度高且易于实现,故应用广泛。它用基带信号去控制开关电路的变换以达到输出频率变化的目的。但是,用这种方法产生的 2FSK 信号的相位是不连续的。

假设基带信号为 1 码时,用载频 ω_1 传输;0 码时,用载频 ω_2 传输,则产生的 2FSK 信号可表示为

$$S(t) = \left[\sum_n a_n g(t - nT)_s \right] \cos(\omega_1 t + \theta_1) + \left[\sum_n \bar{a}_n g(t - nT_s) \right] \cos(\omega_2 t + \theta_2) \quad (3\text{-}56)$$

式中,$a_n = \begin{cases} 0 & \text{概率为 } P \\ 1 & \text{概率为 } 1-P \end{cases}$,$\bar{a}_n$ 是 a_n 的反码,即 $\bar{a}_n = \begin{cases} 1 & \text{概率为 } P \\ 0 & \text{概率为 } 1-P \end{cases}$,$g(t)$ 和前面的方式相同,即 $g(t) = \begin{cases} 1 & 0 \leqslant t \leqslant T_s \\ 0 & \text{其他} \end{cases}$。

相位不连续的 2FSK 信号可看成两个 2ASK 信号的叠加,则在频域 2FSK 处的调制就是将两个数字基带信号的频谱分别搬移到两处载波频率 $\pm f_1$ 和 $\pm f_2$ 的位置上,并引入标称载频 f_0。

$$f_0 = \frac{1}{2}(f_1 + f_2) \quad (3\text{-}57)$$

两载频的频差为 $\Delta f = f_2 - f_1$,相应于标称载的频率偏移为 $\Delta f_d = \frac{1}{2}(f_2 - f_1)$,即 $\Delta f = 2\Delta f_d$。若定义 h 为调频指数,用来表示调频波的频率偏移,则

$$h = \frac{f_2 - f_1}{f_s} = \Delta f \cdot T_s = 2\Delta f_d \cdot T_s \quad (3\text{-}58)$$

2. 2FSK 信号的解调

2FSK 信号的解调方法有相干解调和非相干解调。

1) 相干解调法

2FSK 信号的相干解调原理如图 3-32 所示。若调制信号 $s(t)$ 中,频率 ω_1 代表二进制码 1,ω_2 代表 0,则解调时首先需要用两个中心频率分别为 ω_1 和 ω_2 的带通滤波器把代表 1 和 0 的振荡分离出来,形成两个不同频率的 2FSK 信号,再通过同步检波器,经抽样判决电路比较两路输出 $x'(t)$、$y'(t)$ 的大小,最终决定输出是 1 还是 0。若 $x'(t) < y'(t)$,输出 0;$x'(t) > y'(t)$,输出 1。

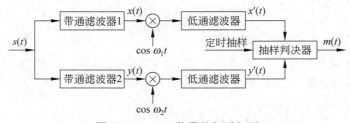

图 3-32　2FSK 信号的相干解调

相干解调法需从 2FSK 信号中提取相干载波,实现起来较为困难。

2) 非相干解调法

2FSK 信号的非相干解调过程可由图 3-33 给出的原理图来说明。

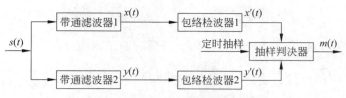

图 3-33　非相干解调法的原理图

由图 3-33 可看出，它有上、下两条支路，每条支路各包含一个带通滤波器（BPF）和一个包络检波器。抽样判决器根据上、下支路输出大小进行判决：上支路输出大于下支路输出时判为 1，否则判为 0。当发送 1 时，接收到角频率为 ω_1 的 2FSK 信号可顺利通过上支路中的 BPF_1（中心频率为 ω_1），而在下支路中受到 BPF_2（中心频率 ω_2 与 ω_1 相差足够大）的抑制，检波后使上支路输出大于下支路，经抽样后则判为 1；当发送为 0 时，接收到角频率为 ω_2 的 2FSK 信号可通过下支路，而在上支路中受到抑制，会使上支路输出小于下支路输出，经抽样后判为 0。这样，经过判决，接收端可正确地恢复出所传送的数字消息。注意，当考虑信道噪声影响时，可能会使判决器产生错误判决，以致所恢复的数字消息产生差错。

（1）过零点检测法：过零点检测法是根据 2FSK 信号的过零点数随载频不同而变化，通过检测 2FSK 信号的过零点数目来实现解调的方法，其原理如图 3-34 所示。

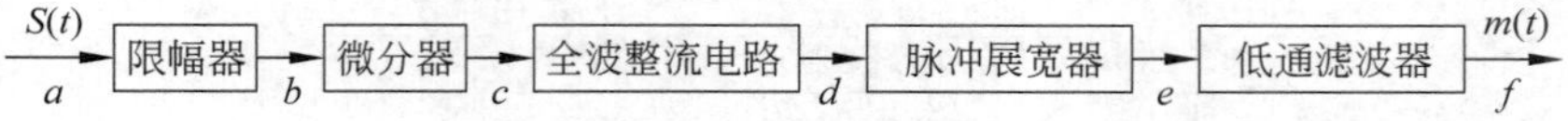

$$S(t) \xrightarrow{a} \boxed{限幅器} \xrightarrow{b} \boxed{微分器} \xrightarrow{c} \boxed{全波整流电路} \xrightarrow{d} \boxed{脉冲展宽器} \xrightarrow{e} \boxed{低通滤波器} \xrightarrow{f} m(t)$$

图 3-34　过零点检测法

一个调频输入信号 a，经放大限幅后产生矩形波序列 b，经微分整流电路形成与频率变化对应的双向脉冲序列 c，再经全波整流得到单向尖脉冲 d（单向尖脉冲的疏密程度代表输入信号频率的高低，尖脉冲的个数就是信号过零点的数目），再经脉冲展宽器将其变换成具有一定宽度的矩形波 e（矩形波 e 的直流分量代表信号的频率，脉冲越密，支流分量越大，表示输入信号的频率越高），并经低通滤波器滤掉高次谐波，便得到对应于原数字信号的基带脉冲信号 f。这样，就完成了频率-幅度变换，从而再根据直流分量幅度上的区别还原数字信号 1 和 0。

（2）差分检测法：差分检测 2FSK 信号的原理如图 3-35 所示。输入信号经带通滤波器滤去带外噪声后被分成两路，分别直接送入乘法器和延迟 τ 送入乘法器。相乘后经低通滤波器滤去高频成分得到基带信号。

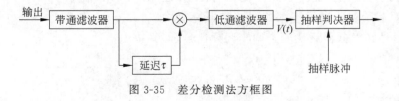

图 3-35　差分检测法方框图

设收到的 2FSK 信号频率为 $\omega = \omega_0 + \Delta\omega$。当 $\Delta\omega > 0$ 有 $\omega = \omega_2$；当 $\Delta\omega < 0$ 有 $\omega = \omega_1$。在不考虑信道噪声条件下，图 3-35 乘法器输出为

$$A\cos(\omega_0 + \Delta\omega) \cdot A\cos[(\omega_0 + \Delta\omega)(t - \tau)]$$

$$= \frac{A^2}{2}\cos[2(\omega_0+\Delta\omega)t-(\omega_0+\Delta\omega)\tau] + \frac{A^2}{2}(\omega_0+\Delta\omega)\tau \tag{3-59}$$

式(3-59)中，A 为收到 2FSK 信号振幅。经低通滤波器输出为

$$v(t) = \frac{A^2}{2}\cos(\omega_0+\Delta\omega)\tau \tag{3-60}$$

$v(t)$ 与 t 无关，是 $\Delta\omega$ 的函数。设 $\omega_0\tau=\dfrac{\pi}{2}$，即 $\tau=\dfrac{1}{4f_0}$，则

$$v(t) = -\frac{A^2}{2}\sin(\Delta\omega\tau) \tag{3-61}$$

当 $\Delta\omega\ll1$ 时，则有 $v(t)=-\dfrac{A^2}{2}\Delta\omega$。

由此可见，$v(t)$ 的抽样值取决于 $\Delta\omega$。

（3）包络检波法：包络检波法可视为由两路 2ASK 解调电路组成，如图 3-36 所示。

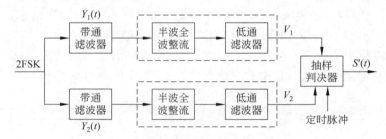

图 3-36　2FSK 信号包络检波方框图

这里，两个带通滤波器带宽相同，皆为相应的 2ASK 信号带宽；中心频率不同，分别为 $(f_1、f_2)$ 起分路作用，用以分开两路 2ASK 信号，上支路对应 $Y_1(t)=s(t)\cos(\omega_1 t+\varphi_n)$，下支路对应 $Y_2(t)=\overline{s(t)}\cos(\omega_2 t+\varphi_n)$，经包络检测后分别取出它们的包络 $S(t)$ 及 $\overline{S(t)}$；抽样判决器起比较器作用，把两路包络信号同时送到抽样判决器进行比较，从而判决输出基带数字信号。若上、下支路 $S(t)$ 及抽样值分别用 V_1、V_2 表示，则抽样判决器的判决准则为 $V_1\geqslant V_2$ 时，判决输出为 1；当 $V_1<V_2$ 时，判决输出为 0。

（4）鉴频器法：鉴频器的作用是把输入信号的频率变化变换成输出电压瞬时幅度的变化，即鉴频器输出电压的瞬时幅度与输入已调波的瞬时频率偏移成正比。鉴频法的原理与模拟调频信号解调一样，先用微分器将调频波变为调幅调频波，再通过包络检波器提取频率变化的信息，还原出原始的数字基带信号。其原理图如图 3-37 所示。

图 3-37　鉴频器原理图

2FSK 信号经微分器后变成了调幅调频信号，即其幅度和频率都携带信息，其幅度变化为

$$A(t) = A[\omega_0+\Delta\omega_{\rm d}m(t)] \tag{3-62}$$

经包络检波后可获得 $m(t)$。

在 2FSK 系统中，虽然有两个载波频率在切换，但是为了简化研究方法，可以把它们当成同时存在的两个频率来研究。此时可以把 FSK 的频谱当成中心频率分别为 f_{c0} 和 f_{c1} 的两个 ASK 频谱的组合。FSK 所要求的带宽 $B_{\rm w}$ 等于信号波特率加上频移值（两个载波频

率的差值),即

$$B_{\mathrm{W}} = (f_{c0} + f_{c1}) + N_{\mathrm{baud}} \tag{3-63}$$

式(3-63)中,f_{c1} 是较高的载波频率,f_{c0} 是较低的载波频率,N_{baud} 是波特率。

3.2.3 二进制绝对相移键控

二进制相移键控是利用二进制数字基带信号控制连续载波的相位,进行频谱变换的过程。发送端发出的二进制相移键控信号是相位随数字基带信号变化的振荡信号,这种信号又可分为二进制绝对相移键控(2PSK)和二进制相对移键控(2DPSK)。

绝对相移是用载波相位作为参考相位,利用载波相位的绝对值来表示数据信息。如用 0 相位表示 1 码,用 π 相位表示 0 码,它们的相位差是 π。这种调制方式是相对于一个固定不变的参考相位而言的,因此称为绝对相移,这一固定参考相位为 0 度。二进制绝对相移键控(2PSK)信号的波形如图 3-38 所示。

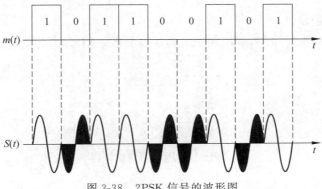

图 3-38 2PSK 信号的波形图

2PSK 信号的表达式为

$$S(t) = \sum_n g(t - nT_s)\cos(\omega_0 t + \theta_0)$$

$$= \sum_n^n g(t - nT_s)(\cos\omega_0 t\cos\theta_0 - \sin\omega_0 t\sin\theta_0) \tag{3-64}$$

式(3-64)中,ω_0 是载频,T_s 是码元持续时间,θ_0 是第 n 个码元的载波相位,它仅有 0 和 π 两种取值,因此式(3-64)可改写为

$$S(t) = \sum_n a_n g(t - nT_s)\cos\omega_0 t \tag{3-65}$$

式(3-65)中,$a_n = \cos\theta_0 \begin{cases} +1 & \text{概率为 } p \\ -1 & \text{概率为 } 1-p \end{cases}$。

2PSK 信号的波形和表达式与抑制载波的双边带振幅键控信号相同,其带宽也与抑制载波的 2ASK 信号相同,是基带信号带宽的两倍。

1. 2PSK 信号的产生

产生 2PSK 信号的方法有模拟法和键控法。模拟法用双极性非归零码的数字基带信号与载波相乘得到 2PSK 信号,如图 3-39 所示。数字基带信号正电平代表 0,负电平代表 1。如果数字基带信号 $S(t)$ 是单极性编码,要先对 $S(t)$ 进行单/双相变换,再与载波相乘。这种方法与产生 2ASK 信号的方法比较,只是对 $S(t)$ 要求不同,因此 2PSK 信号可以视为双极性基带信号作用下的调幅信号。

相位选择法用数字基带信号 $S(t)$ 控制开关电路,选择不同相位的载波输出产生 2PSK 信号,如图 3-40 所示。图中 $S(t)$ 通常是单极性的,$S(t)=0$ 时,开关向上,输出 $e_0(t)=\cos\omega_c t$;$s(t)=1$ 时,开关向下,输出 $e_0(t)=-\cos\omega_c t$。

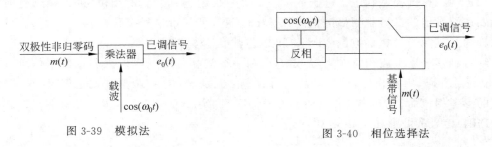

图 3-39   模拟法   图 3-40   相位选择法

2. 2PSK 信号的解调

2PSK 信号具有恒定包络,要用相干解调法恢复数字信号,其原理如图 3-41 所示。

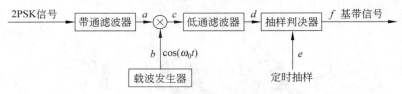

图 3-41   2PSK 信号的解调

如式(3-65)所示的已调信号与相干载波相乘后,经低通滤波器滤除高频分量后,得

$$m'(t)=\frac{1}{2}\sum_n a_n g(t-nT_s) \tag{3-66}$$

抽样判决器对每个信号单元进行判决,当 $a_n g(t-nT_s)=1$ 时,输出一个正脉冲;当 $a_n g(t-nT_s)=-1$ 时,输出一个负脉冲。

2PSK 信号解调的关键是要产生相干载波。由于产生相干载波的相位具有不确定性,即可能出现 0 和 π 两种相位状态,因此使同一个被接收的信号有可能检测出极性完全相反的两种基带脉冲序列,这种现象称为"相位模糊"。绝对移相信号的相干解调中的相模糊问题无法避免,为克服这一问题,必须采用相对移相调制方法。

3.2.4   二进制相对相移键控

1. 2DPSK 信号的产生

若对数字基带信号进行差分编码,将数字信息序列变为差分码,再进行 2PSK 调制即得 2DPSK 波形。可以说相对移相的本质就是经过相对码变换后的数字信号序列的绝对移相,这就是产生 2DPSK 信号的方法,如图 3-42 所示。设 a_n 为绝对码,b_n 为差分码,则差分码的编码规则为

$$b_n=a_n \oplus b_{n-1} \tag{3-67}$$

图 3-42　2DPSK 信号的产生

2. 2DPSK 信号的解调

2DPSK 信号的解调主要有两种方法：第一种方法是相干解调法又称极性比较法或码反变换法，第二种方法是差分相干解调法或相位比较法。

1）相干解调法

相干解调法，又叫极性比较法，它把 2DPSK 信号看成是 2PSK 信号进行相干解调，然后把解调输出的相对码数字基带信号经过码反变换变成绝对码表示的数字基带信号，如图 3-43 所示。

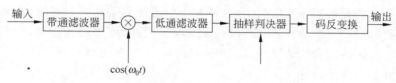

图 3-43　相干解调法原理

由相对码恢复为绝对码时，需要进行差分译码（即码反变换），由式（3-67）可知差分译码规则为

$$\bar{a}_n = \tilde{b}_n \oplus \tilde{b}_{n-1} \tag{3-68}$$

于是，可得差分译码器，如图 3-44 所示。

2）差分相干解调法

差分相干解调法又叫相位比较法，它是直接进行前后码元相位比较的解调方法，其原理如图 3-45 所示。

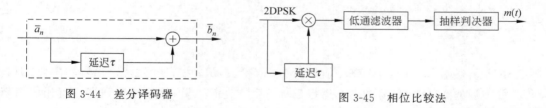

图 3-44　差分译码器　　　　　　　图 3-45　相位比较法

设 2DPSK 信号前一码元载波相位为 θ_1，后一码元载波相位为 θ_2，则经乘法器和低通滤波器后的输出为

$$m'(t) = \frac{1}{2}\cos(\theta_1 - \theta_2) \tag{3-69}$$

由相对移相关系可知

$$\theta_1 - \theta_2 = \begin{cases} 0 & 传\ 0\ 码 \\ \pi & 传\ 1\ 码 \end{cases}$$

当 $m'(t) > 0$ 时，则抽样判决电路的输出为 0 码；$m'(t) < 0$ 时，输出 1 码。这样，解调器输出的就是绝对码，无须再进行码变换。

3.3　多进制数字调制技术

随着数字通信的发展,对频带利用的要求越来越高,从而使得多进制数字调制系统获得了广泛应用。多进制数字调制是用多进制数字基带信号去控制载波的某个参量,相应有多进制幅移键控(MASK)、多进制频移键控(MFSK)、多进制相移键控(MPSK)。

多进制调制信号是指状态数目 $M>2$ 的已调信号,又称为多元调制信号。在二进制载波数字调制中,基带数字信号只有两种状态,可以表示为 1、0 或 +1、-1,所以 1 个码元只携带 1 比特信息。在多进制系统中,一位多进制(M 进制)符号代表若干位二进制符号,所以 1 个码元携带 $\log_2 M$ 比特信息。

在相同的传码率条件下,多进制数字系统的信息速率高于二进制系统;在相同的信息率条件下,多进制的信道传码率比二进制低,可减小信道传码率和信道带宽,并且使用多进制信号码元的持续时间要比二进制的宽。码元宽度的增加可增加码元能量,有利于提高通信系统的可靠性。采用多进制调制设备复杂,判决电平增多,误码率高于二进制数字调制系统。

3.3.1　多进制幅移键控

多进制幅移键控调制(Multiple Amplitude Shift Keying,MASK)是用具有多个电平的随机基带脉冲序列对载波进行振幅调制,又称为多电平调制。根据幅度调制原理,二进制振幅键控信号可表示成基带信号与正弦载波的乘积,同理可推广得出 MASK 信号为

$$S_{\text{MASK}}(t) = \left[\sum_n a_n g(t - nT_s) \right] \cdot A\cos(\omega_0 t + \theta_0) \tag{3-70}$$

式中 $a_n = \begin{cases} 0 & \text{概率为 } P_0 \\ 1 & \text{概率为 } P_1 \\ 2 & \text{概率为 } P_2 \\ \vdots \\ M-1 & \text{概率为 } P_{M-1} \end{cases}$,且有 $\sum_{i=0}^{M-1} P_i = 1$。由于 M 进制 ASK 信号是 M 个二进制 ASK 信号的叠加,那么,MASK 信号的功率谱便是 M 个二进制 ASK 信号功率谱之和。因此,叠加后的 MASK 信号的功率谱将与每一个二进制 ASK 信号的功率谱具有相同的带宽,所以其带宽为

$$B_m = 2f_s = \frac{2}{T_s} \tag{3-71}$$

MASK 信号与 2ASK 信号的产生方法相同,可利用乘法器来实现。解调方法也与 2ASK 信号相同,可采用非相干解调和相干解调两种方式。

3.3.2　多进制频移键控

多进制频移键控(Multiple Frequency Shift Keying,MFSK)是用 M 个频率不同的正弦波分别表示 M 进制信号的各个符号,在某一个码元时间内只发送其中一个频率。它基本上是二进制数字频率键控方式的直接推广。MFSK 信号常用频率选择法产生,获得的是相位

不连续的 MFSK 信号,其原理如图 3-46 所示。

串/并变换电路将输入的二进制信号变换成 M 进制信号,控制开关电路输出对应的载波信号。其调制是用多个频率不同的正弦波分别代表不同的数字信号,在某一码元时间内只发送其中一个频率。其解调是用抽样判决器判断哪一路的输出最大,将最大者输出,经逻辑电路转换成 M 位二进制并行码。

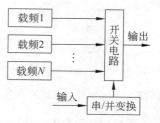

图 3-46　MFSK 信号产生原理图

MFSK 信号可以采用和 2FSK 类似的解调方法,如相干解调或非相干解调。相干解调要求有精确的相干载波信号,比较复杂,通常采用非相干的解调方法,如图 3-47 所示。

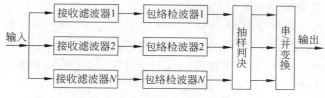

图 3-47　MFSK 信号的非相干解调

在接收信号时,每收到一个码元,只有一个带通滤波器(BPF)有输出,其余输出窄带噪声。抽样判决器的作用就是在规定的时刻,对各包络检波器的输出作比较,选择最大的输出。并/串变换电路将 M 进制码转换成二进制码输出。

用这种方式产生的 MFSK 信号可看做是 M 个振幅相同、频率不同、时间上互不相容的 2FSK 信号的叠加。因此,其带宽为

$$B_{\mathrm{W}} = (f_{\mathrm{H}} - f_{\mathrm{L}}) + N_{\mathrm{baud}} \tag{3-72}$$

式中,f_{H} 是最高载波频率,f_{L} 是最低载波频率,N_{baud} 是波特率。

由式(3-72)可知,MFSK 系统占用较宽的频带,因而频带利用率低,多用于调制速率不高的数据通信系统。在传信率相同的条件下,MFSK 比 2FSK 有更宽的码元宽度,这样就可有效地减小由于多径效应造成的码元干扰,其抗衰落性能优于 ASK 和 PSK,也优于 2FSK。

3.3.3　多进制相移键控

多进制相移键控(Multiple Phase Shift Keying,MPSK)简称多相制,它是用正弦波的 M 个相位状态来代表 M 组二进制信息码元的调制方式。调相波的带宽是数据基带信号带宽的 2 倍。为了提高频带利用率,通常采用 MPSK,它分为多进制绝对调相和多进制相对调相两种。对于 MPSK 信号,载波相位可能取值是 M 个,即

$$\theta_n = \frac{n}{M} 2\pi \quad n = 0, 1, \cdots, M-1 \tag{3-73}$$

因此,MPSK 信号可表示为

$$S(t) = \cos(\omega_0 t + \theta_n) = \cos\left(\omega_0 t + \frac{n}{M} 2\pi\right) \tag{3-74}$$

假定 ω_0 是码元传输速率 $\omega_s = \dfrac{2\pi}{T_s}$ 的整数倍,则上式可写为

$$S(t) = \sum_n g(t - nT_s)\cos(\omega_0 t + \theta_n)$$

$$= \cos(\omega_0 t)\sum_n g(t - nT_s)\cos\theta_n - \sin(\omega_0 t)\sum_n g(t - nT_s)\sin\theta_n \quad (3\text{-}75)$$

由式(3-75)可以看出,MPSK 信号可以看成两个正交载波进行多电平双边带调幅所得已调波之和,所以 MPSK 信号与多电平正交幅度调制信号具有相同的带宽。多进制相移键控中,若 M 的值越大,则相邻两个码元的相位差 $\frac{2\pi}{M}$ 的值越小,接收解调时区分相位就越困难,误码率增高,可靠性降低,所以实际传输系统常用的是四相调制和八相调制。

例如,电话网中的 Modem 中采用 8DPSK,卫星通信中采用 4DPSK、32DPSK 和 64DPSK 等。下面介绍 4PSK 和 4DPSK。

1. 四相绝对相移键控(4PSK)

用 4 种不同相位表示数字基带信号的四种码元,载波的每一相位代表两比特信息,因此,在 4PSK 中数字信息的每一个码元称为双比特码元。前一位用 A 表示,后一位用 B 表示。为了提高传输的可靠性,码元按格雷码排列。此外,四相绝对相移键控可简记为 QPSK 形式。由式(3-75)可得出 4PSK 信号的表达式

$$S(t) = \sum_n a_n g(t - nT_s)\cos\omega_0 t - \sum_n b_n g(t - nT_s)\sin\omega_0 t \quad (3\text{-}76)$$

式中,$a_n = \cos\theta_n$,$b_n = \sin\theta_n$,$n = 1,2,3,4$,式(3-76)表明 4PSK 信号实际是两个正交的 2PSK 信号的叠加,因此,4PSK 信号可用正交调相法产生,其原理如图 3-48 所示。

串行输入的二进制码首先经串/并变换电路,被分成在时间上码元对齐的 A 和 B 两个并行序列,再进行极性变换,将单极性码转换成双极性码,分别与正交载波相乘后,生成正交的双边带信号,再经加法器相加后得到 4PSK 信号。4PSK 信号的产生还可以利用相位选择法实现,其原理如图 3-49 所示。

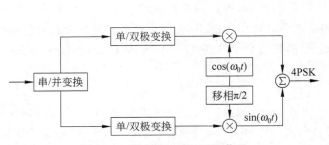

图 3-48　调相法生成 4PSK 信号

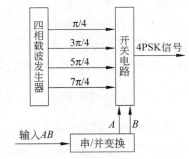

图 3-49　相位选择法生成 4PSK 信号

由于 4PSK 信号可看成两个正交 2PSK 信号的合成,则可采用正交相干解调法(又称为极性比较法)来解调,其原理如图 3-50 所示。

在一个码元的持续时间内,4PSK 信号为

$$S(t) = \cos(\omega_0 t + \theta_n) \quad (3\text{-}77)$$

式中,$\theta_n = \frac{\pi}{4},\frac{3\pi}{4},\frac{5\pi}{4},\frac{7\pi}{4}$。

经乘法器和低通滤波器后输出为

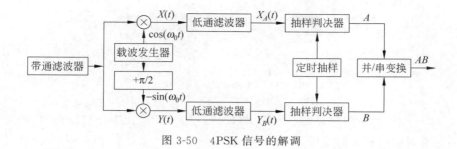

图 3-50　4PSK 信号的解调

$$X_A(t) = \frac{1}{2}\cos\theta_n$$

$$Y_B(t) = \frac{1}{2}\sin\theta_n \tag{3-78}$$

抽样判决按极性判决,正值判为 1,负值判为 0,解调出相应的数字信号。抽样判决器判决标准如表 3-1 所示。解调后的 A 和 B 再经过并/串变换,还原出基带信号。

表 3-1　4PSK 信号解调时抽样判决器判决标准

码元相位 θ_n	$\cos\theta_n$ 极性	$\sin\theta_n$ 极性	判决器 A 输出	判决器 B 输出
$\frac{\pi}{4}$	+	+	1	1
$\frac{3\pi}{4}$	−	+	0	1
$\frac{5\pi}{4}$	−	−	0	0
$\frac{7\pi}{4}$	+	−	1	0

2. 四相相对相移键控(4DPSK)

四相相对相移键控同 2DPSK 相似,也是利用前后码元的相位差来表示数据信息。若以前一码元相位作为参考,并令 $\Delta\theta$ 为本码元初相与前一码元的初相差,则双比特绝对码元 AB 与载波相位的关系如表 3-2 所示。

表 3-2　4DPSK 信号相位编码表

双比特码元 AB	载波相位变化 $\Delta\theta$	双比特码元 AB	载波相位变化 $\Delta\theta$
00	0	11	π
10	$\pi/2$	01	$3\pi/2$

4DPSK 信号可在 4PSK 信号基础上采用码变换加调相法产生,其原理如图 3-51 所示,码变换的作用是将绝对码 AB 转换为相对码 CD,4DPSK 信号在不同起始相位下将有不同的信号序列,例如,当输入的 $AB=11$ 时,调相信号的载波相位应为 $\frac{5\pi}{4}$,对应于此时的双比特相对码码元 $CD=00$。所以码变换器应能完成四进制绝对码到四进制相对码的所有可能转换。

4DPSK 信号的解调方法有极性比较法和相位比较法两种。极性比较法的原理如

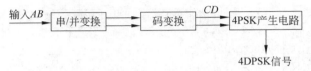

图 3-51　4DPSK 信号的产生

图 3-52 所示,4PSK 信号的解调器输出得到双比特相对码码元 CD,经过码变换电路得到双极性进制绝对码的所有可能变换。

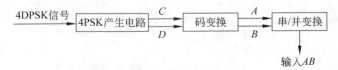

图 3-52　4DPSK 极性比较法

相位比较法原理如图 3-53 所示。

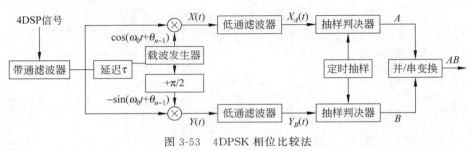

图 3-53　4DPSK 相位比较法

它适用于接收规定相位关系的 4DPSK 信号,设第 $n-1$ 个和第 n 个码元的载波表达式分别为

$$S_n(t) = \cos(\omega_0 t + \theta_n)$$
$$S_{n-1}(t) = \cos(\omega_0 t + \theta_{n-1})$$

(3-79)

经乘法器和低通滤波器后输出为

$$X_A(t) = \frac{1}{2}\cos\Delta\theta$$

$$Y_B(t) = \frac{1}{2}\sin\Delta\theta$$

(3-80)

式中,$\Delta\theta = \theta_n - \theta_{n-1}$,抽样判决器根据 4DPSK 信号的规定相位关系输出判决结果,再经并/串变换就可恢复原来的基带信号。

3.4　混合调制技术

随着通信技术的发展,出现了许多新的调制技术。如抑制载波的双边带调制(DSBSC)、正交幅度调制(QAM)、幅度相位混合调制(APK)、最小频移键控(MSK)等。

3.4.1　抑制载波的双边带调制

幅移键控（ASK）信号的频谱中包含载频分量和边带分量，而载波本身并不携带信息，却占用了大部分功率。既然载波分量不携带信息，就可以将它完全抑制掉，将有效的功率全部用到边带传输上去，从而提高调制效率，这就是抑制载波的双边带调制。根据定义，如果输入的基带信号没有直流分量，则得到抑制载波的双边带调制（DSBSC）的时域表达式：

$$S(t) = m(t)\cos\omega_0 t \tag{3-81}$$

对应的频域表达式为

$$S(\omega) = \frac{1}{2}[M(\omega - \omega_0) + M(\omega + \omega_0)] \tag{3-82}$$

式中，ω_0 为载波角频率。

前面介绍的 ASK 信号之所以含有载波分量，是由于基带信号是单极性矩形脉冲序列，基带信号中含有直流分量造成的。若基带信号采用双极性矩形脉冲序列，则基带信号中没有直流分量，调制后的 ASK 信号也就不包含载波分量，成为抑制载波的双边带调制信号（DSBSC）。DSBSC 调制过程的波形示意图如图 3-54 所示。

由图 3-54 可见，在调制信号 $m(t)$ 改变极性的时刻，载波相位出现了倒相点，所以其包络形状与图 3-54(d) 的包络形状不再包含信息，因此必须采用相干解调法。

抑制载波的双边带幅移键控信号，除载波分量波除外，其他与 2ASK 信号相同，所以它的生成也可利用乘法器来实现。

DSBSC 信号包含两个边带，即上下边带。由于这两个边带包含的信息相同，因而从信息传输的角度来考虑，传输一个边带就够了。这种只传输一个边带的通信方式称为单边带通信。单边带信号的产生方法通常有滤波法和相移法。

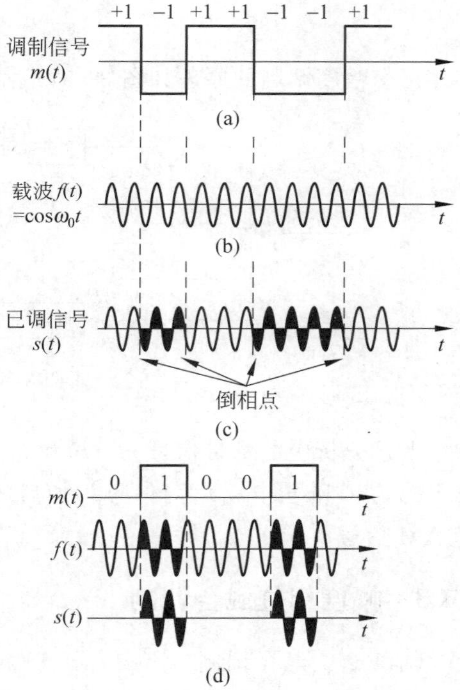

图 3-54　DSBSC 的调制过程

3.4.2　正交幅度调制技术

正交幅度调制技术（Quadrature Amplitude Modulation，QAM）是利用两个独立的基带信号对两个相互正交的同频载波进行抑制载波的双边带调制，实现两路并行传输，又称为正交双边带调制。由于在同一带宽内同时传输两个信号，所以它的频带利用率提高了一倍，适用于高速数据传输场合。正交幅度调制的原理如图 3-55 所示。

设 $m_1(t)$ 和 $m_2(t)$ 是两个独立的双极性矩形脉冲序列，$\cos\omega_0 t$ 和 $\sin\omega_0 t$ 是正交的同频载波，则生成的正交幅度调制信号为

$$S(t) = m_1(t)\cos\omega_0 t + m_2(t)\sin\omega_0 t \tag{3-83}$$

正交幅度调制信号的解调必须采用相干解调法。假设传输信道具有理想特性，且接收

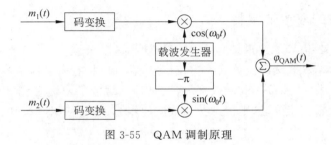

图 3-55　QAM 调制原理

端的相干载波与发送端载波完全同步,则在接收端信号经乘法器和低通滤波器(LPF)后的
输出为

$$m'_1(t) = \frac{1}{2}m_1(t) \tag{3-84}$$

$$m'_2(t) = \frac{1}{2}m_2(t) \tag{3-85}$$

正交幅度调制的原理如图 3-56 所示。

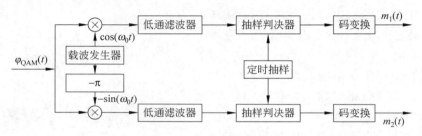

图 3-56　QAM 解调原理

上述分析中的基带信号 $m_1(t)$ 和 $m_2(t)$ 是双极性脉冲序列,分别与载波相乘后得到矢
量 $\pm\cos\omega_0 t$ 和 $\pm\sin\omega_0 t$,两信号相加后的信号矢量具有 4 种相位,所以这一信号也被称为
4QAM 信号。

3.4.3　幅度相位混合调制

幅度相位混合调制(Amplitude Phase Keying,APK)是用基带信号同时控制载波的振
幅和相位变化的一种数字调制方式,这种方式既可提高频带利用率,又可获得较高的效
率。例如,对于 4DPSK 信号若采用两种电平幅度,则可得到 8 种状态,频带利用率提高了
一倍。

APK 信号的一般表达式可写为

$$S(t) = \left[\sum_n a_n g(t - nT_s)\right]\cos(\omega_0 t + \theta_n) \tag{3-86}$$

式中,$g(t)$ 是宽度为 T_s 的单个矩形脉冲,$\theta_n = \begin{cases}\theta_1 & \text{概率为} P'_1 \\ \theta_2 & \text{概率为} P'_2 \\ \vdots & \vdots \\ \theta_M & \text{概率为} P'_M\end{cases}$, $a_n = \begin{cases}a_1 & \text{概率为} P_1 \\ a_2 & \text{概率为} P_2 \\ \vdots & \vdots \\ a_N & \text{概率为} P_N\end{cases}$,

则 APK 信号的可能状态数为 $M \times N$，上式还可以写成另一种形式

$$S(t) = \left[\sum_n a_n g(t - nT_s) \right] \cos\theta_n \cos\omega_0 t - \left[\sum_n a_n g(t - nT_s) \right] \sin\theta_n \sin\omega_0 t$$

$$= \left[\sum_n A_n g(t - nT_s) \right] \cos\omega_0 t + \left[\sum_n B_n g(t - nT_s) \right] \sin\omega_0 t \tag{3-87}$$

式中，$A_n = a_n \cos\theta_n$，$B_n = -a_n \sin\theta_n$。

由式(3-87)可以看出，APK 信号可看成是两个正交调制信号之和。从这个意义上说，正交幅度调制 QAM 信号也是 APK 信号的一种。APK 信号的产生可利用正交幅度调制法(QAM)，即用两路正交的多电平 ASK 信号叠加而成。对 APK 信号的解调可采用正交相干解调法。APK 调制方式可以提高频带利用率和功率利用率。

3.4.4　最小频移键控

在 2FSK 调制方式中，不同频率的载波信号来自于两个独立的振荡源，已调信号在频率转换点上的相位可以不连续，功率谱中旁瓣分量很大，因而经带限后会引起包络起伏。为克服上述缺点可采用连续相位的频移键控(Continual Phase FSK，CPFSK)技术。目前，移动通信系统中大量应用的最小频移键控(Minimum Shift Keying，MSK)就是 CPFSK 技术中的一种。

对于相位连续的 FSK 信号，在一个码元时间 T_s 内可表示为

$$S(t) = A\cos(\omega_0 t \pm \Delta\omega_d t + \theta_0) = A\cos[\omega_0 t + \theta(t)] \tag{3-88}$$

式中，ω_0 是未调载频，$\Delta\omega_d$ 是频率偏移。设传 0 码时的载频是 ω_1，传 1 码时的载频是 ω_2，则有

$$\omega_0 = \frac{\omega_1 + \omega_2}{2} \tag{3-89}$$

$$\Delta\omega_d = \frac{\omega_2 - \omega_1}{2} \tag{3-90}$$

由式(3-56)可知：

$$\theta(t) = \pm\Delta\omega_d t + \theta_0 \tag{3-91}$$

式中，θ_0 是初相角，取决于前一个码元调制的结果。

由式(3-58)可知，$\Delta\omega_d = \dfrac{\pi h}{T_s}$，则

$$\theta(t) = \pm\frac{\pi h}{T_s}t + \theta_0 \tag{3-92}$$

式中，h 为调频指数。

由式(3-91)可得第 n 个码元的初相为

$$\theta_n = \theta_{n-1} + \begin{cases} \pi h & \text{第 } n-1 \text{ 个码是 1 码} \\ -\pi h & \text{第 } n-1 \text{ 个码是 0 码} \end{cases} \tag{3-93}$$

式中，θ_{n-1} 是第 $n-1$ 个码元的初相位。

对于接收系统，若接收具有正交特性的码元信号时，系统有较好的抗噪声性能。而对于 FSK 信号的两个载频 ω_1 和 ω_2，根据函数的相关性可知，只要满足 $2\Delta\omega_d T_s = n\pi$($n$ 为整

数),则载频 ω_1 和 ω_2 就是正交关系。为了提高频带利用率,$\Delta\omega_d$ 要小,当 $n=1$ 时,$\Delta\omega_d$ 有最小值为

$$\Delta\omega_d=\frac{\pi}{2T_s} \tag{3-94}$$

此时调频指数 $h=\frac{1}{2}$。此时相位树节点只可能停留在相位为 $\frac{\pi}{2}$ 的交点上,由于对载波而言,相位是模 2π($0\sim2\pi$,或 $-\pi\sim\pi$),所以相位要折回。注意,在偶数码元点,$\Delta\omega_d$ 停留在 0 或 π 的节点上,在奇数码元点,$\Delta\omega_d$ 停留在 $\frac{\pi}{2}$ 或 $\frac{3\pi}{2}$ 的节点上。

MSK 信号的调制原理如图 3-57 所示。

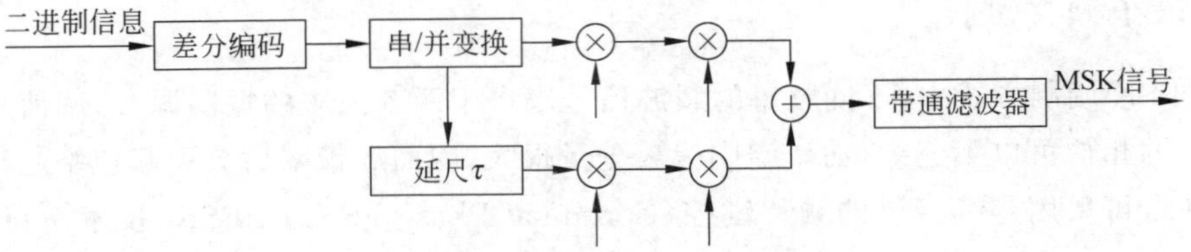

图 3-57　MSK 信号的调制原理图

最小频移键控是调制指数为 $\frac{1}{2}$ 的相位连续频移键控调制方式,它具有最小频偏,频差 $\Delta f=\frac{1}{2T_s}$ 是码元传输速率 f_s 的一半。

最小频移键控信号的表达式为

$$S(t)=A\left[\cos\theta_n\cos\left(\frac{\pi}{2T_s}t\right)\cos\omega_0 t-a_n\cos\theta_n\sin\left(\frac{\pi}{2T_s}t\right)\sin\omega_0 t\right] \tag{3-95}$$

式中,a_n、θ_n 是第 n 个码元及其初相。

MSK 信号可采用正交调制的方法产生,其解调(与 FSK 相似)可采用正交相干解调的方式。

3.5　MIMO-OFDM 通信技术

MIMO-OFDM 是当前最为流行的无线网络技术,本节主要阐述 MIMO-OFDM 的基本概念和原理。

3.5.1　MIMO 技术

多输入多输出(Multi-input Multi-output,MIMO)是一种多天线无线通信技术。该技术的基本方法是将用户数据分解为多个并行的数据流,在指定的带宽内由多个发射天线上同时刻发射,经过无线信道后,由多个接收天线接收,并根据各个并行数据流的空间特性,利用解调技术,最终恢复出原数据流。MIMO 在无线链路两端均采用多根天线,分别同时接收与发射,能够充分利用空间资源,可以有效提升无线通信系统的频谱效率,在无须增加频

谱资源和发射功率的情况下,成倍地提升通信系统的容量与可靠性。

如图 3-58 所示是一个有 N_T 个发送天线和 N_R 个接收天线的平坦 MIMO 单用户系统,假设发送信号 $X = [x_1, x_2, \cdots, x_{N_T}]^T$ 为 $N_T \times 1$ 维的向量,经历的 MIMO 信道冲激响应为 H,设噪声 $N = [n_1, n_2, \cdots, n_{N_R}]^T$ 是 $N_R \times 1$ 维的加性高斯白噪声(Additive White Gaussian Noise,AWGN)向量。

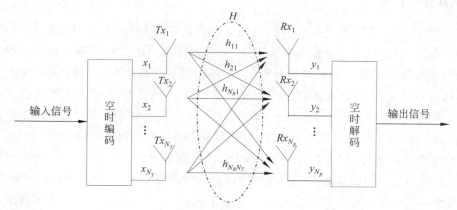

图 3-58　MIMO 系统基本模型

则其 MIMO 信道模型表示为

$$Y = HX + n \tag{3-96}$$

其中,接收信号 $Y = [y_1, y_2, \cdots, y_{N_R}]^T$ 为 $N_R \times 1$ 维的向量,H 表示 $N_R \times N_T$ 维度的空间信道变换矩阵,如式(3-97)所示:

$$H = \begin{bmatrix} h_{11} & h_{12} & \cdots & h_{1N_T} \\ h_{21} & h_{22} & \cdots & h_{2N_T} \\ \vdots & \vdots & \ddots & \vdots \\ h_{N_R1} & h_{N_R2} & \cdots & h_{N_RN_T} \end{bmatrix} \tag{3-97}$$

矩阵 H 中每个元素 h_{ij} 表示从第 i 个发送天线到第 j 个接收天线的复信道增益(信道响应系数)。

MIMO 技术大致可分为空间分集和空间复用两种。空间分集(Spatial Diversity,SD)技术是指采用多个发射天线将同一信号的多个独立副本通过多个衰落特性相互独立的信道发送,接收端将这些独立信号副本接收,并按照一定的规则进行合并接收。由于在任一给定时刻至少可以保证有一个强度够大的信号副本提供给接收端使用,因此,这种技术可以提高传输信号的信噪比,降低误码率,但是并没有提高系统的平均信道容量。空时格形码(Space Time Trellis Code,STTC)和空时区块编码(Space Time Block Code,STBC)是两种常见的分集技术。

空间复用(Spatial Multiplex,SM)是指在接收端和发射端使用多个天线,在发射端,高速数据流被分割为多个低速子数据流,不同的子数据流在不同的发射天线上采用相同频段发射出去。由于发射端与接收端的天线阵列之间构成的空域子信道不同,使得在不同发射天线上传送的信号之间能够相互区别,因此接收端能够区分出这些子数据流。空间复用技术充分利用空间传播中的多径分量,每根天线上传输各自不同的数据,从而使得容量随着天线数量的增加而线性增加。这种技术可以达到较高的数据传输率且在不增加带宽资源使用情况下增加信道容量,其缺点是分集增益不高。贝尔实验室垂直分层空时系统(Vertical Bell Laboratories Layered Space Time,V-BLAST)是常见的空间复用技术。

3.5.2　OFDM 技术

正交频分复用(OFDM)是一种多载波调制技术,OFDM 将信道分成若干正交子信道,将高速数据信号转换成并行的低速子数据流,调制到在每个子信道上进行传输。这种串行转并行的操作,拉长了每个子载波的符号区间,因此每个子信道可以建模为平坦衰落(Flat Fading)信道,从而最大限度地消除了符号间干扰(ISI)。OFDM 的调制和解调分别基于快速傅里叶逆变换(Inverse Fast Fourier Transform,IFFT)和快速傅里叶变换(Fast Fourier Transformation,FFT)实现,是复杂度最低、应用最广的一种多载波传输方案。

OFDM 系统发送时,首先要进行信道编码,目的是进行编码保护,接着进行交织处理。交织处理是将编码后的信号做适度的打散操作。然后进行 QAM 调制,并插入导频信号,导频信号用于在解调时辅助实现信号还原。接下来采用 S/P 转换将串行信号转换成并行传输方式,此时信号长度变成原来的 N 倍,其中 N 是子载波的个数。通过 IFFT 将调制信号加载到对应的子载波上,完成后继续进行 P/S 转换,将信号转换成串行传输方式,并执行添加循环前缀和时间窗操作。该操作是将信号尾端的部分移到信号前端,以减少多径干扰对系统的影响,并且乘上时间窗函数,减少接收到两个信号之间不连续的相角变化而产生的高频信号。最后通过 D/A 转换和升频处理后发送出去。

接收时,首先进行降频处理、A/D 转换、时频同步、去循环前缀等操作过程,接着采用串并转换器将信号转换成 N 路并行信号,并进行 FFT 处理,处理完成后再进行 P/S 转换,形成串行数据,接着进行信道补偿、QAM 解码、解交织和信道译码等操作,将数据输出。如图 3-59 所示是 OFDM 系统的基本模型。

3.5.3　MIMO-OFMD 技术

MIMO-OFDM 技术实现了 MIMO 技术和 OFDM 技术的优势组合,在提高传输效率的基础上提升了传输可靠性。如图 3-60 所示是用 N_T 个发射天线和 N_R 个接收天线构建的一个 MIMO-OFDM 通信系统。

在发送端,输入信号经过编码映射和 MIMO 编码后形成 N_T 路发送数据,每路数据都进行 OFDM 编码处理,采用 N_T 根发送天线将其发送出去。在接收端,由 N_R 根接收天线负责将对应数据进行接收,同时进行 OFDM 解码处理,最后再通过 MIMO 解码和编码逆映射检测恢复出原始信号。

MIMO-OFDM 技术,综合了 MIMO 高频谱效率和 OFDM 简化接收机的特点,通过在 OFDM 传输系统中采用阵列天线引入空间资源,同时利用时间、频率和空间处理方式,使移动通信系统对噪声、干扰、多径的容限大大增加,有效地提高了无线链路的传输速率和系统可靠性。

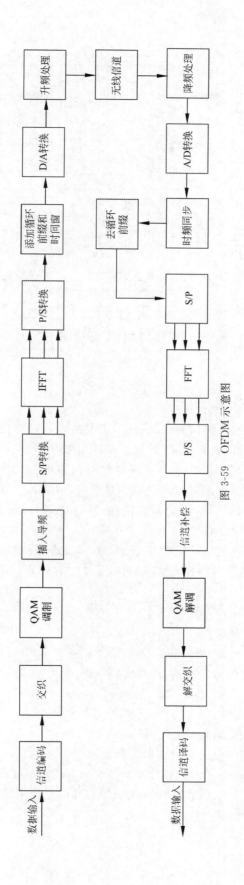

图 3-59　OFDM 示意图

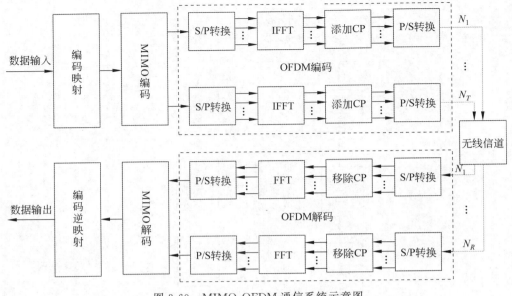

图 3-60　MIMO-OFDM 通信系统示意图

本 章 小 结

　　本章主要介绍了无线网络的相关调制技术,主要内容包括常规调幅(AM),双边带调幅(DSB),单边带(SSB)调制,残留边带调制(VSB),频率和相位调制,二进制幅移键控(2ASK),二进制频移键控调制(2FSK),二进制绝对相移键控(2PSK),二进制相对移键控(2DPSK),多进制幅移键控(MASK),多进制频移键控(MFSK),多进制相移键控(MPSK),抑制载波的双边带调制(DSBSC),正交幅度调制技术(QAM),幅度相位混合调制(APK),最小频移键控(MSK),MIMO-OFDM 调制技术等。学习完本章,要求读者重点掌握二进制频移键控调制(2FSK),二进制绝对相移键控(2PSK),二进制相对移键控(2DPSK),多进制相移键控(MPSK),正交幅度调制技术(QAM)以及 MIMO-OFDM 调制方法。

习　　题

　　1. 已知调制信号 $m(t)=\cos 2000\pi t$,载波为 $C(t)=2\cos 10^4\pi t$,分别写出 AM、DSB、SSB(上边带)、SSB(下边带)信号的表示式,并画出频谱图。

　　2. 已知线性调制信号表示式:

　　(1) $S_m(t)=\cos\Omega t\cos\omega_c t$;

　　(2) $S_m(t)=(1+0.5\cos\Omega t)\cos\omega_c t$。

式中,$\omega_c=6\Omega$,试分别画出它们的波形图和频谱图。

　　3. 设发送数字信息为 10110010,试分别画出 2ASK、2FSK、2PSK、2DPSK 波形示意图。

　　4. 求传码率为 200B 的八进制 ASK 系统的带宽和信息速率。如果采用二进制 ASK 系统,其带宽和信息速率又为多少?

5. 一相位不连续的 2FSK 信号,发 1 码时的波形为 $A\cos(2000\pi t + \theta_1)$,发 0 码时的波形为 $A\cos(8000\pi t + \theta_0)$,码元速率为 600 波特。系统的频带宽度最小为多少?

6. 在相对相移键控中,假设传输的差分码是 0111100100011010101011,且规定差分码的第一位为 0,试求出下列两种情况下原来的数字信号:

(1) 规定遇到数字信号为 1 时,差分码保持前位信号不变,否则改变前位信号;

(2) 规定遇到数字信号为 0 时,差分码保持前位信号不变,否则改变前位信号。

7. 设某 2FSK 调制系统的码元传输速率为 1000B,已调信号的载频为 1000Hz 或 2000Hz:

(1) 若发送数字信息为 011010,试画出相应的 2FSK 信号波形;

(2) 试讨论这时的 2FSK 信号应选择怎样的解调器解调?

(3) 若发送数字信息是等可能的,试画出它的功率谱密度草图。

8. 设输入二元序列为 0、1 交替码,计算并画出载频为 f_c 的 PSK 信号频谱。

9. MIMO 技术的关键特征是什么? 主要缺陷是什么? OFMD 调制的核心技术是什么? 结合该二者的 MIMO-OFDM 技术达到了什么技术特征?

10. 绘制 MIMO-OFMD 调制的基本原理图。

11. 绘制 MIMO-OFDM 解调的基本原理图。

第 4 章　无线局域网技术

本章主要讲述如下知识点：
➢ WLAN 的基本构成；
➢ WLAN 的网络结构；
➢ IEEE 802.11 的相关技术标准；
➢ IEEE 802.11 的协议体系结构；
➢ HiperLAN 无线局域网的基本概念；
➢ WLAN 的安全认证和加密；
➢ WLAN 的基本配置。

4.1　WLAN 概述

WLAN(Wireless Local Area Network)是利用无线通信技术在一定的局部范围内建立的网络，是计算机网络与无线通信技术相结合的产物。它以无线多址信道作为传输媒介，提供传统有线局域网 LAN(Local Area Network)的功能，能够使用户真正实现随时、随地、随意的无线网络接入。

广阔的应用前景、广泛的市场需求以及技术上的可实现性，促进了无线局域网技术的完善和产业化。

4.1.1　WLAN 的基本构成

无线局域网是基于蜂窝的网络架构，每一个蜂窝称为 BSS。每一个蜂窝被一个基站(即访问点或 AP)控制，或是在蜂窝内的点对点网络(Ad Hoc 模式)。BSS 的基本构成如图 4-1 所示。

可以看到一个无线分布式系统是由多个 BSS 构成。为了标识一个 BSS，通常可以采用给其设置的 SSID 来进行区分，这个 SSID 可以称为 BSSID。一个 BSS 可由一个基站和多个 WLAN 工作站构成。其中基站指的是无线 AP，通常在无线 AP 上设置 SSID，WLAN 工作站通常指的是安装有无线网络接口的计算机等终端设备。这些设备采用和无线 AP 相同的 SSID 来连接到同一个蜂窝之中。

SSID(Service Set Identifier)，即服务集标识，用来区分不同的网络，最多可以有 32 个字符。每个接入点都有一个 SSID，通过为多个 AP 设置同一个 SSID，可允许在广泛的范围内漫游。

SSID 技术可以将一个无线局域网分为几个需要不同身份验证的子网络，每一个子网络都需要独立的身份验证。只有通过身份验证的用户才可以进入相应的子网络，防止未被授权的用户进入本网络。

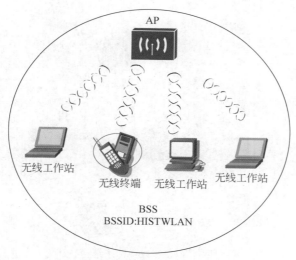

图 4-1 BSS 的基本构成

如图 4-2 所示,多个无线蜂窝构成了一个扩展服务集(Extended Service Set,ESS),分布式系统和多个 BSS 允许 IEEE 802.11 构成一个任意大小、复杂无线网络。IEEE 802.11b 把这种网络称为扩展服务集网络。同样,ESS 也有一个 SSID 标识名称,即 ESSID。扩展服务集 ESS 是指由多个 AP 以及连接它们的分布式系统组成的结构化网络,所有 AP 必须共享同一个 ESSID。

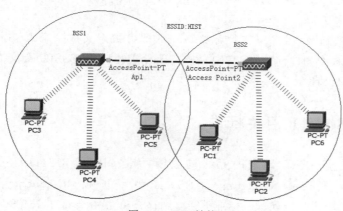

图 4-2 ESS 结构

4.1.2 WLAN 的网络结构

无线局域网的网络架构基本上可以分为独立型网络结构(Ad Hoc)和基础网络结构两类。

1. 独立型网络结构

独立型网络结构无须 AP 支持,站点间可相互通信。独立型网络结构由一组有无线接口卡的计算机组成。这些计算机以相同的工作组名、ESSID 和密码以对等的方式相互直接连接,在 WLAN 的覆盖范围之内,进行点对点与点对多点之间的通信。Ad Hoc 网络结构如图 4-3 所示。

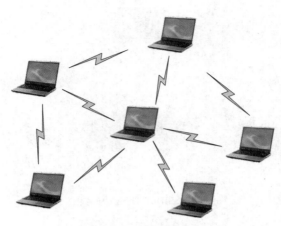

图 4-3 Ad Hoc 网络结构

2. 基础网络结构

基础网络结构指的是具有无线接口卡的无线终端以无线接入点 AP 为中心,通过无线网桥、无线接入网关、无线接入控制器和无线接入服务器等将无线局域网与有线网络连接起来,可以组建多种复杂的无线局域网。

基础网络结构可分为 BSS 和 ESS 两种。在 BSS 中,站点间不能直接通信,必须依赖 AP 进行数据传输。AP 提供到有线网络的连接,并为站点提供数据中继功能。BSS 的结构如图 4-1 所示。

ESS 是一种基础网络结构,一个或多个 BSS 即可被定义成一个 ESS,使用者可于 ESS 上漫游及存取 BSS 中的任何数据,其中 AP 必须设定相同的 ESSID 及信道才能允许漫游。ESS 的结构如图 4-2 所示。

4.2 IEEE 802.11 相关标准

IEEE 802.11 是 IEEE 制定的无线局域网标准。IEEE 802.11 采用直接序列扩频(Direct Sequence Spread Spectrum,DSSS)或跳频扩频(Frequency-Hopping Spread Spectrum,FHSS)技术。当前这一标准不断得到补充和完善,形成了 IEEE 802.11x 标准系列。

1. IEEE 802.11b

IEEE 802.11b 标准规定无线局域网工作频段范围为 2.4～2.4835GHz,信道频宽为 20MHz,数据传输速率达到 11Mbps。IEEE 802.11b 标准采用点对点和基本网络架构两种工作模式,采用 DSSS 协议,该标准和 IEEE 802.11a 标准不兼容。

2. IEEE 802.11a

IEEE 802.11a 标准规定无线局域网的工作频段范围为 5.15～5.825GHz,信道频宽为 20MHz,数据传输速率达到 54Mbps,传输距离控制在 10～100m。IEEE 802.11a 采用正交频分复用(OFDM)扩频技术,支持语音、数据、图像业务,一个扇区可接入多个用户,每个用户可带多个用户终端,该标准与 IEEE 802.11b 不兼容。

3. IEEE 802.11g

IEEE 802.11g 工作在 2.4GHz 频段,采用 OFDM 技术,信道频宽为 20MHz,最大传输速率为 54Mbps。为防止和 IEEE 802.11b 设备共存出现通信冲突问题,IEEE 802.11g 协议采用了"RTS/CTS"技术。IEEE 802.11g 与 IEEE 802.11b 兼容。

4. IEEE 802.11n

IEEE 802.11n 包含 2.4GHz 和 5GHz 两个工作频段,理论上最多可以支持 4 路数据流,信道频宽为 20MHz 或 40MHz,最大速率可达 600Mbps。IEEE 802.11n 的核心技术是 MIMO 和 OFDM 技术,采用 64-QAM 调制方法。IEEE 802.11n 与 IEEE 802.11a/b/g 标准兼容。

5. IEEE 802.11ac

IEEE 802.11ac 工作在 5GHz 频段,并将信道频宽由 802.11n 的 20MHz 和 40MHz 提升到了 80MHz 和 160MHz。IEEE 802.11ac 采用 256-QAM 调制技术,支持 8 路数据流,采用多天线技术,可以在不增加传输功耗的前提下,增加数据吞吐量。IEEE 802.11ac 下行支持 MU-MIMO 技术,可以实现同时向多个设备传送不同的数据流。在 8×8 MIMO 环境下,IEEE 802.11ac 的理论速率可达 6.93Gbps。IEEE 802.11ac 和 IEEE 802.11a/n 兼容。

6. IEEE 802.11ax

IEEE 802.11ax 又称为高效率无线标准(High-Efficiency Wireless,HEW),是当前最新的无线局域网标准。该标准支持 2.4GHz 和 5GHz 频段,向下兼容 IEEE 802.11 a/b/g/n/ac,支持 1024-QAM 调制技术。802.11ax 旨在进一步提高密集场景下无线局域网的部署性能,与 802.11n 和 802.11ac 相比,每个工作站的吞吐量至少提高 4 倍。在 802.11ax 中上行和下行均使用 MU-MIMO 技术,可以同时向 8 个终端共享上行、下行的 MU-MIMO 数据流。IEEE 802.11ax 采用 4 倍的 OFDM 符号时间,实现了自适应的空闲信道评估(Adaptive CCA)方法,MAC 层的 CSMA/CA 机制被 TF(Trigger Frame)以及 TF-R(Trigger Frame for Random access)机制替换。IEEE 802.11ax 的信道带宽包括 20MHz、40MHz、80MHz 和 160MHz。在 160MHz 带宽下的理论速率达到 9607.8Mbps。

表 4-1 列出了 IEEE 802.11 相关标准的一些参数对比。

表 4-1　IEEE 802.11 标准对比

标准号	802.11b	802.11a	802.11g	802.11n	802.11ac	802.11ax
频率	2.4GHz	5GHz	2.4GHz	2.4/5GHz	5GHz	2.4/5GHz
速率	11Mbps	54Mbps	54Mbps	600Mbps	6930Mbps	9607Mbps
频宽	20MHz	20MHz	20MHz	20/40MHz	20/40/80/160MHz	20/40/80/160MHz
兼容性	—	—	802.11b	802.11a/b/g	802.11a/n	802.11a/b/g/n/ac

7. 其他 IEEE 802.11 技术标准

1)IEEE 802.11ad

IEEE 802.11ad 定义了 IEEE 802.11 网络在 60GHz 毫米波频谱中运行的物理层标准。它是一种用于极高数据速率(约 8Gbps)和短距离通信(1~10m)的协议。实施 IEEE 802.11ad 标准的产品以 WiGig(Wireless Gigabit,无线千兆比特)品牌推向市场。

2) IEEE 802.11ay

IEEE 802.11ay 是 802.11ad 的升级版,其工作在超高速且干扰率低的 60GHz 频段,解决了 IEEE 802.11ad 无法穿墙的问题,传输距离高达 300~500m,覆盖频宽高达 8.64GHz,2.0 版本的理论速率高达 176Gbps。

3) IEEE 802.11aj

IEEE 802.11aj 是针对我国毫米波频段制定下一代无线局域网标准。2018 年 8 月发布了 IEEE802.11 aj-2018 标准。该标准针对中国 60GHz 毫米波(57~64GHz)频段规定了定向多吉比特(DMG)物理层和 MAC 层标准。同时,该标准还增加了适用于 45GHz 毫米波频段的物理层和 MAC 层标准。IEEE802.11 aj 标准支持 MU-MIMO 技术,在相同带宽条件下能够为多个用户传输数据业务,为室内多媒体应用带来更完备的高清音视频解决方案。

4) IEEE 802.11af

IEEE 802.11af 允许无线局域网在 VHF 和 UHF 频段之间的电视空白频段上运行,其使用的电视"空白频段"一般为 30~450MHz。白色频段是为无线电视保留的缓冲频段,随着电视数字化,该保留频段用处越来越少。因此,采用该频段的无线网络技术得到了广泛关注。理论上,IEEE 802.11af 的传播距离可以达到 160km,并且具备较好的穿透性。

5) IEEE 802.11ah

IEEE 802.11ah 定义了一个工作在低于 1GHz 免许可频段的无线局域网标准。为了达到更高的吞吐量,IEEE 802.11ah 保留了 IEEE 802.11n 的信道绑定方法,即多个相邻信道组成更宽的信道带宽。IEEE 802.11ah 根据不同国家的实际情况定义了不同的频率范围。由于低频频谱的有利传播特性,该标准可在大规模传感器网络或扩展热点范围场景使用。

6) IEEE 802.11be

IEEE 802.11be 是 IEEE 802.11 EHT(extremely high throughput)工作组定义的无线局域网标准。IEEE 802.11be 建立在 802.11ax 基础上,采用 2.4GHz、5GHz 和 6GHz 频段,作为 Wi-Fi 6 的潜在继承者,Wi-Fi 联盟可能会将其命名为 Wi-Fi 7。

8. 相关补充标准

IEEE 802.11 的其他相关对应补充标准如下。

1) IEEE 802.11e

IEEE 802.11e 是基于 WLAN 的 QoS 协议,通过该协议实现在 IEEE 802.11a/b/g 网络上进行 VoIP。该协议是无线局域网与传统移动通信网络进行竞争的强有力武器。

2) IEEE 802.11f

IEEE 802.11f 定义访问节点之间的通信,支持 IEEE 802.11 的接入点互操作协议(IAPP)。IEEE 802.11h 用于 IEEE 802.11a 的频谱管理技术。

3) IEEE 802.11h

IEEE 802.11h 是 IEEE 802.11a 的扩展,目的是兼容其他 5GHz 频段标准,如欧盟使用的 HyperLAN2。

4) IEEE 802.11i

IEEE 802.11i 是无线局域网的安全协议,它提出了 TKIP 用于解决 WEP 的漏洞问题。IEEE 802.11i 新修订标准主要包括"Wi-Fi 保护访问(WPA)"技术和"强健安全网络"两项内容。

5) IEEE 802.11u

IEEE 802.11u 定义了不同种类无线网络之间的安全互连功能,使 IEEE 802.11a/b/g/n 网络能够访问蜂窝网络或者 WiMax 等其他未来的无线网络。它也能使无线设备搜寻到更多的外部网络信息。

6) IEEE 802.11ai

IEEE 802.11ai 是对 IEEE 802.11 标准的修订,为更快的初始链路建立时间添加了新机制。

7) IEEE 802.11aq

IEEE 802.11aq 用于实现无线服务的预关联发现,该协议能够快速发现设备上运行的服务,或者识别由网络提供的服务。

4.3　IEEE 802.11 协议体系结构

IEEE 802.11 协议主要工作在 OSI 协议的物理层和数据链路层。如图 4-4 所示,其中数据链路层又划分为 LLC 和 MAC 两个子层。

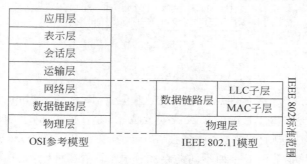

图 4-4　IEEE 802.11 基本结构模型

4.3.1　物理层

物理层是构成计算机网络的基础,所有的通信设备、主机都需要通过物理线路互联,物理层建立在传输介质的基础上,是系统和传输介质的物理接口。

IEEE 802.11 最初定义的三个物理层标准包括 FHSS、DSSS 两个扩频技术和一个红外传输规范,扩频技术保证了 IEEE 802.11 设备在这个频段上的可用性和可靠的吞吐量,这项技术还可以保证同其他使用同一频段的设备互不干扰。无线传输的频率定义在 2.4GHz 的 ISM 频段内,使用 IEEE 802.11 的客户端设备不需要任何无线许可。

ISM(Industrial Scientific Medical)频段由国际通信联盟无线电通信局 ITU-R(ITU Radio communication Sector)定义。此频段主要是开放给工业、科学、医学三个主要机构使用,属于免许可证频段,无须授权就可以使用。只需要遵守一定的发射功率(一般低于1W),并且不对其他频段造成干扰即可。

为了规范化,IEEE 802.11 把 WLAN 的物理层分成了 PLP(物理会聚协议子层)、PMD(物理介质相关协议子层)和物理管理子层,如图 4-5 所示。

PLP子层主要进行载波侦听的分析和针对不同的物理层形成相应格式的分组。PMD子层用于识别相关介质传输的信号所使用的调制和编码技术。物理层管理子层进行信道选择和调谐。MAC层协议数据单元(MPDU)到达PLP层时,在MPDU前加上帧头用来明确传输要使用的PMD层,3种方式的帧头格式不同。PLP分组根据这3种信号传输技术的规范要求由PMD层传输,如图4-6所示。

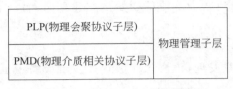

PLP(物理会聚协议子层)	物理管理子层
PMD(物理介质相关协议子层)	

图4-5　IEEE 802.11物理层

前同步信号	帧头	MPDU

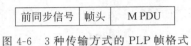

图4-6　3种传输方式的PLP帧格式

当前IEEE 802.11物理层按照采用的相关技术可分为FHSS、DSSS等相关类型,如图4-7所示。

高层协议				
802.11 FHSS	802.11 DSSS	802.11a OFDM	802.11b HR-DSSS	802.11g OFDM/DSSS

图4-7　IEEE 802.11物理层技术

1. FHSS

最初,IEEE 802.11无线标准定义的传输速率是1Mbps和2Mbps,使用FHSS和DSSS技术。使用FHSS技术,2.4GHz的频段被划分成75个1MHz的子频道,接收方和发送方协商一个调频模式,数据则按照这个序列在各个子频道上进行传输,每次在IEEE 802.11网络上进行的会话都可能采用了一种不同的跳频模式,采用这种跳频方式主要是为了避免两个发送端同时采用同一个子频段。

FHSS系统中,为了避免干扰,发送器改变发射信号的中心频率。信号频率的变化,或者说频率跳跃,总是按照某种随机的模式安排的,这种随机模式只有发送器和接收器才了解。

注意,载波频率的跳跃并不影响系统在加性噪声情况下的性能。因为在每一跳中噪声电平仍然和采用传统调制解调器的噪声电平一样,因此,在无干扰情况下FHSS系统的性能与不采用跳频的系统一致。

当出现窄带干扰时,FHSS系统的载波频率一直处于变化之中,干扰和频率选择性衰落只破坏传输信息的一部分,在其他中心频率处传输的信号不受影响。因此,在出现干扰信号或者系统处于频率选择性衰落信道时仍然可以提供可靠的传输。

FHSS技术较为简单,这也限制了它所能获得的最大传输速度不能大于2Mbps,这个限制主要是受FCC(Federal Communications Commission,美国联邦通信委员会)规定的子频道的划分不得小于1MHz。这个限制使得FHSS必须在2.4GHz整个频段内经常性跳频,带来了大量跳频开销。

2. DSSS

直接序列扩频技术DSSS将2.4GHz的频宽划分成14个22MHz的通道,临近的通道互相重叠。在 14 个频段内,只有 3 个频段是互相不覆盖的,数据就是从这 14 个频段中的一个进行传输而不需要进行频道之间的跳跃。

为了弥补特定频段中的噪音开销,一项称为 Chipping 的技术被用来解决这个问题。在每个 22MHz 通道中传输的数据都被转化成一个带冗余校验的 Chips 数据,它和真实数据一起传输用来提供错误校验和纠错。由于使用了这项技术,大部分传输错误的数据也可以进行纠错而不需要重传,这就增加了网络吞吐量。

在 DSSS 系统中,每一个传输的信息比特被扩展(或映射)成 n 个更小的脉冲,叫作码片(Chip)。接下来,所有的码片用传统的数字调制器发送出去。在接收端,收到的码片首先被解调,然后被送到一个相关器进行信号解扩。解扩器把收到的信号和与发射端相同的扩频信号(码片序列)作相关处理。自相关函数的尖峰被用来检测发射的比特。任何数字系统占据的带宽都和其采用的发射脉冲和符号的持续时间成反比。在 DSSS 系统里,由于发射的码片只有数据比特的 $\dfrac{1}{n}$,因此,DSSS 信号的传输带宽是未采用扩频的传统系统的 n 倍。和 FHSS 相似,DSSS 也可以抗多径和抗频率选择性衰落。

3. OFDM

在无线通信系统中,随着传输信号数据速率的不断提高,无线信道的时延扩展特性引起了严重的码间干扰,导致系统性能急剧下降。为了克服码间干扰的影响提出了正交频分复用(Orthogonal Frequency Division Multiplexing,OFDM)技术。

在 OFDM 系统中,将数据速率为 R_t 的高速数据信号变换成 n 路数据速率 R_i($R_t = R_1 + R_2 + \cdots + R_n$)的低速数据信号,并调制在一组正交子载波上进行并行传输。在高速数据的单载波调制器情况下,发送信号的符号周期可能与时延扩展相比拟,会产生严重的码间干扰。在 OFDM 下,各个子载波的数据速率会大大减小,即符号周期大幅度展宽,多径效应引起的时延展宽相对变小,所以码间干扰会显著降低。当每个 OFDM 符号中插入一定的保护时间之后,码间干扰几乎就可以忽略。

在 IEEE 802.11a 标准中,OFDM 在 20MHz 频段能够提供高达 54Mbps 速率的数据传输。另外,为了支持高水准的数据容量和抵御因受各种无线电波影响而产生的衰减现象,OFDM 能够非常有效地使用可以利用的频谱资源。

4.3.2　数据链路层

数据链路层实现实体间数据的可靠传输,利用物理层所建立起来的物理连接形成数据链路,将具有一定意义和结构的信息在实体间进行传输,同时为其上的网络层提供有效的服务。数据链路层的功能如下。

成帧和同步:规定帧的具体格式和信息帧的类型(包括控制信息帧和数据信息帧等)。数据链路层将比特流划分成具体的帧,同时确保帧的同步。数据链路层从网络层接收信息分组、分装成帧,然后传输给物理层,由物理层传输到对方的数据链路层。

差错控制:为了使网络层无须了解物理层的特征而获得可靠数据单元传输,数据链路层应具备差错检测功能和校正功能,从而使相邻节点链路层之间无差错地传输数据单元。因此在信息帧中携带有校验信息,当接收方接收到信息帧时,按照选定的差错控制方法进行校验,以便发现错误并进行差错处理。

流量控制：为可靠传输数据帧，防止节点链路层之间的缓冲器溢出或链路阻塞，数据链路层应具备流量控制功能，以协调发送端和接收端的数据流量。

链路管理：包括建立、维持和释放数据链路，并为网络层提供不同质量的链路服务。

IEEE 802.11 的数据链路层由两个子层构成，逻辑链路层（Logic Link Control，LLC）和媒体控制层（Media Access Control，MAC）。IEEE 802.11 使用和 802.2 完全相同的 LLC 子层和 802 协议中的 48 位 MAC 地址。

1. CSMA/CA

IEEE 802.11 协议的 MAC 层和 IEEE 802.3 协议的 MAC 层功能相似，都是在一个共享媒介上支持多用户资源共享，由发送端在发送数据前进行网络的可用性检查。如果检测发现数据信道空闲，则进行数据发送。否则，停止发送。在 IEEE 802.3 协议中由 CSMA/CD（Carrier Sense Multiple Access with Collision Detection）协议来完成调节，这个协议解决了 Ethernet 上各个工作站在线缆上进行传输的问题。

在 IEEE 802.11 无线局域网协议中，冲突检测存在一定的问题，这个问题称为"Near/Far"现象。这是由于要检测冲突，设备必须能够一边接收数据信号一边传输数据信号，而这在无线系统中是无法办到的。因此，无线局域网不能使用 CSMA/CD 协议。相比 CSMA/CD，CSMA/CA 协议增加一个碰撞避免（Collision Avoidance，CA）功能，同时 CSMA/CA 还具备了确认机制。CSMA/CA 利用 ACK 信号来避免冲突发生，只有当客户端收到网络上返回的 ACK 信号后才确认送出的数据已经正确到达目的地。

CSMA/CA 协议的工作流程如下。

欲发送数据的站先检测信道。IEEE 802.11 标准规定在物理层的空中接口进行载波监听。CSMA/CA 采用物理载波监听和虚拟载波监听两种方式来对信道进行监测。物理载波监听取决于物理层使用的媒介和调制方式。考虑到实现成本的问题，一般采用虚拟载波监听的方式。虚拟载波监听 NAV（Network Allocation Vector）相当于一个定时器，用来指定预计要占用的媒介时间。只要 NAV 的值不为零，就代表媒介处于忙碌状态；当 NAV 为零时，则显示媒介处于空闲状态，可以使用。

一个工作站希望在无线网络中传输数据，如果没有探测到网络中正在传输数据，则等待一段时间，再随机选择一个时间片继续探测，如果无线网络中仍没有数据传输事件，就将数据发送出去。

接收端收到数据后则回送一个 ACK 数据报，如果这个 ACK 数据报被接收端收到，则这个数据发送过程完成。如果发送端没有收到 ACK 数据报，则或者发送的数据没有被完整地收到，或者 ACK 信号的发送失败，数据报都在发送端等待一段时间后被重传。

2. RTS/CTS 协议

由 CSMA/CA 协议可以看出，无线客户端在检测其他节点无发送数据之后才能进行信息传输。这种检测可能存在一些问题。例如，在实际中两个节点都能收到中心点的存在，而它们之间由于障碍或者距离原因无法感知到对方的存在。这样在发送数据时，对方都检测不到另一方的存在而直接就进行了数据传输，这样可能引起两个节点同时发送信息而导致冲突。

IEEE 802.11 在 MAC 层上引入 RTS/CTS 协议来解决节点隐藏问题。RTS/CTS（Request To Send/Clear To Send），即请求发送/清除发送协议，是 IEEE 802.11 采用的一

种用来减少由隐藏节点问题造成冲突的协议。RTS/CTS 相当于一种握手协议,在参数配置中,若使用 RTS/CTS 协议,同时设置传输上限字节数。一旦待传输的数据大于此上限值时,即启动 RTS/CTS 握手协议。

RTS/CTS 的工作过程如下。

首先,A 向 B 发送 RTS 信号,表明 A 要向 B 发送数据。B 收到 RTS 后,向所有基站发出 CTS 信号,表明已准备就绪,A 可以发送,而其余欲向 B 发送数据的基站则暂停发送;双方在成功交换 RTS/CTS 信号(即完成握手)后才开始数据传递,保证了多个互不可见的发送站点同时向同一接收站点发送信号时,实际只能是收到接收站点回应 CTS 的那个站点能够进行发送,避免了冲突发生。即使有冲突发生,也只是在发送 RTS 时。这种情况下,由于收不到接收站点的 CTS 消息,所有发送站用 DCF 提供的竞争机制分配一个随机退守定时值,等待下一次介质空闲 DIFS 后竞争发送 RTS,直到成功为止。

3. CRC 校验和包分片

在 IEEE 802.11 协议中,每个在无线网络中传输的数据报都被附加上了校验位 CRC,以保证在传输的时候不出现错误。这种校验技术在 IEEE 802.3 中是由上层协议完成。

包分片的功能允许大的数据报在传输的时候被分成较小的部分分批传输。包分片技术减少了数据报重传的概率,从而提高了无线网络的整体性能。MAC 子层负责将收到的分片数据报进行重新组装,对于上层协议,这个分片的过程是完全透明的。

4. 漫游管理

IEEE 802.11 的 MAC 子层负责解决漫游管理。当网络环境存在多个 AP,且它们的微单元互相有一定范围的重合时,无线用户可以在整个 WLAN 覆盖区内移动,无线网卡能够自动发现附近信号强度最大的 AP,并通过这个 AP 收发数据,保持不间断的网络连接,这就称为无线漫游。

一旦被一个接入点接收,客户端就会将发送接收信号的频道切换为接入点的频段。在随后的时间内,客户端会周期性地轮询所有频段,以探测是否有其他接入点能够提供性能更高的服务。如果探测到了,它就会和新的接入点进行协商,然后将频道切换到新接入点的服务频道中。

这种重新协商通常发生在无线工作站移出了它原连接的接入点服务范围,信号衰减。其他情况还发生在建筑物造成的信号衰减或者由于原有接入点的信号拥塞。在拥塞情况下,这种重新协商实现了"负载均衡"功能,它将能够使得整个无线网络的利用率达到最高。

5. MAC 访问模式

IEEE 802.11 的 MAC 层提供了 DCF 和 PCF 两种访问模式。

DCF(Distributed Coordination Function),即分布式协调功能,它是一种自动高效的共享媒体信道接入方式。DCF 提供竞争服务。发送数据前,工作站会检查无线链路是否处于空闲状态,若没有空闲,则会随机为每个帧选定一段规避时间来避免冲突发生。DCF 接入方法将所有的控制权交给客户端工作站,它采用 CSMA/CA 协议进行数据传输的控制和管理。但是对于语音和视频这类对实时性要求很高的传输服务,采用 DCF 可能导致失效。

PCF(Point Coordination Function),即点协调功能,它用于支持对实时性要求较高的应用,例如语音和视频这类和时间相关的数据传输等。PCF 提供无竞争服务。处于此服务中的工作站只需经过一段较短的时间间隔即可传输帧。

在 PCF 的工作方式下,由接入点 AP 全权控制传输媒体。当处于 PCF 模式的时候,接入点将一个接着一个地轮询客户端以获取数据,还没有被轮询到的客户端没有权利发送数据,客户端只有在被轮询到的时候才能够从接入点处接收数据。由于 PCF 处理每个客户端的时间和顺序是固定的,所以一个固定的时延能够保证。PCF 的一个缺点就是其伸缩性较差,在网络规模变大后,由于它轮询的客户端数量变多,造成网络效率的急剧下降。

6. 电源管理

IEEE 802.11 MAC 层采用省电模式来延长设备电池的使用寿命。IEEE 802.11 MAC 层有 CAM(Continuous Aware Mode)和 PSPM(Power Save Polling Mode)两种电源管理模式。在 CAM 模式下,信号是始终存在并耗费电量。在 PSPM 模式中,由接入点的特殊信号来调节客户端的设备处于睡眠和唤醒状态。客户端的设备将周期性地进入"唤醒"状态接收接入点传来的 Beacon 信号,这个信号中包含了是否有其他客户端需要和本机进行数据传输活动的信息。如果有,则客户端进入"唤醒"状态接收数据,随后再进入"睡眠"状态。

7. 安全性管理

IEEE 802.11 的 MAC 子层提供了一种称为 WEP(Wired Equivalent Privacy,有线等效保密协议)的访问控制和加密协议。这是在 IEEE 802.11b 标准里定义的一个用于无线局域网(WLAN)的安全性协议。

WEP 源于 RC4 加密技术,以满足更高层次的网络安全需求,它是对在两台设备间无线传输的数据进行加密的方式,用以防止非法用户窃听或侵入。当前 WEP 被 2003 年出台的 WPA(Wi-Fi Protected Access)协议取代。2004 年,IEEE 802.11i 标准又推出了 WPA2。

4.3.3 IEEE 802.11 MAC 帧的格式

IEEE 802.11 MAC 帧的构成如图 4-8 所示。一个完整的 MAC 帧包括帧头和帧体两个部分。其中,MAC 帧头(MAC Header)包括 Frame Control(帧控制域),Duration/ID(持续时间/标识),Address(地址域),Sequence Control(序列控制域)、QoS Control(服务质量控制)。Frame Body 域包含信息根据帧的类型有所不同,主要封装上层的数据单元,长度为 0～2312 字节,IEEE 802.11 帧最大长度为 2346 字节,FCS(校验域)包含 32 位循环冗余码。

2B	2B	6B	6B	6B	2B	6B	0~2312B	4B
Frame Control	Duration /ID	Address1	Address2	Address3	Seqctl	Address4	Frame Body	FCS

图 4-8　IEEE 802.11 MAC 帧的构成

1. 帧控制域

控制域是 MAC 帧最主要的组成部分,IEEE 802.11 MAC 帧控制域的构成如图 4-9 所示。

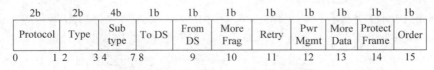

2b	2b	4b	1b	1b	1b	1b	1b	1b	1b	1b
Protocol	Type	Sub type	To DS	From DS	More Frag	Retry	Pwr Mgmt	More Data	Protect Frame	Order

0　　　1 2　　3 4　　　7 8　　　　9　　　10　　　11　　　12　　13　　14　　15

图 4-9　IEEE 802.11 MAC 帧控制域

其中：

Protocol 指的是协议版本，通常为 0；

Type 指的是类型域，Subtype 指的是子类型域，它们共同指出帧的类型；

To DS 表明该帧是 BSS 向 DS 发送的帧；

From DS 表明该帧是 DS 向 BSS 发送的帧；

More Frag 用于说明长帧被分段的情况，是否还有其他的帧；

Retry 指的是重传域，用于帧的重传，接收工作站利用该域消除重传帧；

Pwr Mgmt 指的是电量管理域，其值为 1 时，说明工作站处于省电（Power Save）模式，其值为 0 时，说明工作站处于激活（Active）模式；

More Data 指的是更多数据域，其值为 1 说明至少还有一个数据帧要发送给工作站；

Protect Frame 的值为 1，说明帧体部分包含被密钥处理过的数据，否则就为 0；

Order 指的是序号域，其值为 1 说明长帧分段传输采用严格编号方式，否则为 0。

2. 持续时间/标识域

Duration/ID 指的是持续时间/标识域，用于表明该帧和它的确认帧将会占用信道多长时间；对于帧控制域子类型为 Power Save-Poll 的帧，该域表示工作站的连接身份（Association Identification，AID）。

3. 地址域

Address 指的是地址域，其中包括源地址（SA）、目的地址（DA）、传输工作站地址（TA）、接收工作站地址（RA）。其中 SA 与 DA 必不可少，后两个只对跨 BSS 的通信有用，而目的地址可以为单播地址（Unicast Address）、多播地址（Multicast Address）、广播地址（Broadcast Address）。

4. 序列控制域

Sequence Control 指的是序列控制域，它由代表 MSDU（MAC Server Data Unit）或者 MMSDU（MAC Management Server Data Unit）的 12 位序列号和表示 MSDU 与 MMSDU 的 4 位片段号组成。

5. 帧类型

IEEE 802.11 的 MAC 帧分为控制帧、管理帧和管理帧 3 类。控制帧用于竞争期间的握手通信和正向确认、结束非竞争期等；管理帧主要用于工作站与 AP 之间协商、关系的控制，如关联、认证、同步等；管理帧用于在竞争期和非竞争期传输数据。

帧控制域（Frame Control）中的类型域（Type）和子类型域（Subtype）共同指出帧的类型，当 Type 域为 00 时，表示该帧为管理帧；为 01 时表示该帧为控制帧；为 10 时表示该帧为数据帧。

1）IEEE 802.11 数据帧

IEEE 802.11 数据帧负责在工作站之间传输数据，数据帧的基本格式如图 4-10 所示。

2B	2B	6B	6B	6B	2B	6B	0~2312B	4B
Frame control	Duration /ID	Address1	Address2	Address3	Seqctl	Address4	Frame Body	FCS

图 4-10　IEEE 802.11 数据帧的基本格式

在 IEEE 802.11 中,常见的数据帧如表 4-2 所示。

表 4-2　常见的数据帧

Type 代码	Subtype 代码	帧名称
10	0000	Data(数据)
10	0001	Data+F-ACK
10	0010	Data+F-Poll
10	0011	Data+F-ACK+F-Poll
10	0100	Null data(无数据：未传输数据)
10	0101	F-ACK(未传输数据)
10	0110	F-Poll(未传输数据)
10	0111	Data+F-ACK+F-Poll
10	1000	Qos Data
10	1001	Qos Data + F-ACK
10	1010	Qos Data + F-Poll
10	1011	Qos Data + F-ACK+ F-Poll
10	1100	QoS Null(未传输数据)
10	1101	QoS F-ACK(未传输数据)
10	1110	QoS F-Poll(未传输数据)
10	1111	QoS F-ACK+ F-Poll(未传输数据)

2) IEEE 802.11 管理帧

管理帧负责监督,主要用来管理加入或退出无线网络以及处理接入点之间关联的转移任务。管理帧的基本格式如图 4-11 所示。

2B	2B	6B	6B	6B	2B	0~2312B	4B
Frame Control	Daration	DA	SA	BSSID	Seqctrl	Frame Body	FCS

图 4-11　管理帧的基本格式

在 IEEE 802.11 中,常见的管理帧如表 4-3 所示。

表 4-3　IEEE 802.11 管理帧

Type 代码	Subtype 代码	帧名称
00	0000	Association request(关联请求)
00	0001	Association response(关联响应)
00	0010	Reassociation request(重新关联请求)
00	0011	Reassociation response(重新关联响应)

续表

Type 代码	Subtype 代码	帧名称
00	0100	Probe request(探测请求)
00	0101	Probe response(探测响应)
00	1000	Beacon(信标)
00	1001	ATIM(通知传输指示消息)
00	1010	Disassociation(取消关联)
00	1011	Authentication(身份验证)
00	1100	Deauthentication(解除身份验证)

注意：管理帧的 Subtype 值 0110～0111 与 1101～1111 目前并未使用。

3) IEEE 802.11 控制帧

控制帧负责区域的清空、信道的取得以及载波监听的维护，并在收到数据时进行确认，以此来提高工作站之间数据传输的可靠性。在 IEEE 802.11 中，常见的控制帧如表 4-4 所示。

表 4-4　IEEE 802.11 控制帧

Type 代码	Subtype 代码	帧名称
01	1010	Power Save(PS)- Poll(省电-轮询)
01	1011	RTS(请求发送)
01	1100	CTS(清除发送)
01	1101	ACK(确认)
01	1110	F-End(无竞争周期结束)
01	1111	F-End(无竞争周期结束)＋F-ACK(无竞争周期确认)

注意：控制帧的 Subtype 值 0000-1001 目前并未使用。

4.4　HiperLAN 无线局域网

HiperLAN 又称高性能无线局域网，该标准由欧洲电信标准化协会(ETSI)的宽带无线电接入网络(BRAN)小组制定，该标准在欧洲得到了广泛支持和应用。HiperLAN 包括 HiperLAN1、HiperLAN2、HiperLink 和 HiperAccess 四个标准。其中，HiperLAN1、HiperLAN2 用于高速 WLAN 接入，HiperLink 用于室内无线主干系统，HiperAccess 则用于室外对有线通信设施提供固定接入。

HiperLAN1 对应 IEEE 802.11b，它采用高斯滤波最小频移键控(GMSK)调制，其速率最大为 23.5Mbps，工作在 5.15～5.3GHz。HiperLAN1 的覆盖范围小，约为 50m。它支持同步和异步话音传输。支持 2Mbps 视频传输和 10Mbps 数据传输。

HiperLAN2 采用 5GHz 射频频率，上行速率可以达到 54Mbps，采用 OFDM 技术。

HiperLAN2 系统同 3G 标准兼容。HiperLAN2 网络协议栈具有灵活的体系结构,很容易适配并扩展不同的固定网络。

4.4.1 HiperLAN2 的协议栈结构

图 4-12 显示了 HiperLAN2 空中接口的协议参考模型。该模型被分为控制平面部分和用户平面两个部分。用户平面包括在已建立连接上传输数据的功能,控制平面包括建立连接、释放连接、管理连接这 3 个功能。HiperLAN2 有物理层、数据链路层、汇聚层 3 个基本层。

控制平面	用户平面
高层	
汇聚层	
RRC(无线资源控制)ACF(联合控制函数) DCC(数据链路连接控制)RLC(无线链路控制)	EC(差错控制)
数据链路层LLC(逻辑链路控制) MAC(媒体访问控制)	
物理层	

图 4-12 HiperLAN2 参考模型

1. 物理层

HiperLAN2 物理层采用了 OFDM 技术,以此来有效地对抗时间弥散信道中较强的多径干扰。它采用 52 路子载波,其中 48 路传输用户数据,另外 4 路传输引导序列,用于相关接收相位跟踪。信道间隔为 20MHz,保护间隔为 800ns,这足以对抗 250ns 的时延扩展。对于一些小的室内应用环境,可采用较短的保护间隔,如 400ns,来获得更高的传输效率。

HiperLAN2 物理层的另一个特点是有若干种调制和编码方式。这样根据不同的应用环境限制和性能需求,可以采用不同的调制与编码方式。

HiperLAN2 单个子载波的调制方式可以采用 BPSK、QPSK、QAM16 以及 QAM64。前向纠错一般采用 1/2 码率、约束长度为 7 的卷积码,采用截短技术后,可以使码率提高到 9/16 或 3/4。

2. 数据链路层

数据链路层由一个 AP 和多个移动终端之间的数据链路组成。链路控制功能包括媒体接入、数据传输和连接控制。数据链路层包括以下几个部分。

1) 媒体接入控制子层

HiperLAN2 的 MAC 子层采用 AP 集中管理方式,由 AP 负责控制移动终端在一个 MAC 所占据的时隙,并通知相应的移动终端。空中接口基于时分双工(TDD)和动态时分多址技术(TDMA)。MAC 是物理层和数据链路层之间的接口。在一个 MAC 帧内,上行和下行链路的通信可以同步进行,而且上下行链路的时隙可以根据需要动态分配。基本的 MAC 帧为固定长度 2ms,其中包含了广播控制、帧控制、接入控制、上下行链路数据和随机接入等多个信道。除了随机接入信道时隙允许竞争占用以外,所有数据都要通过专用的时隙在 AP 和移动终端之间传输。除了广播控制信道固定以外,其他域都根据当前的业务量情况动态调整。

2) 差错控制子层

差错控制(EC)主要基于自动请求重发(ARQ)策略。前向纠错作为 EC 的补充。ARQ 策略基于选择重传机制。这需要在接收端和发送端设置一个传输窗口。因此接收端必须通知发送端所有收到消息的序列号以及哪些消息不正确。而且,发送端可能因为一些消息超过了最大时间长度而要丢弃。

3) 信令和控制

无线链路控制协议为信令实体、联合控制函数(ACF)、无线资源控制(RRC)函数和数据链路连接控制(DCC)提供传输服务。这 4 个实体构成了 AP 和移动终端之间数据链路信令交换的控制平面。

3. 汇聚层

汇聚层(CL)有两个主要功能:将高层的服务请求适应于数据链路提供的服务,将高层的数据包变成数据链路中使用的定长数据帧。CL 的结构使得 HiperLAN2 适合无线信道并能承载许多固定网络,如以太网、IP、ATM、UMTS。HiperLAN2 定义了基于 ATM 信元和基于包的两种不同 CL 层。前者用于与 ATM 网相连,后者用于基于分组的网络结构。基于分组的 CL 具有一个通用和一个特定服务部分,它能用于不同的网络中。HiperLAN2 定义了一个公共部分并为以太网定义了一个特定服务功能。

4.4.2　HiperLAN2 的特点

基于 HiperLAN2 网络的一般特点如下。

1. 高速传输

HiperLAN2 传输速率很高,在物理层达 54Mbps,HiperLAN2 采用 OFDM 的模块化方法来传输模拟信号。OFDM 在分时环境下十分有效。HiperLAN2 的 MAC 协议采用了一种动态分时复用的方法,它可以最有效地利用资源。

2. 面向连接的机制

在 HiperLAN2 网络中,数据通过移动终端和 AP 之间建立的连接进行传输。连接在空中接口上是时分复用的。HiperLAN2 的连接有点对点和点对多点两种类型。点对点是双向的,点对多点是从 AP 到移动终端方向的。

3. 支持 QoS

HiperLAN2 面向连接的特点使得它能够直接支持 QoS。每一个连接都能分配到一定的 QoS,例如带宽、延时、延时抖动、误码率等。这种高传输速率和支持 QoS 的特点将有利于多种不同类型的数据流(如视频、语音、数据)同时传输。

4. 自动频率分配

HiperLAN2 的无线接入点在它覆盖的范围内能自动选择无线信道进行数据传输。AP 监听临近的 AP 和其他无线资源,并根据已用的信道和其他 AP 占用的信道选择恰当的无线信道,从而减少干扰。

5. 安全性

HiperLAN2 网络支持认证和加密。AP 和移动终端可以相互认证。认证需要有一个支持函数,不在 HiperLAN2 网的范围之内进行。已建立连接的用户数据可以通过加密防止数据被窃取。

6. 移动性

移动终端确保从最近的 AP 传输和接收数据,移动终端通过测量信噪比确保接入无线信号最好的 AP。因此,当移动终端检测到无线传输性能更好的 AP,移动终端将请求切换到新的 AP 中,所有建立的连接将会转移到新的 AP 上,而移动终端仍在 HiperLAN2 网络上,并能继续通信。

7. 网络和应用独立

HiperLAN2 的协议栈具有很强的灵活性,可以适应多种固定网络类型。因此,HiperLAN2 网络既可以作为交换式以太网的无线接入网,也可以作为第 3 代蜂窝网络的接入网,并且这种接入对用户完全透明。当前在固定网络上的任何应用都可以在 HiperLAN2 上运行。

8. 节省功率

HiperLAN2 网络中,节能管理机制基于移动终端发起的节能请求。在任何时刻,移动终端都可以向 AP 请求进入低功耗状态或休眠期。针对不同的需求可以采用不同的休眠期。

4.5 WLAN 的安全认证和加密

1. 无加密认证

无加密认证主要包括禁用 SSID 广播和设置 MAC 地址过滤两种方式。SSID 是无线局域网的一个名称标识。一个无线客户端要连接到无线局域网,首先必须要获得该无线局域网的 SSID 名称。

无线网卡连接了不同的 SSID 就可以进入不同网络,SSID 通常由 AP 广播出来,无线工作站通过扫描功能可以查看当前区域内的 SSID。出于安全考虑可以禁用 SSID 广播,此时用户必须获知 SSID 名称并手工设置才能连接相应的网络。

注意:同一生产商推出的无线路由器或 AP 都使用了相同的 SSID 及默认密码,一旦那些企图非法连接的攻击者利用通用的初始化字符串来连接无线网络,就极易建立起一条非法的连接,从而给无线网络带来威胁。因此,建议最好能够将 SSID 命名为一些较有个性的名字。同时禁用 SSID 广播,这样构建的无线网络不会出现在其他人所搜索到的可用网络列表中。

在无线路由器中禁用广播 SSID 的配置选项如图 4-13 所示。

2. MAC 地址过滤

MAC 地址(Medium/Media Access Control,介质访问控制)是固化在网卡里的物理地址。MAC 地址由 48 位二进制数构成。MAC 地址通常由网卡生产厂家烧入网卡的 EPROM。在网络底层的传输过程中,通过物理地址来识别主机,它一般也是全球唯一。

无线 AP 可以通过工作站的 MAC 地址来对特定的工作站进行过滤,从而可以表示是允许还是拒绝工作站来访问 AP。在无线路由器中启用 MAC 地址过滤的选项如图 4-14 所示。

图 4-13　禁用广播 SSID

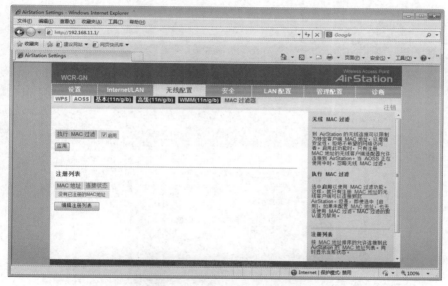

图 4-14　启用 MAC 地址过滤

　　启用过滤之后,需要将客户机无线网卡的 MAC 地址在无线路由器中进行注册,执行 MAC 地址注册的基本过程如图 4-15 所示。

3. 相关的安全认证协议

　　安全认证的作用是实现网络身份认证,通过设置相关的安全认证协议和密钥实现对无线接入的安全管理。通常用户在访问某个无线网络时,弹出的认证窗口,要求用户输入相关的密码,这就是安全认证的过程,如图 4-16 所示。

　　如果无线网络设置为免费访问,则不需要设置认证选项。常见的无线认证协议如下所述。

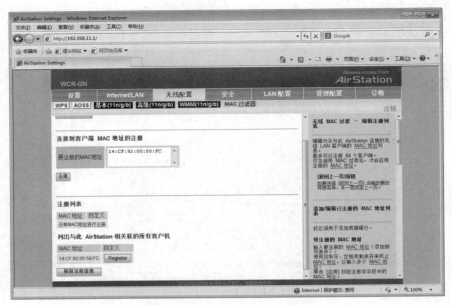

图 4-15　注册 MAC 地址

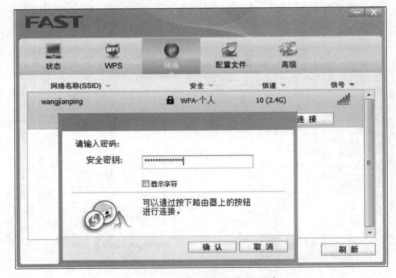

图 4-16　无线网络的认证要求

1) WEP

WEP（Wired Equivalent Privacy），即有线等效加密技术。它是 IEEE 802.11b 标准中定义的加密技术，多用于小型网络或对安全性要求不高的场合。

早期的无线网络中，使用 WEP 加密方式来实现验证。WEP 加密方式提供给用户 4 个密钥，Key1、Key2、Key3 和 Key4，用户可以选择设置这 4 个密钥，并设置一个激活密钥。当无线设备需要连接该网络时，需要选择激活密钥，并输入正确的密码方可连接。图 4-17 展示了在无线路由器中设置了 4 个 WEP 密钥，并激活了密钥 2。在连接时，用户输入密钥 2 就可以连接到无线路由器。

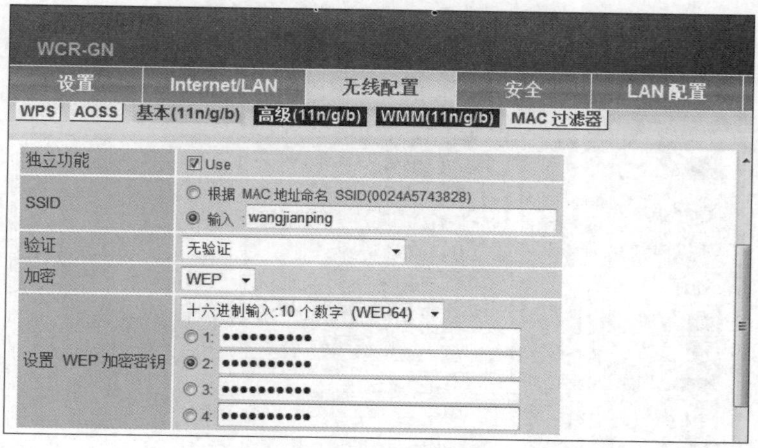

图 4-17　设置 WEP 加密方式

　　WEP 是最早的一种加密方式,用于认证网络接入。要实现无认证接入,则必须设置加密方式为"无加密",验证方式为"无验证",如图 4-18 所示。

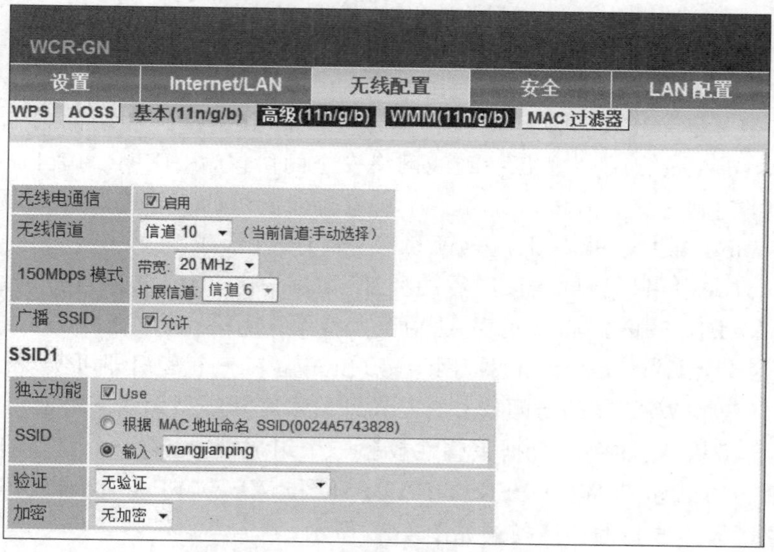

图 4-18　无验证接入网络

　　WEP 的算法长度分为 64 位方式和 128 位方式。64 位 Key 只能支持 5 位或 13 位数字或英文字符,128 位 Key 只能支持 10 位或 26 位数字或英文字符。一般在配置时,均会给出四种选择方式。如图 4-19 所示,用户可以根据实际网络验证需求来选择验证方式。

　　WEP 验证方式分为开放式系统验证和共享密钥验证两种模式,开放式系统验证的AP,随便输入一个密码,都可以连接,但如果密码不正确,会显示为"受限制"。共享密钥采用 WEP 加密的质询进行响应,如果工作站提供的密钥是错误的,则立即拒绝请求。如果工作站有正确的 WEP 密码,就可以解密该质询,并允许其接入。由于安全性较差,当前 WEP验证方式已经淘汰。

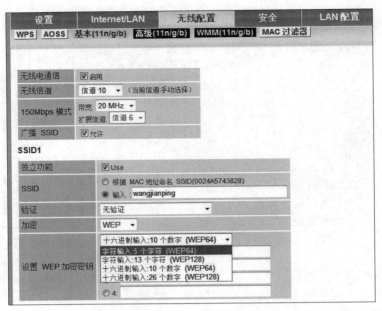

图 4-19　WEP 的四种方式

2）WPA-PSK/WAP2-PSK

WPA/WAP2 是无线联盟制定的一种等级更高的数据保护和访问控制标准。WPA（Wi-Fi Protected Access）是一种保护无线网络安全的协议，由 IEEE 802.11i 标准定义，它是替代 WEP 的过渡方案。WPA2 是 Wi-Fi 联盟验证通过的 IEEE 802.11i 标准的认证形式。它采用 Radius 和 Pre-Shared Key（预共享密钥）两种认证方式。

RADIUS 方式中用户提供认证所需的凭证，如用户名和密码，通过特定的用户认证服务器（一般是 RADIUS 服务器）来实现，适用于大型无线网络。Pre-Shared Key 方式仅要求在每个 WLAN 节点（AP、无线路由器、网卡等）预先输入一个密钥即可实现。只要密钥吻合，客户就可以获得 WLAN 的访问权。它是设计给家庭和小型无线网络使用的验证协议。

WPA 包含了认证、加密和数据完整性校验三个组成部分，是一个完整的安全性方案。当前流行的认证方式包括 WPA-PSK、WPA2-PSK 和 WPA/WPA2 混合模式-PSK 三种方式。在无线路由器中选择的认证模式如图 4-20 所示。

4. 加密协议

加密协议用于实现对无线信息的加密保护。TKIP 和 AES 是目前在无线网络上广泛使用的加密协议。它们主要在 WAP/WPA2 协议模式下工作，WAP-PSK/WPA2-PSK 均可使用 AES 和 TKIP 实现加密。无线路由器上加密协议的选择如图 4-21 所示。

1）TKIP 加密算法

TKIP（Temporal Key Integrity Protocol），即暂时密钥集成协议，它基于 R4 加密算法，TKIP 中使用的密钥长度为 128 位。TKIP 在现有的 WEP 加密引擎中追加了"密钥细分（每发一个包重新生成一个新的密钥）""消息完整性检查（MI）""具有序列功能的初始向量（IV）"和"密钥生成和定期更新功能"4 种功能，从而提高了加密安全强度。

WPA 采用 TKIP 对密钥进行管理，该协议要求加密密钥在一定时间间隔内更换。

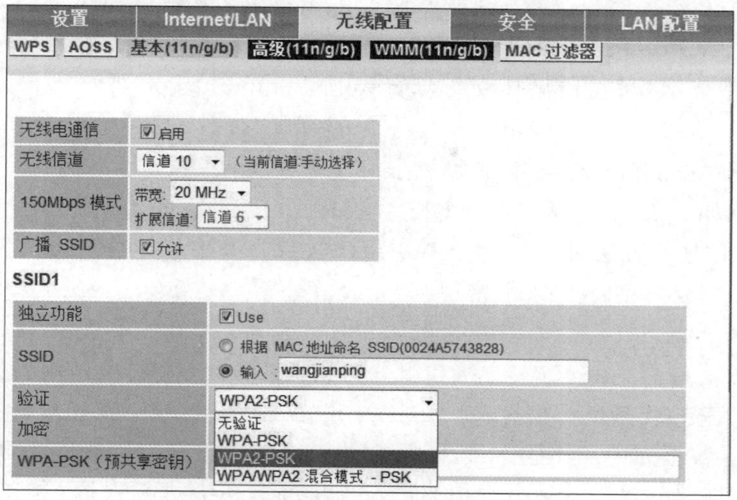

图 4-20　认证模式

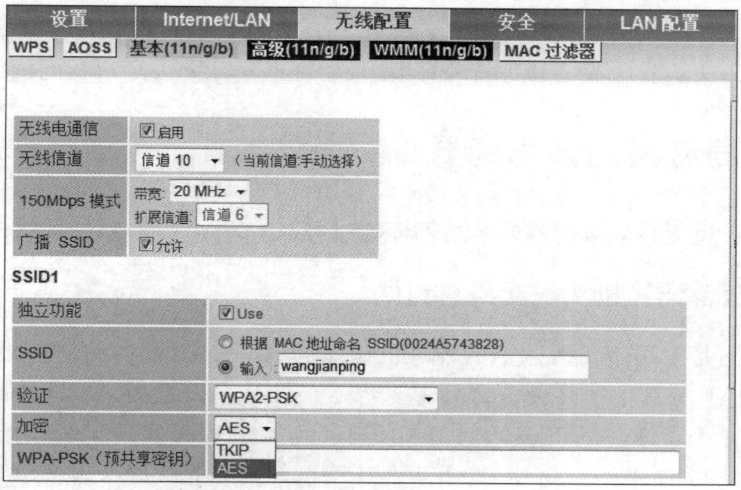

图 4-21　选择加密方式

TKIP 传输的每一个数据包都具有独有的 48 位序列号,由于 48 位序列号重复率低,因此很难实施重放攻击。TKIP 是比 WEP 更安全的加密方法,但是比较慢。要设置 TKIP,无线客户端需要支持 TKIP,另外必须设置 WPA-PSK 密钥(预共享密钥)。

当 TKIP 用作加密方法时,必须输入 WPA-PSK 预共享密钥,可以指定 8~63 个字母数字字符或 64 位十六进制数字来做密钥。

2) AES 加密算法

AES(Advanced Encryption Standard),即高级加密标准,是美国国家标准与技术研究所用于加密电子数据的规范。该算法汇聚了设计简单、密钥安装快、需要的内存空间少、在所有的平台上运行良好、支持并行处理并且可以抵抗所有已知攻击等优点。

AES 是一个迭代的、对称密钥分组的密码,它可以使用 128、192 和 256 位密钥,并且用

117

128位(16字节)分组加密和解密数据。与公共密钥密码使用密钥对不同,对称密钥密码使用相同的密钥加密和解密数据。通过分组密码返回的加密数据位数与输入数据相同。迭代加密使用一个循环结构,在该循环中重复置换(Permutations)和替换(Substitutions)输入数据。

AES提供了比 TKIP 更高级的加密技术,现在无线路由器都提供了这两种算法。TKIP 安全性不如 AES,而且在使用 TKIP 算法时路由器的吞吐量下降。

当 AES 用作加密方法时,必须输入 WPA-PSK 预共享密钥,可以指定 8~63 个字母、数字、字符或 64 位十六进制数字来做密钥。

3) IEEE 802.1x

IEEE 802.1x 是 C/S 模式(客户机和服务器结构)下基于端口的访问控制和认证协议。C/S 中间通过 AP 来代理所有信息,对于无线客户端来说,Radius 服务器是透明的,客户的信息一般保存在数据库中。IEEE 802.1x 限制未被授权的设备对无线网络的访问。在建立网络连接前,认证服务器会对每一个想要进行连接的客户端进行审核。IEEE 802.1x 本身并不提供认证机制,需要和上层认证协议(如 EAP)配合来实现用户认证和密钥分发。

使用 IEEE 802.1x 协议,可以在无线工作站与 AP 建立连接之前,对用户身份的合法性进行认证。当无线终端向 AP 发起连接请求时,AP 会要求用户输入用户名和密码,再把这个用户名和密码送到验证服务器进行验证,如果验证通过才允许用户访问网络资源。

4.6 无线局域网的基本配置

本节主要讲述无线局域网的基本组网配置过程。

4.6.1 基于两台计算机实现无线自组网

无线自组网是采用带无线网卡的计算机构建的 Ad Hoc 网络。在这个网络环境中,不需要采用无线 AP 等其他网络设备。只需要将一台计算机设置为 Ad Hoc 网络模式,在这台计算机上配置无线热点,采用这台计算机充当无线 AP 即可实现无线连接共享。构建如图 4-22 所示的一个简单网络拓扑,其中两台计算机都安装无线网卡,注意两块无线网卡必须兼容。本实验中采用一台安装 Windows 10 的计算机构建无线热点,配置的热点为wjphist,另外一台安装无线网卡的计算机搜索该热点,并实现连接,其配置步骤如下。

SSID: wjphist

AD Hoc 热点　　　　　　　　　　无线接入计算机

图 4-22　Ad Hoc 网络拓扑

(1) 构建如图 4-22 所示的网络拓扑,打开配置为 Ad Hoc 热点的计算机,该计算机安装 Windows 10 操作系统。单击"开始"→"设置"菜单,弹出如图 4-23 所示的 Windows 设置窗口。

(2) 单击 Windows 设置窗口的"网络和 Internet"选项,弹出 "网络和 Internet"设置窗口,如图 4-24 所示。

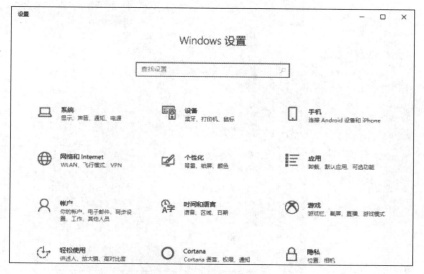

图 4-23 Windows 设置窗口

图 4-24 网络设置窗口

（3）单击该窗口左边的"移动热点"选项卡，弹出"移动热点"窗口，在该窗口下单击"移动热点"开关，开启移动热点服务，然后，选择网络共享位置和移动热点的连接方式。这台提供热点的计算机如果采用有线连接方式，则选择共享以太网适配器，如果采用无线局域网接入方式，则选择 WLAN 选项。此外，在 Windows 10 建立了蓝牙和 WLAN 两种无线热点，可供实际需求选择，如图 4-25 所示。

（4）选择 WLAN 选项卡，单击"编辑"按钮，弹出如图 4-26 所示的编辑网络信息窗口，在该窗口中设置无线 SSID 名称和对应密码，完成后单击"保存"按钮退出。

（5）到此，该无线热点已经成功建立，此时，在客户端计算机上打开"开始"→"设置"→

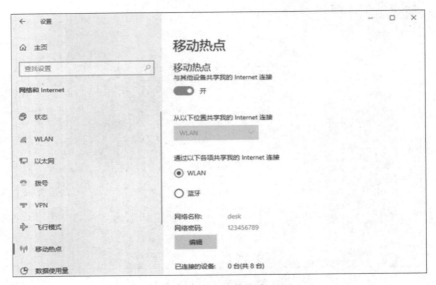

图 4-25   移动热点窗口

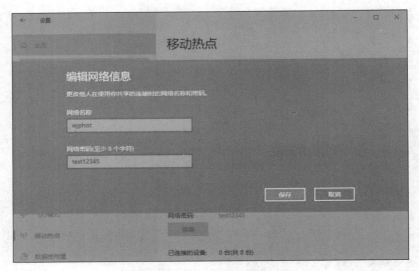

图 4-26   编辑网络信息

"网络和 Internet"选项，单击左边的 WLAN 选项卡，在弹出的窗口中打开 WLAN 开关，如图 4-27 所示。

（6）单击图 4-27 中的"显示可用网络"选项，在桌面的右下角弹出无线网络连接窗口，此时可以看到设计的无线热点已经被无线客户端发现，选择该热点，并输入对应热点密码就能实现连接，如图 4-28 所示。

要注意的是，这种移动无线热点仅提供 8 个终端接入，即可以构建由 9 台计算机采用无线网卡连接实现的 Ad Hoc 网络。这种无线热点建立完成后，也可以供手机、平板电脑等通过 Wi-Fi 实现连接。

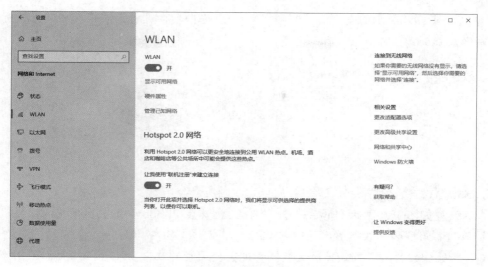

图 4-27　打开客户端 WLAN 开关

图 4-28　连接无线热点

4.6.2　Soft AP 无线网络的设置

　　Soft AP 是一种通过无线网卡，使用专用软件在 PC 上实现无线接入点（Access Point，AP）功能的技术，它可以替代无线网络中的 AP 设备，从而降低无线组网成本。在这个网络环境中，不需要采用无线 AP 等其他网络设备。只需要将一台带无线网卡的计算机设置为无线 AP 即可。

　　注意：目前网络上出现了很多无线 AP 模拟软件，用户只需要下载安装该软件，就可以将一台安装无线网卡的计算机模拟为无线 AP。

构建如图 4-29 所示的一个简单的网络拓扑,其中两台计算机都安装有相同无线标准的无线网卡。其配置过程如下。

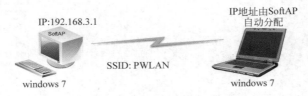

图 4-29   Soft AP 网络拓扑

1. Soft AP 点的配置

(1) 设置如图 4-29 所示的网络拓扑,构建两台安装 Windows 7 操作系统的计算机。给两台计算机各自安装一块迅捷出品的 FW300UM 无线 USB 网卡。

(2) 给第一台计算机安装该款无线网卡的客户端管理软件 FW300UM 1.0,采用该管理软件构建 Soft AP。第二台计算机仅安装该块无线网卡的驱动程序,而不安装其管理客户端软件。

注意:在 Windows 7 操作系统下插入该 USB 无线网卡可以自动安装对应的驱动程序。

(3) 在安装该客户端管理软件的计算机上打开"Fast 无线网络客户端"程序,切换到"高级"选项卡,单击 Soft AP 模式下的"开"单选按钮,在弹出的确认消息框上单击"确认"按钮。操作如图 4-30 所示。

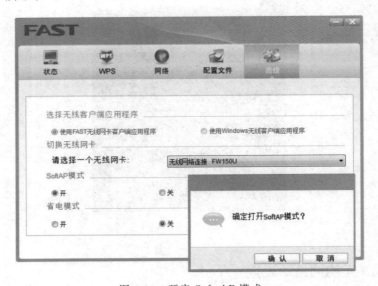

图 4-30   开启 Soft AP 模式

(4) 弹出如图 4-31 所示的确认消息框后,该无线客户端就工作在 Soft AP 模式下,这时,这台计算机就设置成了 Soft AP 设备。

(5) 此时,在"Fast 无线网络客户端"程序的主窗口增加了一个"模拟 AP"标签项,如图 4-32 所示。在该窗口中设置网络名称、安全模式、密码类型和安全密钥,"Internet 连接

图 4-31　配置完成确认消息框

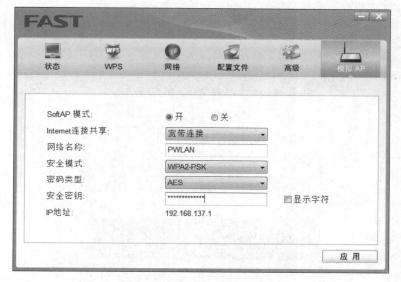

图 4-32　设置 Soft AP 选项

共享"项目的配置是为了实现其他计算机通过无线接入该台计算机实现共享上网的方式。如果该计算机采用的是宽带接入,则选择"Internet 连接共享"→"宽带连接",如果采用的是局域网接入,则选择"本地连接"。

到此,无线 Soft AP 的配置基本完成。

2. 无线客户端的配置

(1)打开另一台仅安装无线网卡驱动程序的计算机,执行"控制面板"→"网络连接"操作,在对应的无线网络连接上右击,在弹出的菜单中选择"连接/断开"命令,操作如图 4-33 所示。

(2)弹出如图 4-34 所示的选择无线网络窗口,可以看到 SSID 为 PWLAN 的无线网络已经被扫描到。

(3)选择该无线网络,单击图上的"连接"按钮,弹出如图 4-35 所示的"连接到网络"窗口,在该窗口中输入在 Soft AP 上设置的 PWLAN 网络认证密钥,并单击"确定"按钮。

(4)此时,该计算机开始连接 Soft AP。连接完成后,双击该无线网络连接图标,弹出"无线网络连接 2 状态"窗口,在该窗口下可以查看网络的信号质量、传输速率以及数据包的发送和接收情况,如图 4-36 所示。

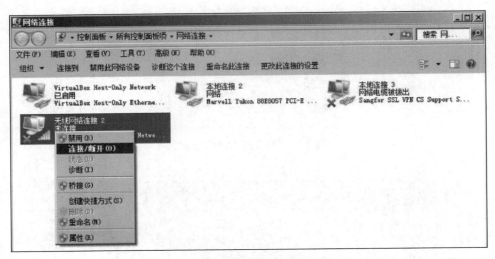

图 4-33　选择"连接/断开"命令

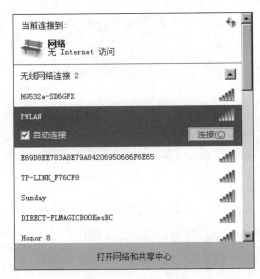

图 4-34　选择无线网络

图 4-35　"连接到网络"窗口

（5）单击图 4-36 上的"详细信息"按钮,切换到"网络连接详细信息"选项卡,可以看到

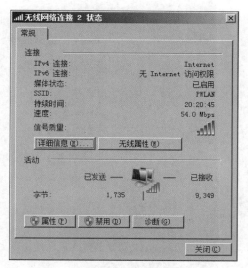

图 4-36　查看无线网络连接状态

该客户端被分配的 IP 地址,可以看到其网关地址就是 Soft AP 的地址,如图 4-37 所示。到此基于 Soft AP 的接入配置基本完成。

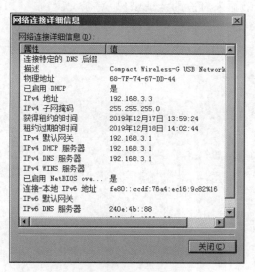

图 4-37　Soft AP 成功分配的 IP 地址

4.6.3　基于单个无线 AP 构建 BSS

如果仅构建一个小型的无线局域网,则可以直接采用无线 AP 和带无线网卡的计算机来组装小型的 BSS 网络环境。构建如图 4-38 所示的基于单个无线 AP 的网络拓扑结构。采用一台无线 AP 和 5 台安装无线网卡的计算机构建一个小型的 BSS,每台计算机安装 Fast 无线网卡,采用网卡自带的客户端软件来实现连接。

本章中采用的无线 AP 为 Buffalo Air Station,设计如图 4-38 所示的网络拓扑,给 5 台计算机安装无线网卡,同时各自安装无线客户端软件。

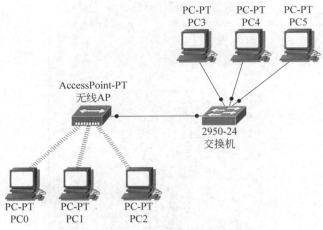

图 4-38　无线 AP 构建的网络拓扑结构

注意：至少要有一台计算机同时应该安装一块以太网网卡，用于实现初始化配置 AP。

（1）该 AP 上有四个局域网接口，采用一条直通双绞线，将 AP 连接到任何一台安装以太网网卡的计算机。连接后，打开该计算机的浏览器，输入 http://192.168.11.1，弹出认证配置窗口，按照 AP 说明书输入对应的认证密码，登录配置窗口，如图 4-39 所示。

注意：将该计算机的 IP 地址设置为自动获得方式。

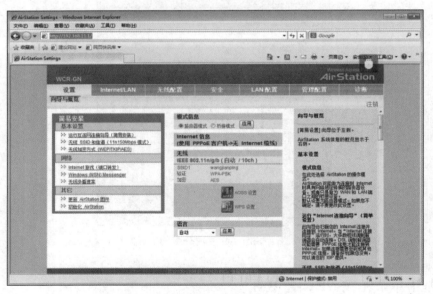

图 4-39　AP 主界面

（2）切换到无线配置的基本（11n/g/b）选项卡下，设置对应的无线信道、选择是否广播 SSID，设置无线 SSID 名称，设置对应的验证和加密类型，并设置对应的认证密码，操作如图 4-40 所示。

注意：该 AP 最多同时提供 4 个无线 SSID 网络注册功能。用户可以根据实际需求来选择设置对应的 SSID。虽然设置了 4 个无线 SSID，但是这些无线网络共用了同一个无线环境。

图 4-40　设置 SSID

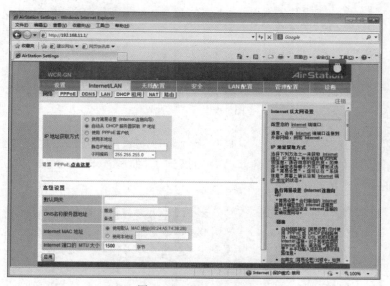

图 4-41　配置 IP 地址

（3）切换到 Internet/LAN 标签下，单击"网络"选项，弹出如图 4-41 所示的窗口，选择无线客户端的"IP 地址获取方式"。该无线 AP 支持"执行简易设置（Internet 连接向导）""自动从 DHCP 服务器获取 IP 地址""使用 PPPoE 客户机"和"使用本地址"四种方式。如果无线客户端有固定的 IP 地址，则选择"使用本地址"方式，要求给无线 AP 配置一个固定的 IP 地址。接入后的无线客户端要求手工设置对应的固定 IP 地址。这些客户端的 IP 地址要和 AP 设置的固定 IP 地址处于同一个网段。

如果在接入时要求通过 AP 来自动分配 IP，可以选择"自动从 DHCP 服务器获取 IP 地址"选项。AP 分配的 IP 为 192.168.11.1，其他客户端分配的 IP 都在 192.168.11.0 这个网络之中。如果采用的是 PPPoE 宽带接入，则选择"使用 PPPoE 客户机"方式，这两种方式配置完成后,无线客户端都是由 DHCP 服务器自动分配 IP 地址的,不需要用户再单独设置 IP 地址。

(4) 切换到 LAN 选项卡,弹出如图 4-42 所示的窗口,在该窗口中可以设置无线 AP 的 IP 地址、对应的 DHCP 地址池、对应的网关地址和 DNS 地址等选项。

注意:如果采用的是"自动从 DHCP 服务器获取 IP 地址"或者"使用 PPPoE 客户机"方式,则设置的网关地址、DNS 等相关地址都应该是无线 AP 的 IP 地址。

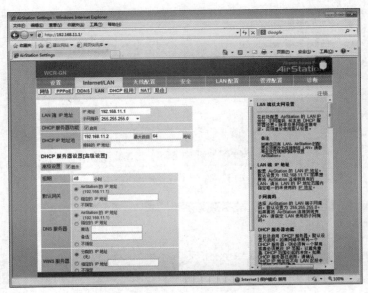

图 4-42   LAN 设置

(5) 完成 AP 的配置之后,打开 FAST 无线客户端软件,切换到"网络"选项卡,可以看到,无线 AP 上设置的四个无线网络都已经扫描到了,如图 4-43 所示,选择对应的网络,输入相关的验证密码连接即可。

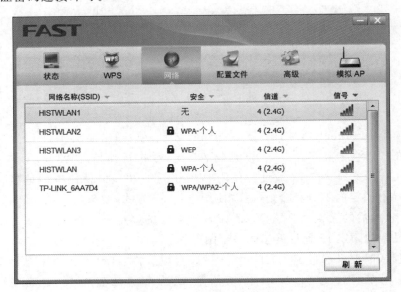

图 4-43   连接无线网络

注意：上面设置的 HISTWLAN1 是一个无认证的无线网络。

其他计算机也按照上面的操作步骤依次进行操作，即可完成无线网络的连接。

4.6.4　无线路由器实现宽带共享

采用光纤宽带拨号上网时，只能有一台计算机连接到 Internet，如果要实现多台计算机都共享该 Internet，则可以采用无线路由器来实现。基本的光纤宽带模型如图 4-44 所示。

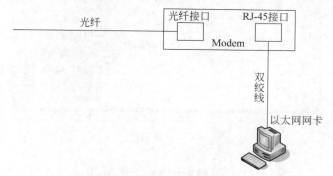

图 4-44　ADSL 基本连接模型

要实现基于无线路由器的宽带共享，则首先将一台无线路由器通过双绞线连接到计算机的以太网网卡，然后进行如下配置。

本节继续使用 Buffalo Air Station 无线路由器来进行配置。

（1）采用管理 IP 地址连接到无线路由器的管理窗口，切换到 Internet/LAN 选项卡，单击“网络”标签，选择 IP 地址获得方式为“使用 PPPoE 客户机”，操作如图 4-45 所示。

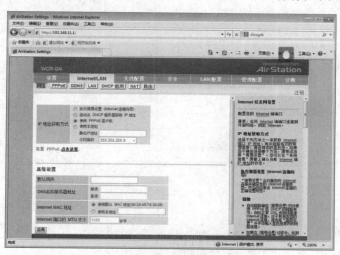

图 4-45　设置路由器的 IP 地址获得方式

（2）单击 PPPoE 标签，在如图 4-46 所示的窗口中设置 PPPoE 的拨号账号和密码。

注意：部分 ISP 提供有专门的拨号软件，提供给用户的宽带账号是经过加密的，不是直接的 PPPoE 账号，用户在使用时，首先应该采用相关的算号器软件计算解密后的宽带账号，再直接输入如图 4-46 所示的窗口对应位置。

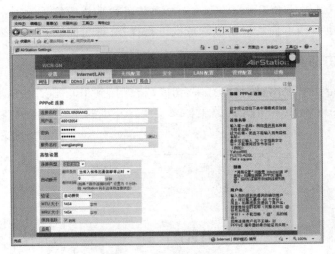

图 4-46　设置拨号账号

（3）切换到"无线配置"→"基本（11n/g/b）"下配置相关的无线 SSID 信息，如图 4-47 所示。

图 4-47　配置无线信息

（4）配置完成后，给要连接到该无线网络实现共享宽带的计算机都安装一块无线网卡，然后将图 4-44 的网络连接方式修改为如图 4-48 所示的结构，即把无线路由器的广域网接口连接到调制解调器的 RJ-45 接口。

注意：一般的无线路由器都提供 1 个广域网接口和 4 个局域网接口，广域网接口在有的路由器中标识为"WAN 口"，有的路由器中标识为"Internet 接口"。当然，这些局域网接口可以采用双绞线实现 4 台计算机的有线互连。

无线客户端采用无线网卡连接到无线路由器即可实现宽带共享。

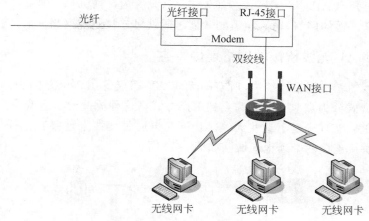

图 4-48　修改后的无线网络

4.6.5　Client 模式的多 AP 构建无线桥接

在无线 AP 客户端模式下,一般只有一个主 AP,其他 AP 均工作在客户端模式。工作在 AP 客户端模式下的 AP 设备可以被量化为一个无线工作站,这些 AP 不能再通过无线来连接其他工作站,只能通过 AP 自带的 LAN 接口来连接相关的交换机或者路由器。

图 4-49 展示了三个 AP 构建的一个网络连接,其中 AP2 和 AP3 都采用的是客户端工作模式,AP2 和 AP3 分别连接了两个子网,AP2 和 AP3 作为无线客户端,可以连接到 AP1,它们共享 AP1 上设置的无线网络,采用 AP1 上设置的无线信道。

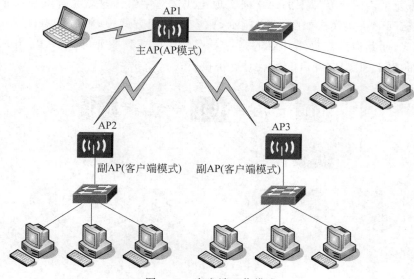

图 4-49　客户端工作模式

注意:设置为客户端模式的无线 AP 不能再使用无线连接其他设备,只能采用其 LAN 端口基于有线来连接子网。

一般而言,在客户端模式中配置完成主 AP 的 SSID、信道、相关的认证和加密方式,然后在附属 AP 上开启 AP Client 模式。如果主 AP 设置为广播 SSID,则可以在附属 AP 上直接扫描到主 AP 广播的网络,输入相关的认证密码就可连接到主网络。

4.6.6 基于多 AP 无线桥接的网络连接

多 AP 桥接的无线网络连接中,所有的无线 AP 都仅仅用作链路的中继作用。一般的无线网桥连接方式分为点对点方式和点到多点方式。这种桥接的功能就是为了实现两个局域网基于无线链路实现中继。这些无线 AP 不能再通过无线来连接其他任何客户端设备。两个无线 AP 桥接连接两个远程局域网如图 4-50 所示。

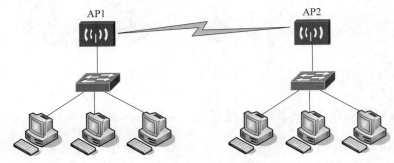

图 4-50 无线桥接

在这种无线桥接模式中,两个 AP 都需要开启桥接功能。在桥接模式下,只需要输入对方 AP 的 MAC 地址就可以进行访问。

实际中可能存在两个局域网的距离非常远,则可能导致信号在传输过程中不断地衰减,为此,可能需要采用三个及以上的 AP 来实现无线链路中继。这就是无线桥接的点到多点连接。多点访问的桥接模式如图 4-51 所示,在多点访问方式中,中心节点的 AP 开启的是多点桥接模式,而其他节点仍然开启的是点对点桥接模式。图 4-51 中 AP2 开启的是多点桥接模式,而 AP1 和 AP3 开启的是点对点桥接模式。

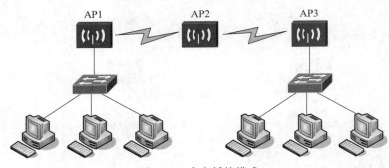

图 4-51 多点桥接模式

4.6.7 多 AP 构建无线漫游

单个 AP 的信号覆盖区域有限,而在一个大的园区内,如果要部署一个统一的无线局域网系统,通常需要考虑构建一个无线漫游系统。无线漫游是通过多个 AP 构建的覆盖整个园区的一个统一无线网络环境。当无线客户端在整个园区内移动时,自动实现信号的切换,无线客户端总是自动选择信号最强的 AP 作为接入点,而整个服务质量和内容不产生任何变化。整个网络服务也不出现任何中断。

　　如图 4-52 显示了一个简单园区漫游拓扑,可以看到 4 个 AP 通过有线连接到三层交换机。在图中用虚线勾勒出了 4 个热点,在所有的热点区域中,任何无线客户端都可以接入服务,当一个无线客户端从一个热点移动到另外一个热点时,网络不产生中断。

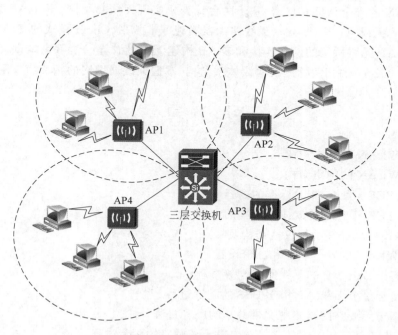

图 4-52　无线漫游网络拓扑

　　总体说来,漫游主要针对无线移动客户端而言,实际上它就是指整个园区无线局域网的部署过程。整个部署过程中部分 AP 是需要采用有线连接到三层交换机或者中心路由器的,而其他边缘的 AP 可以采用无线桥接等其他方式来实现连接,当然如果要和当前的有线网络实现连接,可能还要采用 AP 客户端模式等。

　　部署无线漫游园区的注意事项如下。

　　(1) 设置每个 AP 的管理 IP 地址为不同的值,避免 IP 地址冲突。

　　(2) 如果 AP 运行在配置模式下,则必须配置相同的 SSID 及加密和验证方式,设置相同的验证密码。相邻区域的 AP 设置为不同的频段,且相距 5 个频段以上,避免相互间干扰,如使用 1、6、11 频段。

　　(3) 通过调整 AP 摆放位置与调节 AP 发射功率,使相邻 AP 覆盖范围适当重叠,减小信号盲区。

　　(4) 局域网中只开启一个 DHCP 服务器。建议开启与外网连接 AP 的 DHCP 服务器,关闭其他 AP 的 DHCP 服务器。如果网络规模较大,则可以采用专用的 DHCP 服务器,在每个 AP 上注册这个 DHCP 服务器地址即可。

　　(5) 无线 AP 最好采用同品牌同型号同版本的产品,方便实现网络的构建。

本 章 小 结

　　本章主要介绍了无线局域网的基本技术,主要内容包括 WLAN 的基本构成、WLAN 的网络结构、IEEE 802.11 相关标准、IEEE 802.11 协议体系结构、HiperLAN2 的协议栈结构及特点、WLAN 的安全认证和加密、基于两台计算机实现无线自组网、Soft AP 无线网络的设置、基于单个无线 AP 构建 BSS、无线路由器实现宽带共享、Client 模式的多 AP 构建无线桥接、基于多 AP 无线桥接的网络连接和多 AP 构建无线漫游等。学习完本章,读者应该重点掌握 IEEE 802.11 的相关标准及协议体系结构,掌握无线局域网的相关简单配置方式等。

习　　题

1. 简述 WLAN 的基本构成。

2. 简述 WLAN 的网络结构。

3. 简述 IEEE 802.11 相关标准的内容。

4. 简述 IEEE 802.11 协议体系结构的内容。

5. 简述 HiperLAN2 的协议栈结构及特点。

6. 简述 WLAN 的安全认证和加密设置。

7. 简述基于 Soft AP 的无线网络配置过程。

8. 简述基于单个无线 AP 构建 BSS 的配置过程。

9. 简述基于无线路由器实现宽带共享的配置过程。

10. 简述基于 Client 模式的多 AP 构建无线桥接的配置过程。

11. 简述基于多 AP 无线桥接的网络连接配置过程。

12. 简述基于多 AP 构建无线漫游的配置过程。

第5章　无线局域网仿真

本章主要讲述如下知识点:
- ➤ 无线网络仿真平台 eNSP 的基本使用;
- ➤ 无线局域网的配置流程;
- ➤ 无线局域网的相关模板配置;
- ➤ 二层无线局域网的组网;
- ➤ 三层无线局域网的组网;
- ➤ 基于 Web 的无线局域网组网配置。

5.1　无线仿真平台概述

eNSP 是华为公司出品的图形化网络仿真平台,该平台可以全面加载华为出品的交换器、路由器、防火墙以及无线 AP、AC 等设备。该平台通过对真实网络设备的全面仿真,可以帮助用户快速熟悉华为网络产品的操作和配置、提升网络规划、建设、运维能力。本章的所有实验环境基于华为 eNSP 1.3.0 版本。该版本是当前最新的仿真平台,配套有完整的华为无线网络产品仿真环境,支持 AC6005、AC6605 控制器,支持 AP2050、AP3030 等近 11 款无线 AP。

在进行实验之前首先在计算机上安装 eNSP。由于 eNSP 采用虚拟机方式运行,因此对计算机的硬件要求相对较高,建议计算机内存不少于 8GB,由于可能需要在磁盘上加载对应的防火墙、路由器等系统镜像,因此,尽量不要选择安装在系统盘。安装 eNSP 时,需要加载 WinPcap、Winshark 和 Virtual Box 软件。其中,WinPcap 和 Winshark 用于实现 eNSP 的底层抓包,Virtual Box 用于实现设备虚拟化。如图 5-1 所示是安装 eNSP 后,单击无线局域网出现的界面,在该界面下可以看到所有的 AC 和 AP 设备。

根据需要将对应的网络设备拖到右边的白色区域中,采用线缆进行连接,构建所需的网络拓扑。要注意的是,进行设备连接时,首先要进行网络规划,在构建网络拓扑后,显示所有端口名称,尽可能在拓扑上标记批注。最后把所有设备选中,单击连接工具栏上的 ▶ 按钮或者在选中所有设备后右击,在弹出的菜单中选择"启动"命令,开启设备。其操作过程如图 5-2 所示。

设备启动时,会占用较多系统资源,计算机响应速度明显变慢。当设备全部开启完成后,资源自动释放。因此,在启动过程中尽量不要执行其他操作。启动完成后,所有设备之间的连线由红色变成绿色。如果设备启动不正常,则某条对应连线仍然显示红色。此时,需要逐个排查。在实际使用中发现,可能有些设备一直无法启动,例如某个 AP 一直启动不正常,此时,将这个设备删除,重新添加一台,右击该设备,选择"启动"命令。如果有某种类型的设备都无法启动,可能是该类设备在 Virtual Box 中加载的镜像模板有问题,此时需要将eNSP 关闭并重新打开,然后选择"菜单"→"工具"→"注册设备"命令,在弹出的窗口中选择需要注册的设备类型,单击"注册"按钮,实现设备在 Virtual Box 中的重新注册,如图 5-3 所示。注册完成后,设备就能正常启动。

图 5-1　eNSP 主界面

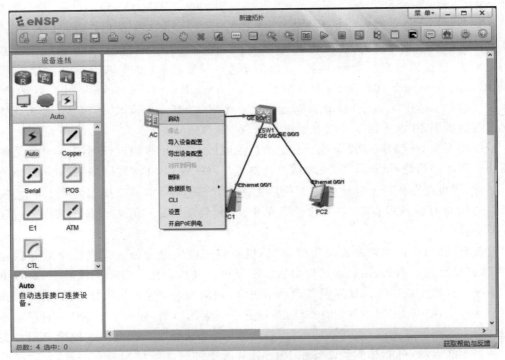

图 5-2　设计网络拓扑

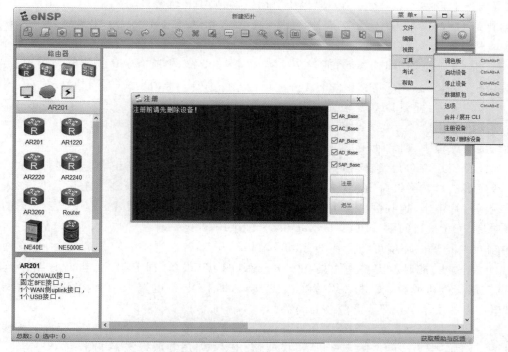

图 5-3　注册网络设备

设备启动后,在对应设备图标上双击,即可弹出设备的配置窗口,按照需求依次配置。配置完成后可以使用 ping 命令、trace 命令等实现网络连通性测试。eNSP 提供了非常友好的无线仿真测试环境,当网络配置成功后,就会显示每个 AP 的无线网络覆盖图,这极大地方便了用户使用。

5.2　基本组网设备与概念

第 4 章主要介绍了家庭环境、小规模办公环境下基于无线路由器或者 Fat AP 构建小规模无线局域网的基本配置。然而在大规模网络环境下,这种无线网络在接入用户数量、网络服务质量、安全性等方面均存在问题。因此,本章介绍采用 Fit AP 和无线控制器(AC)构建大规模无线局域网工程。

5.2.1　基本设备

无线局域网工程环境中主要采用的设备包括 Fit AP、无线控制器、路由器、交换机、服务器以及用户接入终端设备。

Fit AP 是为工作站提供无线接入服务的设备。通常,其连接到有线网络,并通过射频连接工作站。和传统的 Fat AP 不同的是,Fit AP 只提供无线连接功能,其他的增强功能配置统一在 AC 上实现并下发。注意,如无特别说明,本章介绍的 AP 均为 Fit AP,以下简称 AP。在无线局域网工程中,AP 通常连接到二层或者三层交换机,通过 DHCP 服务器来获得 IP 地址。AP 连接到网络后一般情况下不做任何配置,所有的配置均在 AC 和对应的交换机等设备上完成。如果 AC 和 AP 属于二层组网,则 AP 就会自动发现 AC。如果是三层组网,则需要用户在 DHCP 服务器上设置 Option 43 指令来指定 AC 的 IP 地址,AP 在获得 IP 地址时就能获得 AC 的地址,基于该选项实现 AC 的发现过程。

AC 是整个无线网络的核心,通过 AC 实现对整个网络中所有 AP 的控制和管理。AC 同时具备三层交换机的功能,相关的业务接口需要在 AC 上采用定义的 VLAN 接口实现连接。为方便使用,部分 DHCP 地址池也可能会建立在 AC 上。在三层组网时,必须在 AC 上配置对应的路由协议。在大规模无线网络中可以使用路由器实现异构网段互联,然而一般的无线网络工程中,通常使用三层交换机连接不同网段。

要注意的是,AC 通常部署在集控机房,而 AP 连接到无线用户环境。功能强大的 AC 通常有较多的以太网接口,在小规模无线网络环境下,这些接口可以直接连接 AP。在大规模无线网络环境下,这些接口直接连接三层交换机。另外,在无线网络工程中需要考虑的一个事项是 POE 接口问题。POE(Power Over Ethernet)是一种基于以太网供电的技术,有时,由于 AP 部署的环境可能没有电力部署,例如 AP 部署在空旷的室外环境时,不方便为 AP 架设电力线,此时就需要采用具有 POE 接口的 AP 设备,即 POE 受电端。当然,连接 AP 的三层交换机或者 AC 也必须提供 POE 接口,即 POE 供电端。AP 设备采用以太网线缆供电可以解决给 AP 部署电源线的问题。

用户接入终端设备通常称为工作站(Station,STA),即支持 IEEE 802.11 标准的无线网络设备。例如,带无线网卡的计算机、平板电脑、支持 WLAN 的智能手机等。

5.2.2 CAPWAP

CAPWAP(Control And Provisioning of Wireless Access Points Protocol Specification)即无线接入点控制与配置协议规范,由 CAPWAP 和无线 BINDING 协议两部分构成。CAPWAP 是一个通用隧道协议,实现 AP 和 AC 之间通信的封装和传输机制。其主要定义了 AC 的自动发现、AP 和 AC 的状态机运行与维护、AP 管理、业务配置下发以及客户端封装 CAPWAP 隧道等功能。CAPWAP 通过 UDP 的 5246 端口实现控制通信,5247 号端口进行数据通信。

在 CAPWAP 中定义了单播、广播以及组播三种 AC 发现机制。AP 通过接收 DHCP 服务器发送的 ACK 报文获取 AC 地址列表,并基于单播发送 AC 请求发现报文(Discovery Request,D-Req),AC 回复发现响应报文(Discovery Response,D-Res)来确认发现过程。如果 AP 收到的 ACK 报文中没有 AC 地址列表或者在发送 D-Req 报文后,没有收到 AC 回复的 D-Res 报文,则通过广播发送 D-Req 报文。如果发送的范围对应某个网络组,则认为是组播发送。AP 收到多个 AC 回应的 D-Res-报文时,则通过 AC 的优先级和当前已上线的 AP 数量来择优选择 AC。

在无线网络配置时,必须通过 CAPWAP 来指定 AC 管理 IP 地址。通常在 AC 上建立连接三层交换机的 AC 管理 VLAN,定义该 VLAN 的接口 IP 地址为 AC 的管理 IP 地址。如果要采用三层无线组网,则在对应交换机上也要指定相同的 VLAN,并且指定 VLAN 接口 IP 地址和 AC 管理 VLAN 的 IP 地址处于相同网段。另外,连接 AC 和三层交换机的物理端口一般设置为 Trunk 模式。

5.3　无线局域网相关模板

无线局域网配置中设计了很多模块,为了方便使用,在 AC 上已经定义了这些模块的一些实例。这些模块通常被称为模板(Profile),用户可以引用这些实例定义新的模板。另外,如果没有特殊需求,也可以直接修改或者使用系统内置的默认模板。华为的 AC 系统中,全面定义了所有模板实例,这些模板通常都命名为 default。用户可以在对应视图下采用 display 命令查看对应的模板。

例如,查看系统下的所有 SSID 模板,则采用 display ssid-profile all 命令。要进入某个模板和定义某个模板的命令是相同的,即通过在模板名增加 name 命令实现。例如,要建立安全模板的名称为 hist,则使用的命令为 security-profile name hist,下一次进入该模板时仍然采用这个命令。此外,部分模板存在关联引用关系,在当前模板下引用另一个模板时,直接写出需要引用模板的类型和模板名即可,但不能出现 name 命令。例如,在 VAP 模板下要引用安全模板和 SSID 模板,其操作如图 5-4 所示。

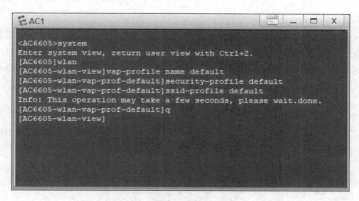

图 5-4　模板的定义和引用

华为的无线局域网配置中,所有的模板都要最终在 AP 或者 AP 组下进行引用,在这些模板中,管理域模板和认证模板在系统视图下进行定义,而其他模板通常都在 WLAN 视图下定义。用户在配置之前必须理解一些核心模板的功能和作用,并且掌握它们之间的引用关系。否则,即使采用基于 Web 图形界面的配置,也可能由于理解不清模板之间的关系,导致配置混乱出错。图 5-5 给出了常见的模板引用关系。

5.3.1　管理域模板

管理域模板(Regulatory-domain-profile)实现对 AP 的国家码、调优信道集合和调优带宽等的配置。由于不同国家码规定了不同的 AP 射频特性,包括 AP 的发送功率、支持的信道等。因此,配置国家码是为了使 AP 的射频特性符合不同国家或区域的实际要求。要注意的是,管理域模板是无线网络配置的第一步,也是非常重要的一步,如果遗忘该配置导致设计的无线局域网射频不符合实际部署地的需求,这将造成严重后果。管理域模板在 WLAN 视图下配置,在 AP 或者 AP 组下引用。如下是管理域模板的一个配置实例:

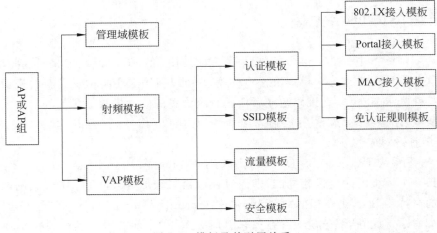

图 5-5　模板及其引用关系

```
<AC6605>system-view
[AC6605]wlan
[AC6605-wlan-view]regulatory-domain-profile name default      //定义管理域名称
[AC6605-wlan-regulate-domain-default]country-code cn          //设置国家码为中国
[AC6605-wlan-regulate-domain-default]wideband enable          //开启 4.9GHz 带宽
[AC6605-wlan-regulate-domain-default]quit
[AC6605-wlan-view]
```

管理域模板配置完成后采用 display regulatory-domain-profile name default 命令可以查看详细配置，如图 5-6 所示，是查看配置结果的显示。

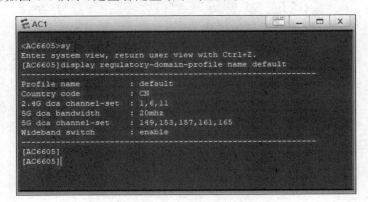

图 5-6　查看管理域模板配置

5.3.2　射频模板

　　射频模板(Radio profile)主要用于设置射频类型，设定射频是否能实现功率自动调整，是否允许波束成形，是否支持智能天线，设置 RTS-CTS 模式及其阈值，配置信道切换模式等功能。在 AC 中提供了 2.4G(Radio-2g-profile)和 5G(Radio-5g-profile)两种射频模板。2.4G 射频模板主要支持 802.11b、802.11g、802.11n 的相关配置。5G 射频模板支持 802.11a、

802.11n、802.11ac 的相关配置。射频模板配置完成后需要在 AP 或者 AP 组对应的射频（Radio 1 和 Radio1）下进行引用。以下是 2.4G 射频模板配置的一个实例：

```
<AC6605>system-view
[AC6605]wlan
[AC6605-wlan-view]radio-2g-profile name default        //定义 2.4G 射频模板
[AC6605-wlan-radio-2g-prof-default]radio-type dot11g   //设置射频类型为 802.11g
[AC6605-wlan-radio-2g-prof-default]dot11bg basic-rate 54
                                             //设置 802.11g 基本速率为 54Mbps
[AC6605-wlan-radio-2g-prof-default]dot11bg supported-rate all
                                             //设置 802.11g 支持所有速率
[AC6605-wlan-radio-2g-prof-default]beacon-interval 200   //设置 beacon 间隔
[AC6605-wlan-radio-2g-prof-default]power auto-adjust enable
                                             //设置支持功率自动调整
[AC6605-wlan-radio-2g-prof-default]smart-antenna enable   //支持智能天线技术
[AC6605-wlan-radio-2g-prof-default] channel-switch announcement disable
                                             //配置不进行信道切换通知
[AC6605-wlan-radio-2g-prof-default]auto-off service start-time 00:00:00 end-
time 05:59:59                                //设置自动关闭射频
[AC6605-wlan-radio-2g-prof-default]channel-switch mode continue-transmitting
                                             //配置信道切换模式
[AC6605-wlan-radio-2g-prof-default]rts-cts-threshold 2048
                                             //设置 RTS-CTS 阈值为 2048
[AC6605-wlan-radio-2g-prof-default]rts-cts-mode rts-cts
                                             //设置支持 RTS-CTS 模式
```

5G 射频模板配置和 2.4G 射频模板存在一定的差异，下面列出 5G 射频模板的一个配置实例：

```
<AC6605>system-view
[AC6605]wlan
[AC6605-wlan-view]radio-5g-profile name default
[AC6605-wlan-radio-5g-prof-default]radio-type dot11ac
                                             //设置射频类型为支持 802.11ac
[AC6605-wlan-radio-5g-prof-default]vht mcs-map nss 4 max-mcs 9
                                             //设置 IEEE 802.11ac 支持最大速率
[AC6605-wlan-radio-5g-prof-default]auto-off service start-time 06:00:00 end-
time 23:59:59                                //设置自动关闭射频
[AC6605-wlan-radio-5g-prof-default]beacon-interval 200   //设置 Beacon 间隔
[AC6605-wlan-radio-5g-prof-default]power auto-adjust enable
                                             //设置支持功率自动调整
[AC6605-wlan-radio-5g-prof-default]smart-antenna enable   //支持智能天线技术
[AC6605-wlan-radio-5g-prof-default] channel-switch announcement disable
                                             //配置不进行信道切换通知
[AC6605-wlan-radio-5g-prof-default]channel-switch mode continue-transmitting
                                             //配置信道切换
```

```
[AC6605-wlan-radio-5g-prof-default]rts-cts-threshold 2048
```
//设置 RTS-CTS 阈值为 2048
```
[AC6605-wlan-radio-5g-prof-default]rts-cts-mode rts-cts   //设置支持 RTS-CTS 模式
```

射频模板配置完成后,可以采用 display radio-2g-profile name default 命令查看配置,如图 5-7 所示,是 2.4G 射频模板配置的查看显示。

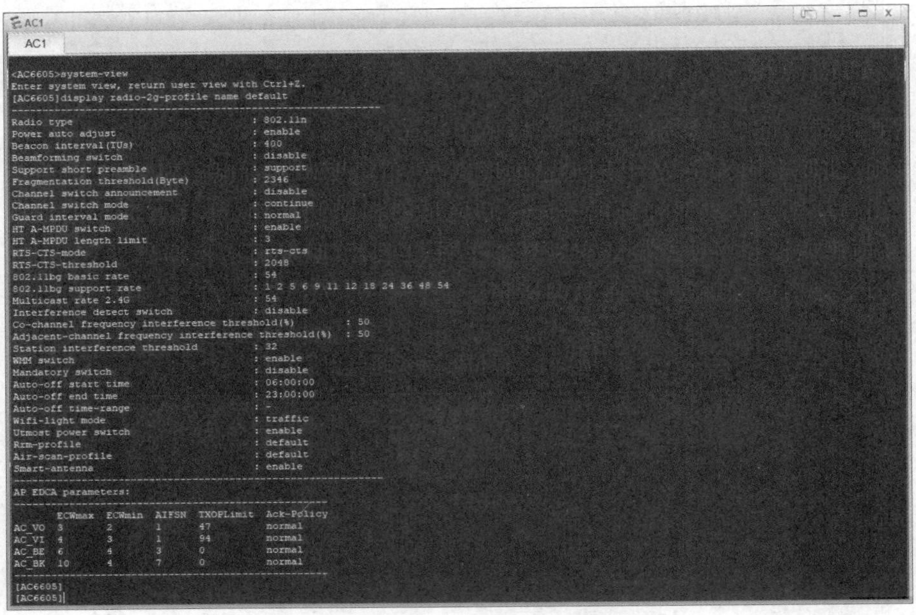

图 5-7　查看 2.4G 射频模板配置

5.3.3　SSID 模板

SSID(Service set identifier),即服务集标识。SSID 模板(ssid-profile)用于配置无线网络 SSID 名称。此外,还可以设置单个 VAP 下接入的最大终端用户数,也可以开启当用户数达到最大时自动隐藏 SSID 功能。在 SSID 模板下可以设置隐藏 SSID 名称功能,这样,只有手动输入无线网络的 SSID 名称,才能进行连接。该模板必须在 VAP 模板下引用。如下是建立 SSID 模板的一个配置实例:

```
<AC6605>system-view
[AC6605]wlan
[AC6605-wlan-view]ssid-profile name default        //定义 SSID 模板
[AC6605-wlan-ssid-prof-default]ssid hist_wlan24g  //定义 SSID 名称为 hist_
                                                  //wlan24g
[AC6605-wlan-ssid-prof-default]max-sta-number 128 //设置最大接入用户数为 128
[AC6605-wlan-ssid-prof-default]undo reach-max-sta hide-ssid disable
                                                  //达到最大用户时,开启 SSID 隐藏
[AC6605-wlan-ssid-prof-default]quit
```

在上面配置中,reach-max-sta hide-ssid 命令没有 enable 选项,所以采用 undo 命令实

现，如果直接要隐藏 SSID 名称则配置的命令为 ssid-hide enable，同样要去掉 SSID 隐藏功能，输入 undo ssid-hide enable。配置完成后，采用 display ssid-profile name default 命令可以查看 SSID 模板的配置情况。如图 5-8 所示，构建的 SSID 名称为 hist_wlan24g，最大的接入用户数为 128，当达到最大接入用户数后，自动隐藏 SSID 名。

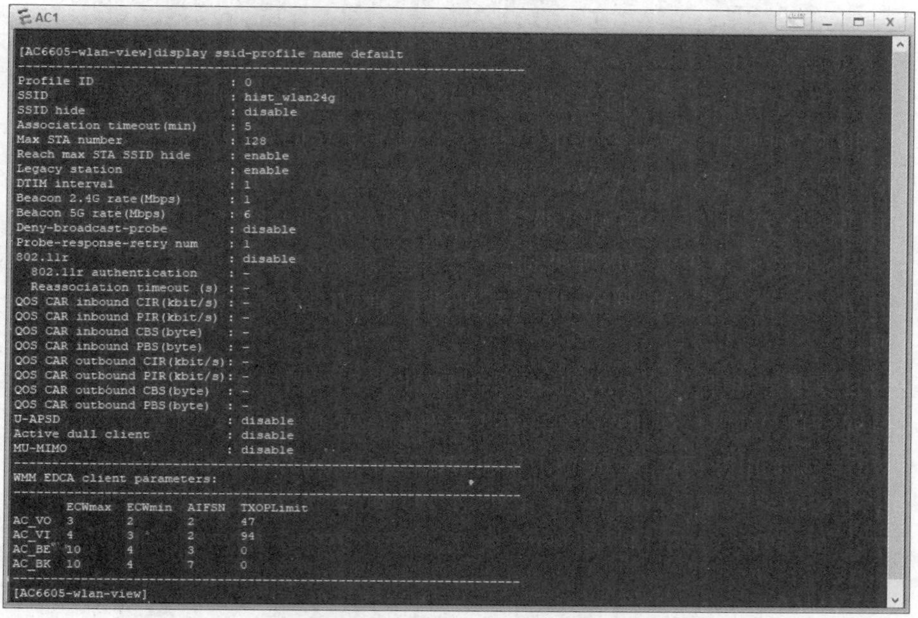

图 5-8　查看 SSID 模板配置

注意：定义 SSID 名称时最好能见名知意，例如，hist_wlan24g 表示构建的一个 2.4GHz 无线网络。hist_wlan5g 则表示构建的一个 5GHz 无线网络。在实际无线局域网工程中，需要构建多个 SSID 来区分不同无线网络，所以建议 SSID 模板名和 SSID 名相同，这样不容易产生混淆。

5.3.4　安全模板

安全模板（Security-profile）用于实现无线局域网的安全策略，完成对无线终端设备的身份验证，完成用户数据加密等功能。安全模板支持开放认证、WEP、WPA/WPA2-PSK、WPA/WPA2-802.1X、WAPI-PSK 和 WAPI-证书等配置，如图 5-9 所示。如果网络是公开访问，则选择配置 open 选项即可。

注意，如果选择开放认证和 WPA/WPA2-802.1X 等认证方法，则需要结合 AAA 服务器完成配置。安全模板在 WLAN 视图下进行配置，在 VAP 视图下引用。如下是安全模板的一个配置实例：

```
<AC6605>system-view
[AC6605]wlan
[AC6605-wlan-view]security-profile name default
[AC6605-wlan-sec-prof-default]security wpa-wpa2 psk pass-phrase test1234 aes
                                                              //设置认证模式
```

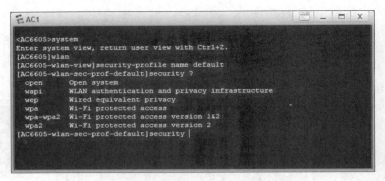

图 5-9　安全模板支持的加密模式

安全模板配置完成后，采用 display security-profile name default 命令可以查看配置情况，如图 5-10 所示是查看安全模板的配置情况。

图 5-10　查看安全模板配置

要注意区别的是，在小规模网络环境下通常使用安全模板，这种模板实际上是多个用户使用相同的密码登录同一个无线网络。而在认证模板下，结合 AAA 服务器可以给每个用户都建立不同用户名和密码，例如在火车站、机场等客户量非常大的区域，通常基于认证模板使用无线网络。

5.3.5　认证模板

认证模板（Authentication-profile）用于连接认证服务器实现用户认证过程。在大规模多用户接入的无线网络中,为提高管理的安全性和效率,通常设置 AAA(Authentication、Authorization、Accounting)服务器,在 AAA 服务器上实现用户验证、授权和计费功能。如果要实现无线网络的细粒度管理,必须采用认证模板来连接 AAA 服务器实现网络管理。例如,无线用户是否合法、用户使用网络时长、计费等必须在认证模板下构建。

在 AC6005 下已经建立了 default_authen_profile、dot1x_authen_profile、mac-access-profile、portal_authen_profile 和 macportal_authen_profile 5 个认证模板实例,这些模板可以修改和引用,但是不能被删除。认证模板中主要引用的子模板包括 dot1x 接入模板(Dot1x-access-profile)、mac 接入模板(Mac-access-profile)和 portal 接入模板(Portal-access-profile)。在配置认证模板之前,首先要根据实际需求定义所需的子模板。例如,某个无线网络拟采用 Dot1x 认证,则首先需要定义 Dot1x 接入模板,然后把该模板在认证模板下引用。最后需要将认证模板在 VAP 模板下引用。如下是一个认证模板的配置实例:

```
<AC6605>system-view
[AC6605]wlan
[AC6605-wlan-view]dot1x-access-profile name default    //定义 dot1x 模板
[AC6605-dot1x-access-profile-default]dot1x authentication-method eap
                                              //使用 EAP 认证模式
[AC6605-dot1x-access-profile-default]dot1x reauthenticate  //开启重认证
[AC6605-dot1x-access-profile-default]dot1x retry 3    //设置重认证次数为 3 次
[AC6605-dot1x-access-profile-default]dot1x timer client-timeout 30
                                              //设置客户端认证超时时间
[AC6605-dot1x-access-profile-default]quit
[AC6605]authentication-profile name default          //定义认证模板
[AC6605-authentication-profile-default]dot1x-access-profile default
                                              //引用 dot1x 模板
[AC6605-authentication-profile-default]quit
```

认证模板及其引用的子模板都在系统视图下进行配置。此外,如果要查看认证模板的配置则采用 display authentication-profile configuration 命令,如果要查看 dot1x 接入子模板的配置,则采用 display dot1x-access-profile configuration 命令。其操作显示如图 5-11 所示。

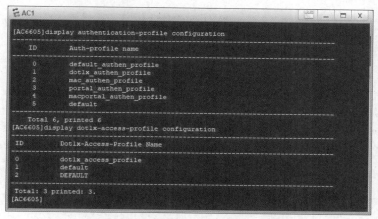

图 5-11　查看认证模板及 dot1x 接入模板

要注意的是,认证模板通常连接对应的 Radius 服务器来构建无线网络认证系统。基于认证模板构建的用户账号和密码存放在 Radius 服务器的数据库中,如图 5-12 所示是采用认证模板后访问某个无线网络的显示。可以看到,这种网络采用账户和密码认证,而在安全模板下仅验证网络密码。

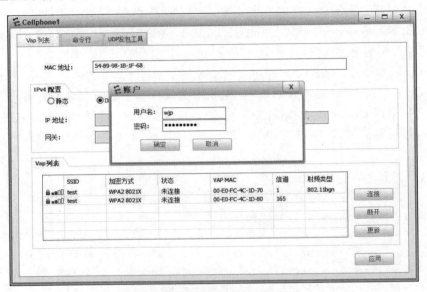

图 5-12　基于 802.1x 的认证显示

5.3.6　流量模板

流量模板(Traffic-profile)用于实现网络流量管理,限制客户端和 VAP 的上下行报文速率,通过流量限制、组播优化等措施,实时调节无线网络流量,提升网络性能。此外,通过配置基于 ACL 的报文过滤,对匹配 ACL 规则报文进行禁止/允许动作,也可以实现流量管控。流量模板在 WLAN 视图下建立,在 VAP 模板下引用。以下是流量模板的一个配置实例:

```
<AC6605>system-view
[AC6605]wlan
[AC6605-wlan-view]traffic-profile name default                  //定义流量模板
[AC6605-wlan-traffic-prof-default]rate-limit client up 10000
                                                                //限制客户端上行速度
[AC6605-wlan-traffic-prof-default]rate-limit client down 50000
                                                                //限制客户端下行速度
[AC6605-wlan-traffic-prof-default]rate-limit vap down 500000//限制 VAP 上行速度
[AC6605-wlan-traffic-prof-default]rate-limit vap up 100000   //限制 VAP 下行速度
[AC6605-wlan-traffic-prof-default]traffic-optimize tcp adjust-mss 1560
                                                                //调整 MSS 值
[AC6605-wlan-traffic-prof-default]traffic-filter inbound ipv4 acl 3005
                                                                //过滤高级 ACL 流量
[AC6605-wlan-traffic-prof-default]traffic-filter outbound ipv4 acl 6020
                                                                //过滤用户 ACL 流量
```

```
[AC6605-wlan-traffic-prof-default]quit
[AC6605-wlan-view]quit
[AC6605]
```

流量模板定义完成后，采用 display traffic-profile name default 命令可以查看配置内容，如图 5-13 所示是一个流量模板的查看显示。

```
[AC6605]disp traffic-profile name default
------------------------------------------------
Profile ID                                : 0
Priority map downstream trust : DSCP
User isolate mode                         : all
Rate limit client up(Kbps)      : 10000
Rate limit client down(Kbps)    : 50000
Rate limit VAP up(Kbps)         : 100000
Rate limit VAP down(Kbps)       : 500000
Traffic optimize ARP proxy          : disable
Traffic optimize ND proxy           : disable
Traffic optimize ARP unicast send : enable
Traffic optimize ND unicast send : enable
Traffic optimize DHCP unicast send : disable
Traffic optimize multicast send deny : disable
Traffic optimize TCP adjust MSS(bytes): 540
Traffic optimize bcmc unicast send mismatch action : traverse
MLD snooping                        : disable
IGMP snooping                       : disable
IGMP snooping report suppress : disable
IGMP snooping max bandwith(kbps) : -
IGMP snooping max user : -
Traffic optimize sta bridge forward : enable
Traffic optimize broadcast suppression(pps): -
Traffic optimize multicast suppression(pps): -
Traffic optimize unicast suppression(pps): -
Traffic optimize multicast to unicast: disable
  Dynamic adaptive                  : enable
Traffic remark inbound IPv6 ACL : -
  Traffic remark inbound IPv6 type  : -
  Traffic remark inbound IPv6 value : -
Traffic remark outbound IPv6 ACL: -
  Traffic remark outbound IPv6 type : -
  Traffic remark outbound IPv6 value: -
Traffic remark inbound IPv4 ACL : -
  Traffic remark inbound IPv4 type  : -
  Traffic remark inbound IPv4 value : -
Traffic remark outbound IPv4 ACL: -
  Traffic remark outbound IPv4 type : -
  Traffic remark outbound IPv4 value: -
Traffic remark inbound L2 ACL   : -
  Traffic remark inbound L2 type    : -
  Traffic remark inbound L2 value   : -
---- More ----
```

图 5-13　查看流量模板配置

5.3.7　VAP 模板

VAP(Virtual access point)，即虚拟接入点，是在 AP 上虚拟出来的业务功能实体。VAP 模板(Vap-profile)是无线局域网中最关键的一个模板。根据业务需求，用户可以创建多个 VAP 模板，实现为不同用户群提供无线接入服务。在 VAP 模板下，用户需要定义业务服务 VLAN、设置数据转发方式，并且需要引用所需的 SSID 模板、安全模板、流量模板以及认证模板等。VAP 模板最后必须应用在对应 AP 或者 AP 组射频接口上实现下发。如下是进行 VAP 模板配置的一个实例：

```
[AC6605]wlan
[AC6605-wlan-view]vap-profile name hist_24g                              //定义 VAP 模板
[AC6605-wlan-vap-prof-hist_24g]ssid-profile default                     //引用 SSID 模板
[AC6605-wlan-vap-prof-hist_24g]authentication-profile default //引用认证模板
[AC6605-wlan-vap-prof-hist_24g]traffic-profile default                  //引用流量模板
[AC6605-wlan-vap-prof-hist_24g]security-profile default                 //引用安全模板
```

```
[AC6605-wlan-vap-prof-hist_24g]forward-mode direct-forward
                                            //设置转发方式为直接转发
[AC6605-wlan-vap-prof-hist_24g]type service   //设置 VAP 类型为业务
[AC6605-wlan-vap-prof-hist_24g]service-vlan vlan-id 1   //设置服务 VLAN
[AC6605-wlan-vap-prof-hist_24g]quit
```

如果涉及的 VAP 为 AP 管理模式,则配置的命令为 type ap-management,此外,VAP 有直接转发(Direct-forward)、隧道转发(Tunnel)和 Soft-GRE 三种数据转发方式。直接转发方式是指用户数据报文到达 AP 后,直接转发到上层网络,这种转发的集中管理性差,但是 AC 的负荷较小。隧道转发方式是指用户的数据报文到达 AP 后,需要经过 CAPWAP 数据隧道封装后再转发至 AC,再由 AC 转发至上层网络。这种转发方式 AC 的负荷较重,并且转发效率比直接转发方式要低。Soft-GRE 转发是指数据报文通过 Soft-GRE 隧道转发到宽带接入服务器,再由该服务器将数据转发到上层网络。这种方式使用在大规模无线环境下,但是必须配置接入服务器,效率没有直接转发方式高,但是控制性能较好,AC 的负荷较轻。VAP 模板配置完成后,采用 display vap-profile name hist_24g 命令可以查看配置参数,如图 5-14 所示。

图 5-14　查看 VAP 模板配置

在 VAP 配置中,尽量要实现 SSID 模板和 VAP 模板命名的关联。因为不同的 VAP 要实现不同的无线网络,而这些无线网络的 SSID 命名都由对应的 SSID 模板实现。例如,用户要构建一个 2.4G 和 5G 的双频无线,则至少需要定义两个 SSID 模板,同时需要分别建立针对 2.4G 和 5G 的两个 VAP 模板。因此,建议 VAP 模板和 SSID 模板采用相同的名称,这样会方便引用,而其他的安全模板、流量模板等,如果采用相同策略,则定义一个即可,并且可以在每个 VAP 模板下进行引用。

5.4　无线局域网的基本配置流程

和局域网技术类似,部署无线局域网工程也要严格遵循网络工程的基本解决方案,其主要步骤如下。

5.4.1　网络规划与需求分析

首先,确定整个无线网络的规划和使用环境,明确网络的用户需求。如果是面向小型办公环境设置,则一般采用 AP 连接二层交换机或者 AC 即可构建。如果用户数量较少,可以采用价格低廉的 AP 和 AC,如果在室内环境电力部署不存在问题,则对于 AP 和 AC 的POE 接口可以不予考虑。由于业务和用户数量受限,网络认证、地址分配等功能可以直接在 AC 上或者二层交换机上构建。

如果是面向大规模用户环境,例如大型超市、火车站、机场等环境,则必须考虑体系化的无线局域网组网方案。如图 5-15 所示是一个超市的无线网络规划拓扑。在该超市无线局域

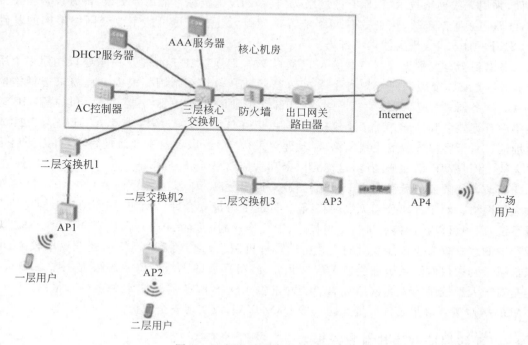

图 5-15　超市无线局域网组网方案

149

网组网方案中,首先需要规划核心机房。核心机房的位置大约选择在整个超市空间的中心,这样方便布网。当然,对于大型网络工程而言,一般使用 UPS,考虑到建筑物的承重需求,核心机房必须部署在整个建筑的第一层。整个超市的网络采用路由器连接到 Internet,一般为提升网络性能,通常可以采用多 ISP 接入,如一条线路采用中国联通光纤,一条线路采用中国电信光纤。

考虑网络安全性,必须设计防火墙,通过三层交换机连接 AAA 服务器、DHCP 服务器以及 AC 控制器。每个楼层可能要连接多个供员工使用的有线网络,同时为客户提供无线网络业务,因此需要合理规划交换机和 AP 的部署位置。此外,对于超市的室外广场,也需要覆盖无线网络,考虑到无线用户的漫游,必须设计多个 AP 的无线 WDS 中继桥接。AP部署时还要考虑信号的覆盖范围,不能产生覆盖盲区。

如果网络规模很大,则需要考虑是采用一个 AC 集中控制还是需要多个 AC 协同控制。同时需要兼顾 AP 和 AC 的性能,AP 必须选择性能稳定、接入用户数量较多的设备,如果是面向室外环境,还要考虑 POE 接口问题。AC 必须选择管理 AP 数量较多的设备,同时必须严格规划无线网络,确定业务 VLAN,AC 管理 VLAN,AP 管理 VLAN,访客 VLAN 等对应的 IP 地址段。

5.4.2　网络部署策略

网络部署首先要规划机房,然后安装相关的服务器设备,组织网络布线。无线网络工程通常是已有网络的扩充补充,这种扩充补充实际上比重新规划新组建网络的难度要大。一方面,要求新扩充的无线网络是对原有网络的有效补充,但是不能影响原有网络运行。另一方面,采用无线网络技术后,原有的网络架构、基础设施资源可能需要更改,部分设备需要更换,线路需要重新部署,因此这种网络部署难度更大。本着尽可能不改变网络架构的基础上,采用叠加方式实现无线网络部署。

考虑到会有大量无线客户端接入,因此应该合理规划 IP 地址池。一般建议构建多个用户业务 VLAN,按照调研规划每个 VAP 的可用 IP 数量和范围。根据工程需求选择构建 DHCP 服务器,对于大规模无线网络,建议部署单独的 DHCP 服务器,这样可以提高 IP 地址集中管理效率和性能。对于小规模环境,可以在核心三层交换机或者 AC 上规划 DHCP地址池。对于客户分散的无线网络环境,建议采用 AAA 服务器实现认证管控,可以开启用户无线上网自动申请注册功能,这样可以提高认证效率,减轻工作量。

当前,5G 频谱的无线网络干扰相对较小,速率更高,因此,建议同时开启 2.4G 和 5G 双频无线网络。对于构建公用无线网络而言,同时要考虑安全性。例如,在大型超市构建的无线系统,用户可以在连接后进行支付操作,因此构建的无线系统必须保证安全。对于来自无线用户的恶意攻击应该能及时响应并启动防御机制。如果对无线网络的安全要求较高,可以部署一套入侵监测系统来快速响应。此外,超市环境的无线网络系统可以不考虑 DNS,但是对于大学校园等无线网络而言,架设相关的 DNS 服务器是非常关键的。最后,Web、E-Mail 等服务器群集必须放置在防火墙 DMZ 区域,以实现安全保护。

5.4.3　无线局域网的基本配置步骤

无线局域网的配置主要包括配置网络通信、配置 AP 上线、配置相关无线模板、配置射频参数和下发 VAP 五部分。

1. 配置网络通信

在无线局域网配置中,需要关联 VLAN 实现业务和管理划分。通常设计的 VLAN 包括 AC 管理 VLAN、AP 管理 VLAN 和业务 VLAN 三种类型。

AC 管理 VLAN 用来标识 AC 身份,通过 CAPWAP 指定,即申明 AC 地址源。该 VLAN 接口为 AP 发现 AC 提供帮助。如果是单 AC 架构,设计一个 AC 管理 VLAN 即可,如果是多 AC 架构,可能需要配置多个 AC 管理 VLAN 及其接口 IP 地址。

所有 AP 都要指定管理 VLAN,在小规模网络环境下,所有 AP 可能处于同一个 AP 管理 VLAN 中。大规模无线环境下,划分多个 AP 组,因此需要构建多个 AP 管理 VLAN。设计 AP 管理 VLAN 后,所有 AP 基于对应的管理 VLAN 接口获得 IP 地址,实现 AC 发现并接受对应 AC 管理。

业务 VLAN 指的是为 VAP 业务设计的 VLAN,即面向无线用户终端的 VLAN,这些 VLAN 可以细分为不同类型的用户 VLAN 和访客 VLAN。

在二层组网中,这三个类型 VLAN 没有区分,仅用同一个 VLAN 即可实现。因此,AC、AP 和对应无线终端的 IP 可以处于相同网段。而在三层组网中,这三类 VLAN 是严格区分的,尤其是大规模无线环境,每类 VLAN 都可能用多个子网实现,因此,必须配置路由。网络通信主要的配置步骤如下。

(1) 通过 AC 管理 VLAN 建立 AC 和交换机的连接,采用 CAPWAP 建立 AC 地址源。

在 AC 上建立连接三层交换机的 VLAN,定义该 VLAN 的接口 IP 地址,并采用 CAPWAP 将其申明为 AC 地址源。要注意的是,同样建立在三层交换机上的连接 VLAN 也需要建立对应 VLAN 接口地址,两个地址必须在同一个网段。如果是三层组网模式,需要定义连接 AC 和交换机的端口为 Trunk 模式。如下是 AC 配置的一个实例:

```
<AC6605>system-view
[AC6605]vlan 20
[AC6605-vlan20]description ac_source
[AC6605-vlan20]int vlan 20
[AC6605-Vlanif20]ip add 192.168.20.253 24
[AC6605-Vlanif20]quit
[AC6605]capwap source interface Vlanif 20    //定义 VLAN20 接口为 AC 地址源
[AC6605]
```

(2) 在交换机或者 AC 上定义 DHCP 地址池并配置路由协议。

如果是三层组网,则必须构建 AC 管理 VLAN、业务 VLAN、AP 管理 VLAN。为减轻 AC 负载,可以将 DHCP 地址池建立在三层交换机上。三层组网时必须在 AP 管理 VLAN 的地址池上采用 option 43 选项标注 AC 身份,否则 AP 无法发现 AC。AC 管理 VLAN 不需要建立地址池。业务 VLAN 用于给无线终端分配地址,因此,必须加载 DNS 地址。三层组网必须配置相关的路由协议,实现 AC、AP、三层交换和无线终端的通信。如下是一个在三层交换机上的配置实例:

```
<Huawei>system-view
[Huawei]dhcp enable                              //开启 DHCP 服务功能
```

```
[Huawei]vlan batch 20 30 40                                          //批量建立 VLAN
[Huawei]vlan 20
[Huawei-vlan20]description ac-management-vlan                        //描述为 AC 管理 VLAN
[Huawei-vlan20]vlan 30
[Huawei-vlan30]description ap-management-vlan                        //描述为 AP 管理 VLAN
[Huawei-vlan30]vlan 40
[Huawei-vlan40]description service-vlan                              //描述为业务 VLAN
[Huawei-vlan20]quit
[Huawei]int vlan 20
[Huawei-Vlanif20]ip address 192.168.20.254 24                       //建立 AC VLAN 的连接地址
[Huawei-Vlanif20]int vlan 30
[Huawei-Vlanif30] ip address 192.168.30.254 24                      //建立 AP 管理 VLAN 地址
[Huawei-Vlanif30] dhcp select interface                             //构建 AP 管理地址池
[Huawei-Vlanif30] dhcp server option 43 sub-option 3 ascii 1923.168.20.253
                                                                    //申明 AC 身份

[Huawei-Vlanif30]int vlan 40
[Huawei-Vlanif40] ip address 192.168.40.254 24                      //建立业务 VLAN 管理地址
[Huawei-Vlanif40] dhcp select interface                             //构建业务地址池
[Huawei-Vlanif40] dhcp serverdns 114.114.114.114                    //申明业务网段 DNS 地址
[Huawei-Vlanif40]quit
[Huawei]rip 1
[Huawei-rip-1]version 2
[Huawei-rip-1]network 192.168.20.0
[Huawei-rip-1]network 192.168.30.0
[Huawei-rip-1]network 192.168.40.0
[Huawei-rip-1]undo summary
[Huawei-rip-1]quit
[Huawei]
```

由于建立的 VLAN 比较多,因此最好给每个 VLAN 做好描述信息。在三层交换机上完成路由配置后,同时需要在 AC 上也配置路由。如果是二层组网则只需要建立一个 VLAN,并在其上开启 DHCP 地址池。完成上面操作后,需要查看 AP 和 AC 以及三层交换机的通信是否正常。由于配置了 DHCP 地址池和路由,因此首先查看 AP 的 IP 地址是否能正常获得。采用 display system-information 命令查看 AP 获得的 IP 地址,如图 5-16 所示。如果能获得 IP 地址,表明网络配置正确,此时就可以接着完成无线配置。如果 AP 不能正常获得 IP 地址,则表明网络通信配置存在错误,此时 AP 和 AC 就无法通信,后面配置无法实现,因此必须重新核对配置。

另外也可以通过 ping 命令来测试 AC 和 AP 的连通性,如图 5-17 所示是在 AC 上采用 ping 命令测试与 AP 的通信情况,可以看到,AC 和 AP 能实现通信,表明网络配置正确。

2. 申明 AC 地址源及配置 AP 上线

申明 AC 地址源,设置 AP 上线是进行无线网络配置的首要任务。申明 AC 地址源在 AC 上进行操作,即在系统视图下采用 CAPWAP 申明连接交换机对应 AC VLAN 接口,如

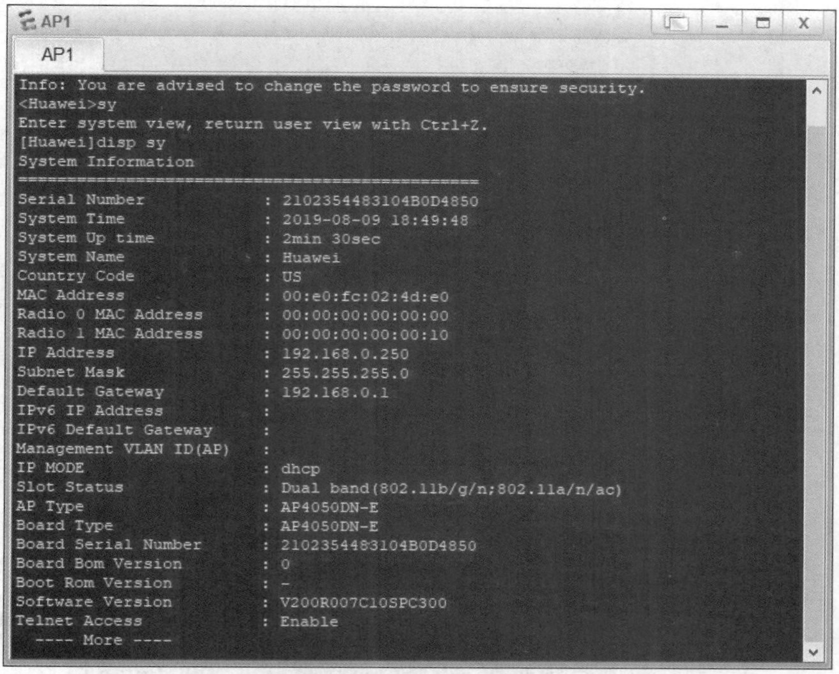

图 5-16　查看 AP 地址

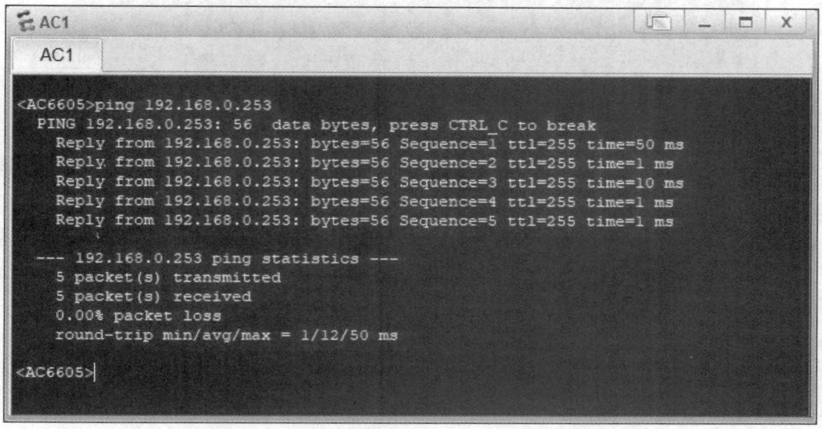

图 5-17　测试 AP 和 AC 的连通性

图 5-18 所示是申明 AC 地址源的基本操作。申明 AC 地址源为 AP 发现 AC 提供重要支撑。

　　无线网络工程中可能有多个 AP,因此可以构建 AP 组,并为每个 AP 建立一个能在全网中容易标识的名称,设置 SN 或者 MAC 上线模式,这样可以方便在 AC 下查看 AP 状态。设立 AP 组的最大优点是可以批量操作 AP,提高配置效率。在华为的 AC 中实现了三种 AP 上线方式设置,如图 5-19 所示。

　　其中,mac-auth 模式通过添加 AP 的 MAC 地址设置手动上线,sn-auth 模式通过添加 AP 的 SN 值设置手动上线。MAC 地址和 SN 值可以在 AP 下采用 display system 命令查

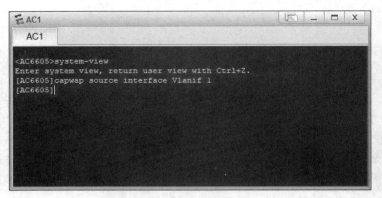

图 5-18　申明 AC 地址源

图 5-19　AP 上线模式

看,然后输入即可。no-auth 是设置为不认证模式。这种模式下,AP 自动上线并自动编号,加入默认的 AP 组,其安全性差,所以不建议使用。如下是采用 sn-auth 模式上线并将 AP 加入 AP 组的一个实例:

```
[AC6605-wlan-view]ap-group name netlab                          //建立 AP 组
[AC6605-wlan-ap-group-netlab]quit
[AC6605-wlan-view]ap auth-mode sn-auth
[AC6605-wlan-view]ap-id 0 ap-sn 2102354483104B0D4850
[AC6605-wlan-ap-0]ap-group netlab                               //加入 AP 组
[AC6605-wlan-ap-0]ap-name 0907ap                                //定义 AP 名
[AC6605-wlan-ap-0]quit
[AC6605-wlan-view]ap-id 1 ap-sn 21023544831045513E65
[AC6605-wlan-ap-1]ap-group histlab
[AC6605-wlan-ap-1]ap-name 0909ap
[AC6605-wlan-ap-0]quit
[AC6605-wlan-view]
```

如下是采用 mac-auth 模式上线并将 AP 加入 AP 组的一个实例:

```
[AC6605-wlan-view]ap-group name netlab                          //建立 AP 组
```

```
[AC6605-wlan-ap-group-netlab]quit
[AC6605-wlan-view]ap auth-mode mac-auth
[AC6605-wlan-view]ap-id 0 ap-mac 00e0-fc25-50c0
[AC6605-wlan-ap-0]ap-group histlab
[AC6605-wlan-ap-0]ap-name 0907ap
[AC6605-wlan-ap-0]quit
[AC6605-wlan-view]ap-id 1 ap-mac 00e0-fc02-4de0
[AC6605-wlan-ap-1]ap-group histlab
[AC6605-wlan-ap-1]ap-name 0909ap
[AC6605-wlan-ap-1]quit
[AC6605-wlan-view]
```

完成 AP 上线配置后,使用 display ap all 命令可以查看 AP 上线情况,如图 5-20 所示是 AP 上线的一种显示。值得注意的是,AP 的状态显示为 nor 时才表示正常上线,此时 AP 才能接受 AC 的控制。如果 AP 的状态一直显示为 idle,则表示上线不成功。上线过程中可能会出现 cfg 状态,表示 AP 正在进行配置,过一段时间自动会变成 nor 状态。在手工输入 MAC 地址或者 SN 时必须确保无误,否则会导致上线失败。如果上线失败,可以使用 undo ap all 命令删除所有注册的 AP,重新配置。

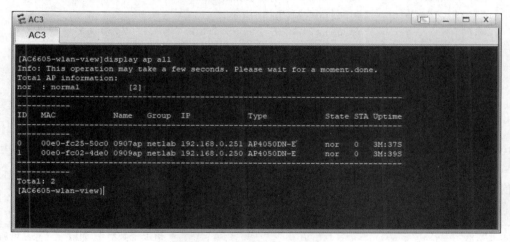

图 5-20　查看 AP 上线情况

3. 设置相关模板配置

AP 上线成功后,需要建立管理域模板、射频模板、SSID 模板、流量模板、安全模板、认证模板和 VAP 模板。如果建立 2.4G 和 5G 的双频无线网络,至少需要建立两个 SSID 模板和两个 VAP 模板。安全模板、认证模板和流量模板如果没有特殊需求,定义一个即可,多个无线网络可以同时引用这些模板。

4. 配置 AP 的射频参数

无线模板配置完成后,需要对 AP 的其他相关射频参数进行设置。注意,在射频模板下设置的是无线网络类型和基础速率支撑。射频其他参数必须在 AP 或者 AP 组对应的 Radio 0 和 Radio 1 接口下设置,例如配置射频覆盖范围、有效全向辐射功率、天线增益、工作模式、工作频段、设置射频的信道和功率自动调优功能等。

一般建议关闭设置射频的信道和功率自动调优功能,尤其是大规模环境中,由于无线干扰源很多,如果所有 AP 都设置为自动调整信道模式,一个 AP 自动调整就会触发邻居 AP 同时出现调整,最终导致整个网络的所有 AP 进行调整,这会严重降低无线网络性能。此外,在 AP 组下配置固定信道值会导致所有 AP 采用相同的信道号,这会导致相邻 AP 产生干扰。因此配置完成后,需要调整部分 AP 信道值实现优化。如下是在 Radio 0 接口下配置信道参数的一个实例:

```
[AC6605]wlan
[AC6605-wlan-view]ap-group name netlab
[AC6605-wlan-ap-group-netlab]radio 0
[AC6605-wlan-group-radio-netlab/0]coverage distance 400      //设置射频覆盖范围为400m
[AC6605-wlan-group-radio-netlab/0]eirp 127                   //设置有效全向辐射功率,默认为127
[AC6605-wlan-group-radio-netlab/0] work-mode normal          //设置为正常工作模式
[AC6605-wlan-group-radio-netlab/0] calibrate auto-channel-select disable
                                                            //关闭自动调整信道
[AC6605-wlan-group-radio-netlab/0] calibrate auto-txpower-select disable
                                                            //关闭自动调整功率
[AC6605-wlan-group-radio-netlab/0]antenna-gain 27
[AC6605-wlan-group-radio-netlab/0]frequency 2.4g
[AC6605-wlan-group-radio-netlab/0]channel 20MHz 6            //选择 6 号信道
[AC6605-wlan-group-radio-netlab/0]quit
[AC6605-wlan-group-radio-netlab]quit
[AC6605-wlan-view]quit
[AC6605]
```

Radio 0 用于 2.4GHz 射频,Radio1 用于 5GHz 等射频。Radio 0 支持 20MHz、40MHz-minus 和 40MHz-plus 三种带宽模式,5G 频段支持 20MHz、40MHz-plus、40MHz-minus、80MHz、80+80MHz 和 160MHz 这 6 种带宽模式。表 5-1 列出在 Radio 0 和 Radio 1 下不同信道带宽情况。

表 5-1   Radio 0 和 Radio1 信道和带宽统计表

带宽值	信道号	信道个数	频段	射频名
20MHz	1,2,3,4,5,6,7,8,9,10,11,12,13	13		
40MHz-plus	1,2,3,4,5,6,7	7	2.4GHz	Radio 0
40MHz-minus	5,6,7,8,9,10,11	7		
20MHz	36,40,44,48,52,56,60,64,149,153,157,161,165	13		
40MHz-plus	36,44,52,60,149,157	6		
40MHz-minus	40,48,56,64,153,161	6		
80MHz	36,40,44,48,52,56,60,64,149,153,157,161	12	5GHz	Radio 1
80+80MHz	36,40,44,48,52,56,60,64,149,153,157,161	12		
160MHz	36,40,44,48,52,56,60,64	8		

如下列出 Radio 1 射频参数配置的一个实例：

```
[AC6605]wlan
[AC6605-wlan-view]ap-group name netlab
[AC6605-wlan-ap-group-netlab]radio 1
[AC6605-wlan-group-radio-netlab/1]channel 80MHz 157        //设置带宽和信道
[AC6605-wlan-group-radio-netlab/1]quit
[AC6605-wlan-group-radio-netlab]quit
[AC6605-wlan-view]quit
[AC6605]
```

5. 下发 VAP 配置

在 AP 组下引用管理域模板，在对应 AP 组的 Radio 0 或/和 Radio 1 下引用射频模板和 VAP 模板，即实现 VAP 下发。注意，也可以直接在 AP 组视图下配置射频模板和 VAP 模板，此时必须要指定对应射频接口为 Radio 0 还是 Radio 1，一般不建议这样配置，容易产生错误。如下是引用管理域模板、射频模板以及下发 VAP 的一种实例操作：

```
<AC6605>system-view
[AC6605]wlan
[AC6605-wlan-view]ap-group name netlab
[AC6605-wlan-ap-group-netlab]regulatory-domain-profile default     //引用管理域模板
[AC6605-wlan-ap-group-netlab]radio-2g-profile default Radio 0
                                            //引用 2.4G 射频模板到 Radio 0
[AC6605-wlan-ap-group-netlab]radio-5g-profile default Radio 1
                                            //引用 5G 射频模板到 Radio 1
[AC6605-wlan-ap-group-netlab]vap-profile netlab24g wlan 1 Radio 0
                                            //下发 2.4G 频段配置
[AC6605-wlan-ap-group-netlab]vap-profile netlab5g wlan 2 Radio 1
                                            //下发 5G 频段配置
[AC6605-wlan-ap-group-netlab]quit
```

上面配置都是在 AP 组视图下进行，下面列出第二种配置。可以看到，第二种配置的层次感更强。

```
<AC6605>system-view
[AC6605]wlan
[AC6605-wlan-view]ap-group name netlab
[AC6605-wlan-ap-group-netlab]regulatory-domain-profile default     //引用管理域模板
[AC6605-wlan-ap-group-netlab]Radio 1
[AC6605-wlan-group-radio-netlab/0]radio-2g-profile default
[AC6605-wlan-group-radio-netlab/0] vap-profile netlab24g wlan 1
[AC6605-wlan-group-radio-netlab/0]quit
[AC6605-wlan-ap-group-netlab]Radio 1
[AC6605-wlan-group-radio-netlab/1] radio-5g-profile default
[AC6605-wlan-group-radio-netlab/1] vap-profile netlab5g wlan 2 Radio 1
[AC6605-wlan-group-radio-netlab/1]quit
[AC6605-wlan-ap-group-netlab]quit
```

```
[AC6605-wlan-ap-group]quit
[AC6605-wlan-view]quit
[AC6605]
```

完成上述配置后,AC 已经实现了对 AP 的管理,相关的 VAP 已经实现了下发管理。在配置后可能还需要进行修改和调优,为此,为实现下发后即时生效,采用 commit 命令可以再次下发配置,实现配置修改,以下是进行配置的一个实例:

```
<AC6605>system-view
[AC6605]wlan
[AC6605-wlan-view]provision-ap
[AC6605-wlan-provision-ap]commit all
```

要注意的是,如果属于全局性的模板改动,直接输入 commit all 命令即可,如果修改了某个 AP 或者 AP 组的配置,输入对应命令(ap-id、ap-mac 或 ap-name)即可,如图 5-21 所示是 commit 命令支持的下发配置选项。AP 可以按照 ID 号、MAC 地址和名称三种方式实现再提交配置过程。

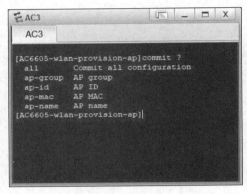

图 5-21　提交配置

5.4.4　网络测试和改进

无线网络部署完成后,需要进行功能和性能两方面的测试,以实现网络改进。

1. 功能测试

功能测试主要包括检查网络是否能正常接入、是否存在覆盖盲区、网络认证、漫游等功能是否正常实现等。值得一提的是,在 eNSP 下,如果网络配置成功,会显示如图 5-22 所示的 AP 射频显示,这表明无线射频配置无误。在这种可视化界面下,用户可以连接无线终端测试网络配置情况。

如果是单频配置则显示如图 5-23 所示,这种直观显示可以方便用户核查配置是否正确。

右击对应的无线终端可以查看网络类型、信道号、加密方式等,单击“连接”按钮,可以实现无线网络连接,如图 5-24 所示。

单击图 5-24 的“命令行”标签页,可以查看连接到的无线终端 IP 地址,也可以采用 ping

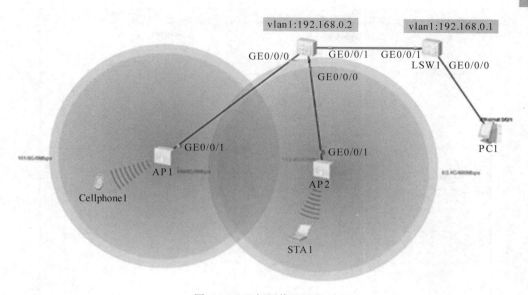

图 5-22　双频网络配置显示

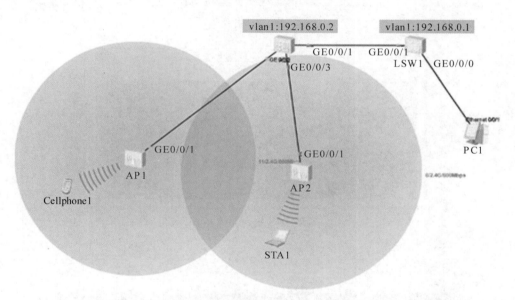

图 5-23　单频网络配置显示

命令或者 trace 命令测试网络连通情况,显示如图 5-25 所示。这表明业务 VLAN 可以正常使用,无线网络配置成功。

2. 性能测试

　　性能测试方面主要包括测试网络的上行和下行速率,用户大量接入后网络的响应情况,网络的安全性,是否存在非法登录接口等。性能测试时必须认真查看 AC 和 AP 的负载情况。华为的 AP 提供了抗攻击统计功能,采用 display anti-attack statistics 命令可以查看显示,如图 5-26 所示是一次统计过程。同样采用 display memory-usage 命令和 display cpu-usage 命令可以查看 AP 的 CPU 和内存使用统计情况。

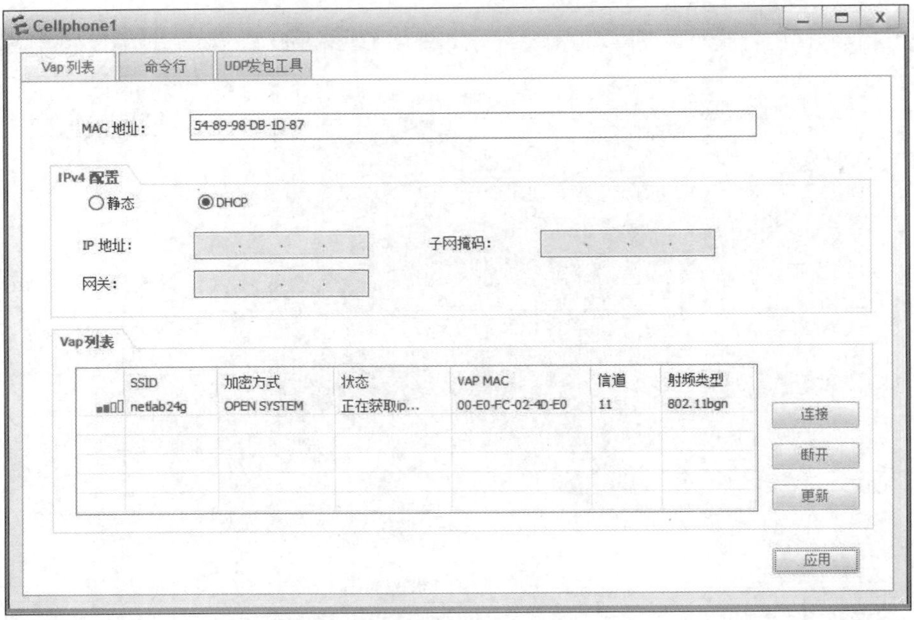

图 5-24　无线网络连接

图 5-25　查看无线客户端的 IP 地址

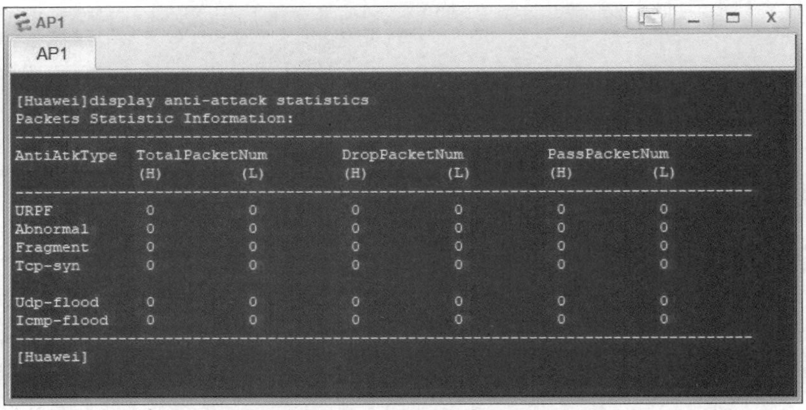

图 5-26　查看抗攻击统计

同样,也可以查看 AC 的 CPU 和内存使用统计情况,和 AP 的查看命令完全相同。此外,使用 display users 命令可以查看当前接入的用户统计情况。如图 5-27 所示是一次统计显示。

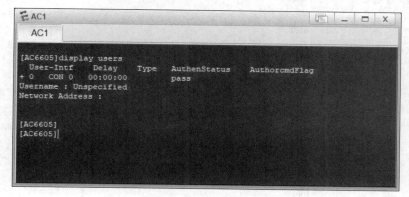

图 5-27　用户接入统计

也可以查看 DHCP 的统计情况,如图 5-28 所示是在三层交换机上采用 display dhcp statistics 命令统计 DHCP 地址池的相关显示。

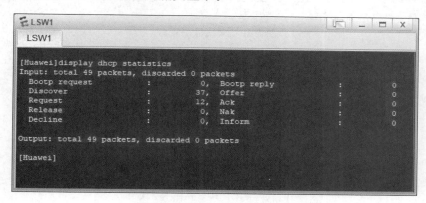

图 5-28　DHCP 运行情况显示

最后,采用相关的无线监测软件可以查看当前部署的无线网络干扰及其运行情况。当前小规模的无线网络非常多,一般情况下应该设置 AP 的无线信道在非干扰频段运行最好。如图 5-29 所示是采用 WirelessMon Professional 无线检测软件的显示。通过该软件,用户就能查看无线网络的信道使用情况。如果某个信道使用较多,就可以考虑调整到其他信道。

为防止信道冲突,可以在 AP 或者 AP 组下进行射频信道调整。一般建议采用相关检测软件进行信道检测,然后按照蜂窝无线网络的非冲突信道模式进行信道设置。例如2.4GHz 频段在我国规定的频点规划,只有 1、6、11 三个不互相干扰的信道,因此规划的蜂窝网络如果设置静态信道,则应该按照如图 5-30 所示的方式进行规划。

5.4.3 节中,在 AP 组下对所有 Radio 0 和 Radio 1 射频设置了相同信道号,这就会导致部署的 AP 采用了相同的信道频段,会造成严重干扰。此时,应该根据实际网络部署拓扑,对照图 5-30 方式,查找对应 AP 实现信道调整。以下是调整两个相邻 AP 的 2.4G 频段和5G 频段信道的一个实例:

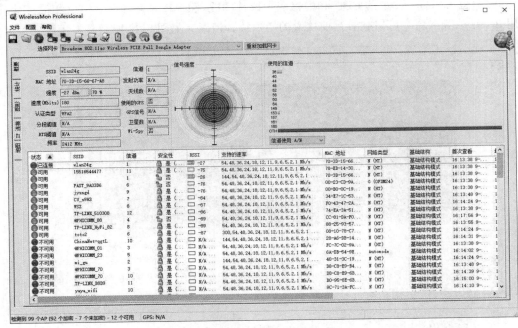

图 5-29　无线检测显示

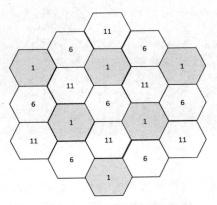

图 5-30　无线蜂窝网覆盖

```
<AC6605>system-view
[AC6605]wlan
[AC6605-wlan-view]ap-id 0
[AC6605-wlan-ap-0]Radio 0
[AC6605-wlan-radio-0/0]channel 20MHz 6
[AC6605-wlan-radio-0/0]quit
[AC6605-wlan-ap-0]Radio 1
[AC6605-wlan-radio-0/1]channel 80MHz 149
[AC6605-wlan-radio-0/1]quit
[AC6605-wlan-ap-0]quit
[AC6605-wlan-view]ap-id 1
```

```
[AC6605-wlan-ap-1]Radio 0
[AC6605-wlan-radio-1/0]channel 20MHz 11
[AC6605-wlan-radio-1/0]quit
[AC6605-wlan-radio-1/0]Radio 1
[AC6605-wlan-radio-1/1]channel 80MHz 161
[AC6605-wlan-radio-1/1]quit
[AC6605-wlan-ap-1]quit
[AC6605-wlan-view]quit
[AC6605]
```

5.5　二层无线组网实例

在构建无线网络中,如果 AP 和 AC 处于同一个网段,则实现的是二层组网,即不需要设计路由就能实现 AC 对 AP 的接入及管控过程。这种无线局域网通常用于小规模的无线局域网环境,AC 管控的 AP 数量相对较少,但是配置和维护简单。在二层组网中通常 AC 管理 VLAN、AP 管理 VLAN 和业务 VLAN 都处于同一个地址段。因此可以只构建一个地址池。

5.5.1　二层无线配置选项

构建如图 5-31 所示的二层网络拓扑,AC 和三层交换之间采用 VLAN1 进行连接,地址池建立在三层交换机上,二层无线网络接入的计算机数量相对较少,这种无线环境不需要配置路由协议,不需要在 DHCP 地址池上配置 option 43 选项申明 AC 地址源。

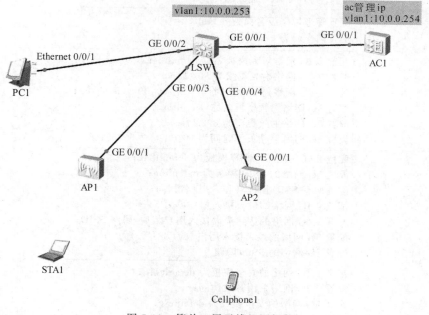

图 5-31　简单二层无线组网拓扑

在这种无线网络中,所有接口在默认的 VLAN 1 中,只需要在 VLAN 1 上配置供有线接入计算机 PC1 以及 AP1、AP2 和无线终端使用的 DHCP 地址池。在实验中,仅需配置三层交换机和 AC,其他设备都是自动获得 IP 地址。本实验中采用的 AC 类型为 AC6605,交换机为 S5700,两个 AP 类型为 AP4050。实验的相关管理地址参数如表 5-2 所示。

表 5-2　二层无线组网相关管理地址

接口名称	IP 地址	接口作用	隶属 Vlan	配置位置
AC 地址源接口	10.0.0.254/24	采用 CAPWAP 申明 AC 地址源	VLAN 1	AC
AC 管理 VLAN 接口	10.0.0.253/24	连接 AC,其上配置 DHCP 地址池	VLAN 1	交换机

本实验要求构建 2.4G 和 5G 两个频段,其相关配置项目要求如表 5-3 所示。

表 5-3　二层无线组网配置项目

项目名称	配置要求
AC VLAN 配置	配置 AC 地址源 VLAN 数据库; 配置 AC 地址源 VLAN 接口地址; 配置业务 VLAN
交换机 VLAN 配置	配置连接 AC 地址源 VLAN 数据库; 配置连接 AC 地址源 VLAN 接口地址; 配置 DHCP 地址池供 AP 和无线终端使用
AP 上线配置	定义 AP 组名称为 default; 配置 Mac-auth 认证上线模式; 配置 AP1 名称设置为 909AP; 配置 AP2 名称设置为 907AP; 配置 AP1 和 AP2 加入 AP 组
管理域模板	配置管理域模板名称为 default; 配置国家码为 CN
射频模板	配置 2.4G 网络射频模板名称 default24g; 配置 2.4G 网络射频类型为 802.11n; 设置 2.4G 网络射频关闭时间为 22:00:00—09:59:59; 配置 5G 网络射频模板名称 default5g; 配置 5G 网络射频类型为 802.11ac; 设置 5G 网络射频关闭时间为 00:00:00—05:59:59
SSID 模板	配置 2.4G 网络的 SSID 模板为 default24g; 配置 5G 网络的 SSID 模板为 default5g; 配置所有 SSID 模板名和 SSID 名相同; 配置 2.4G 网络的最大接入用户数为 64; 配置 2.4G 网络的达到最大接入用户数后,隐藏 SSID; 配置 5G 网络的最大接入用户数为 32; 配置 5G 网络的 SSID 隐藏
安全模板	定义 2.4G 网络的安全模板为 default24g; 配置 2.4G 网络采用开放访问; 定义 5G 网络的安全模板为 default5g; 配置 5G 网络的采用 WPA2 加密方式

续表

项目名称	配置要求
流量模板	定义 2.4G 网络的流量模板为 default24g； 配置 2.4G 网络 VAP 上行速度为 50Mbps； 配置 2.4G 网络 VAP 下行速度为 100Mbps； 配置 5G 网络的流量模板为 default5g； 配置 5G 网络客户上行速度为 10Mbps； 配置 5G 网络客户下行速度为 20Mbps
VAP 模板配置	定义 2.4G 网络的流量模板为 default24g； 定义 5G 网络的流量模板为 default5g； 引用对应 SSID 模板； 引用安全模板； 引用流量模板； 设置数据转发方式为直发； 设置服务 VLAN 为 VLAN1
AP 组射频参数配置	配置 Radio 0 射频覆盖范围为 150m； 配置 Radio 0 的 EIRP 为 110； 配置 Radio 0 的信道为 6，带宽为 20MHz； 配置 Radio 1 射频覆盖范围为 50m； 配置 Radio 1 的 EIRP 为 70； 配置 Radio 1 的信道为 149，带宽为 80MHz
AP 组下发 VAP 配置	引用管理域模板； 引用射频模板； 引用管理域模板； 下发 VAP 配置

5.5.2　交换机的配置

根据表 5-2 和表 5-3 的参数需求，给出的交换机配置如下：

```
<Huawei>system-view
[Huawei]dhcp enable
[Huawei]int vlan 1
[Huawei-Vlanif1]ip add 10.0.0.253 24            //连接 AC 的 VLAN 接口 IP
[Huawei-Vlanif1]dhcp select interface
[Huawei-Vlanif1]dhcp server dns 8.8.8.8
[Huawei-Vlanif1]quit
[Huawei]
```

5.5.3　AC 的配置

根据 5.5.1 节表 5-2 和表 5-3 的参数需求，给出的 AC 配置如下：

```
/*       配置 AC 地址源                              */
<AC6605>system-view
[AC6605]int vlan 1
[AC6605-Vlanif1]ip address 10.0.0.254 24
```

```
[AC6605-Vlanif1]quit
[AC6605]capwap source interface vlanif 1        //申明 AC 地址源为 VLAN 1 接口
/*      配置 AP 上线操作                        */
[AC6605-wlan-view]ap auth-mode mac-auth
[AC6605-wlan-view]ap-id 0 ap-mac 00e0-fcb8-5c60
[AC6605-wlan-ap-0]ap-name 909AP
[AC6605-wlan-ap-0]ap-group default
[AC6605-wlan-ap-0]quit
[AC6605-wlan-view]ap-id 1 ap-mac 00e0-fc79-4570
[AC6605-wlan-ap-1]ap-name 907AP
[AC6605-wlan-ap-1]ap-group default
[AC6605-wlan-ap-1]quit
[AC6605-wlan-view]
/*      配置管理域模板                          */
[AC6605-wlan-view]regulatory-domain-profile name default
[AC6605-wlan-regulate-domain-default]country-code cn
[AC6605-wlan-regulate-domain-default]quit
[AC6605-wlan-view]
/*      配置射频模板                            */
[AC6605-wlan-view]radio-2g-profile name default24g
[AC6605-wlan-radio-2g-prof-default24g]radio-type dot11n
[AC6605-wlan-radio-2g-prof-default24g]auto-off service start-time 22:00:00 end
-time 09:59:59
[AC6605-wlan-radio-2g-prof-default24g]quit
[AC6605-wlan-view]radio-5g-profile name default5g
[AC6605-wlan-radio-5g-prof-default5g]radio-type dot11ac
[AC6605-wlan-radio-5g-prof-default5g]auto-off service start-time 00:00:00 end
-time 05:59:59
[AC6605-wlan-radio-5g-prof-default5g]quit
[AC6605-wlan-view]
/*      配置 SSID 模板                          */
[AC6605-wlan-view]ssid-profile name default24g
[AC6605-wlan-ssid-prof-default24g]ssid default24g
[AC6605-wlan-ssid-prof-default24g]max-sta-number 64
[AC6605-wlan-ssid-prof-default24g]und reach-max-sta hide-ssid disable
[AC6605-wlan-ssid-prof-default24g]quit
[AC6605-wlan-view]ssid-profile name default5g
[AC6605-wlan-ssid-prof-default5g]ssid default5g
[AC6605-wlan-ssid-prof-default5g]max-sta-number 32
[AC6605-wlan-ssid-prof-default5g]ssid-hide enable
[AC6605-wlan-ssid-prof-default5g]quit
[AC6605-wlan-view]
/*      配置安全模板                            */
[AC6605-wlan-view]security-profile name default24g
[AC6605-wlan-sec-prof-default24g]security open
```

```
[AC6605-wlan-sec-prof-default24g]quit
[AC6605-wlan-view]security-profile name default5g
[AC6605-wlan-sec-prof-default5g]security wpa2 psk pass-phrase test1234 aes
[AC6605-wlan-sec-prof-default5g]quit
[AC6605-wlan-view]
```

/*　　　配置流量模板　　　　　　　　　　　　　　　*/

```
[AC6605-wlan-view]traffic-profile name default24g
[AC6605-wlan-traffic-prof-default24g]rate-limit vap up 50000
[AC6605-wlan-traffic-prof-default24g]rate-limit vap down 100000
[AC6605-wlan-traffic-prof-default24g]quit
[AC6605-wlan-view]traffic-profile name default5g
[AC6605-wlan-traffic-prof-default5g]rate-limit client up 10000
[AC6605-wlan-traffic-prof-default5g]rate-limit client down 20000
[AC6605-wlan-traffic-prof-default5g]quit
[AC6605-wlan-view]
```

/*　　　配置 VAP 模板　　　　　　　　　　　　　　*/

```
[AC6605-wlan-view]vap-profile name default24g
[AC6605-wlan-vap-prof-default24g]security-profile default24g
[AC6605-wlan-vap-prof-default24g]traffic-profile default24g
[AC6605-wlan-vap-prof-default24g]ssid-profile default24g
[AC6605-wlan-vap-prof-default24g]service-vlan vlan 1
[AC6605-wlan-vap-prof-default24g]forward-mode direct-forward
[AC6605-wlan-vap-prof-default24g]quit
[AC6605-wlan-view]vap-profile name default5g
[AC6605-wlan-vap-prof-default5g]security-profile default5g
[AC6605-wlan-vap-prof-default5g]traffic-profile default5g
[AC6605-wlan-vap-prof-default5g]ssid-profile default5g
[AC6605-wlan-vap-prof-default5g]service-vlan vlan 1
[AC6605-wlan-vap-prof-default5g]forward-mode direct-forward
[AC6605-wlan-vap-prof-default5g]quit
[AC6605-wlan-view]
```

/*　　　配置射频参数　　　　　　　　　　　　　　*/

```
[AC6605-wlan-view]ap-group name default
[AC6605-wlan-ap-group-default]Radio 0
[AC6605-wlan-group-radio-default/0]coverage distance 150    //覆盖距离 150m
[AC6605-wlan-group-radio-default/0]eirp 110
[AC6605-wlan-group-radio-default/0]channel 20MHz 6
[AC6605-wlan-group-radio-default/0]Radio 1
[AC6605-wlan-group-radio-default/1]channel 80MHz 149
[AC6605-wlan-group-radio-default/1]coverage distance 50
[AC6605-wlan-group-radio-default/1]eirp 70
[AC6605-wlan-group-radio-default/1]quit
[AC6605-wlan-ap-group-default]quit
[AC6605-wlan-view]
```

/*　　　引用管理域模板和射频模板,下发 VAP 配置　　*/

```
[AC6605-wlan-view]ap-group name default
[AC6605-wlan-ap-group-default]regulatory-domain-profile default
[AC6605-wlan-ap-group-default]radio 0
[AC6605-wlan-group-radio-default/0]radio-2g-profile default24g
[AC6605-wlan-group-radio-default/0]vap-profile default24g wlan 1
[AC6605-wlan-group-radio-default/0]quit
[AC6605-wlan-ap-group-default]Radio 1
[AC6605-wlan-group-radio-default/1]radio-5g-profile default5g
[AC6605-wlan-group-radio-default/1]vap-profile default5g wlan 2
[AC6605-wlan-group-radio-default/1]quit
[AC6605-wlan-ap-group-default]quit
[AC6605-wlan-view]quit
[AC6605]
```

5.5.4 二层无线组网测试

配置完成后,可以看到两个无线 AP 已经正常工作,2.4G 和 5G 双频网络已经正常运行,显示如图 5-32 所示。

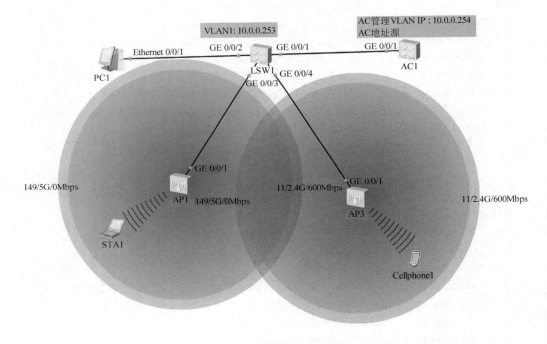

图 5-32　配置成功的二层网络

此时打开无线客户端,看到仅仅显示了 2.4G 网络的 SSID,并且是开放连接方式,如图 5-33 所示。5G 的网络 SSID 不显示,这是由于设置了自动隐藏 SSID 功能。实际网络中,采用手工输入 SSID 可以连接到这个配置好的 5G 网络。在 eNSP 中没有提供该功能,因此暂时无法连接。

在 SSID 模板中修改 5G 网络为显示 SSID 后,出现如图 5-34 所示窗口。

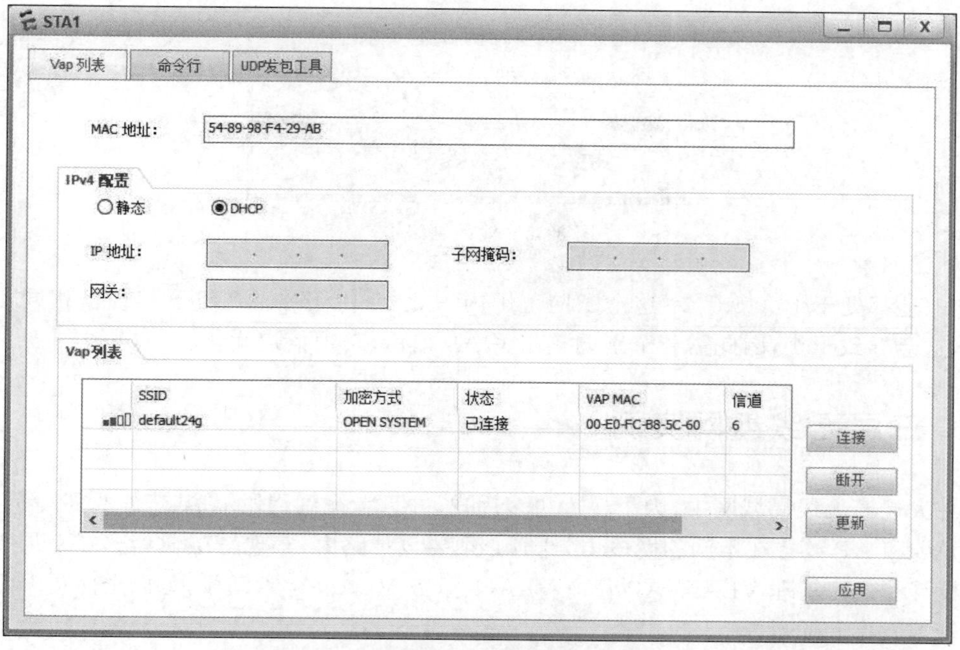

图 5-33　只显示 2.4G 网络的客户端窗口

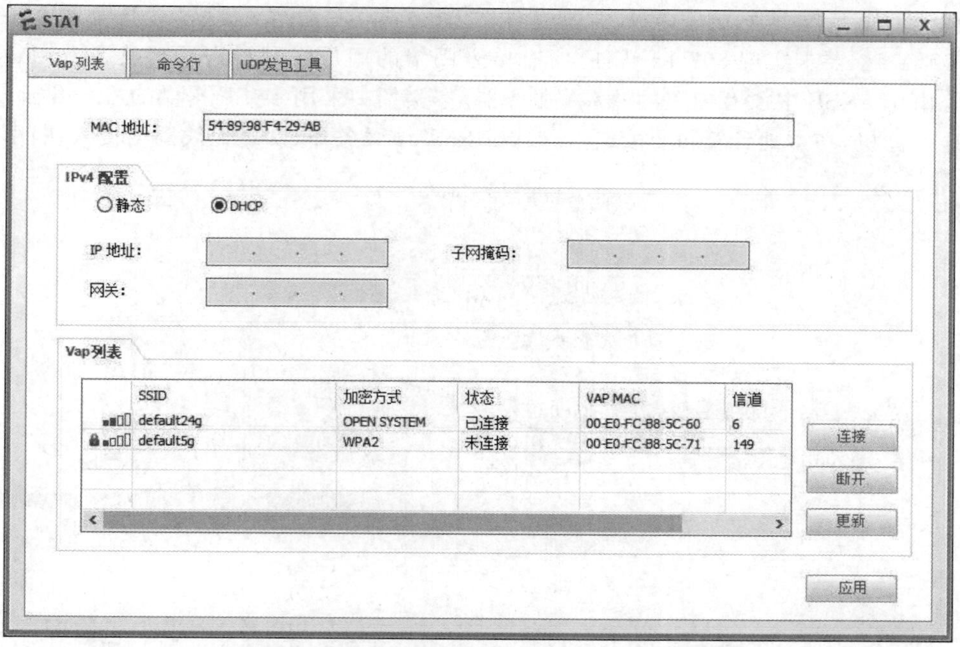

图 5-34　显示 5G 网络和 2.4G 网络的客户端窗口

　　此时选择该网络，单击"连接"按钮，就会弹出如图 5-35 所示的认证窗口，在输入正确的密码后才能实现连接。

　　同样，用户可以查看 PC1 和两个无线终端以及两个 AP 的 IP 地址，可以看到这些设备

图 5-35 输入网络密码

的 IP 地址都处于 10.0.0.0/24 这个子网范围内。此外，由于在 AP 组下实现了相同信道值设置，这会导致干扰，因此需要个别调整相关 AP 信道，实现信道优化。

5.6 三层无线组网实例

在大规模无线局域网中，为了接入更多用户，并且考虑到网段隔离、安全保护等问题，通常将 AC 和 AP 放置在不同的网段内，此时必须要设计路由，实现三层通信。在三层无线中完整设计了 AC 管理 VLAN、AP 管理 VLAN、业务 VLAN 等管理段，可以全面提升无线网络的管控效率和质量。

5.6.1 三层无线配置选项

构建如图 5-36 所示的三层无线局域网，要求分离 AC 管理 VLAN、AP 管理 VLAN 和业务 VLAN。要求实现 802.1x 认证，所有接入网络的用户账号和密码存放在 Radius 服务器上。由于 eNSP 中没有内置的 AAA 服务器，本实例中采用 eNSP 提供的 Cloud 云设备连接本地计算机，在本地计算机上安装一个 WinRadius 服务器，实现无线网络接入认证。

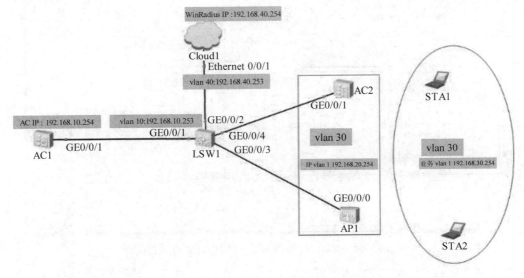

图 5-36 三层组网拓扑

实验中采用的 AC 类型为 AC6605，交换机为 S5700，两个 AP 类型为 AP4050，AAA 认证服务器为 WinRadius。实验的相关接口管理地址参数如表 5-4 所示。

表 5-4　三层无线组网相关接口地址

名称	IP 地址	作用	隶属 VLAN	配置位置
AC 地址源	192.168.10.254/24	采用 CAPWAP 申明 AC 地址源	vlan 10	AC
AC 管理 VLAN 接口	192.168.10.253/24	连接 AC 实现网络连通	vlan 10	交换机
AP 管理 VLAN 接口	192.168.20.254/24	AP 管理,在该接口上配置 AP 地址池	vlan 20	交换机
业务 VLAN 接口	192.168.30.254/24	在该接口上配置业务地址池,为无线终端提供地址	vlan 30	交换机
连接 WinRadius 服务器接口	192.168.40.253/24	连接 WinRadius 服务器	vlan 40	交换机
WinRadius 服务器地址	192.168.40.254/24	实现接入认证功能,通过 Cloud 连接	vlan 40	本地主机

要注意的是,由于在 VAP 模板下必须指定服务 VLAN,即要求指明对应的业务 VLAN,所以在 AC 上必须同时建立业务 VLAN 数据库。本实验要求构建 2.4G 和 5G 两个频段,其主要配置项目如表 5-5 所示。

表 5-5　三层无线网络配置项目

配置项目名称	配置要求
构建 WinRadius 服务器	配置本地计算机的 Loopback 网卡及 IP 地址; 配置 WinRadius 服务器的共享密钥,认证端口和计费端口; 配置测试用户账户和密码; 配置 Cloud,实现 eNSP 连接 WinRadius 服务器
AC VLAN 配置	配置 AC 地址源 VLAN 数据库; 配置 AC 地址源 VLAN 接口地址; 配置业务 VLAN
三层交换机 VLAN 配置	配置连接 AC 地址源 VLAN 数据库; 配置连接 AC 地址源 VLAN 接口地址; 配置 AP 管理 VLAN 数据库; 配置 AP 管理 VLAN 接口地址; 配置 AP 管理 VLAN 地址池; 配置 AP 管理 VLAN 地址池的 option43 选项 配置业务 VLAN 数据库; 配置业务 VLAN 接口地址; 配置业务 VLAN 地址池
路由配置	配置 AC 路由协议; 配置三层交换机路由协议
AP 上线配置	配置 AC 地址源; 定义 AP 组名称为 default; 配置 sn-auth 认证上线模式; 配置 AP1 名称设置为 hist001; 配置 AP2 名称设置为 hist002; 配置 AP1 和 AP2 加入 AP 组

配置项目名称	配置要求
管理域模板	配置管理域模板名称为 default; 配置国家码为 CN
Radius 认证模板	配置 Radius 服务器模板名为 default; 配置 Radius 服务器共享密钥; 配置 Radius 服务器认证端口; 配置 Radius 服务器计费端口; 配置 Radius 服务器用户名不包含域名
AAA 认证和计费方案	配置 AAA 认证方案名称为 default; 配置 AAA 认证模式为 Radius; 配置 AAA 授权方案名称为 default; 配置 AAA 计费模式为 Radius; 配置 Radius 计费方案名称为 default; 配置认证域为 hist; 引用 default 认证方案; 引用 default 计费方案; 引用 Radius 服务器模板名 default; 申明 hist 为默认主域
802.1X 接入模板	定义 802.1x 接入模板名为 default
认证模板	配置认证模板名为 default; 引用 dot1x 接入模板; 引用计费模板; 引用授权模板; 引用 Radius 服务器模板
射频模板	配置 2.4G 网络射频模板名称 default; 配置 2.4G 网络射频类型为 802.11n; 配置 5G 网络射频模板名称 default; 配置 5G 网络射频类型为 802.11ac
SSID 模板	配置 2.4G 网络的 SSID 模板为 hist24g; 配置 5G 网络的 SSID 模板为 hist5g; 配置所有 SSID 模板名和 SSID 名相同; 配置 2.4G 网络的最大接入用户数为 32; 配置 2.4G 网络达到最大接入用户数后,隐藏 SSID; 配置 5G 网络的最大接入用户数为 16; 配置 5G 网络达到最大接入用户数后,隐藏 SSID
安全模板	定义网络安全模板为 default; 配置 WPA2 加密和 Dot1x 认证,加密标准为 AES
流量模板	定义流量模板为 default
VAP 模板配置	定义两个 VAP 模板,名称为 hist24g 和 hist5g; 分别引用 default 流量模板; 分别引用对应 SSID 模板; 分别引用安全模板; 分别引用流量模板; 设置数据转发方式为直发; 设置服务 VLAN 为 VLAN 1

续表

配置项目名称	配置要求
下发 VAP 配置	配置 Radio 0、Radio 1 的射频参数； 引用管理域模板； 引用射频模板； 下发 VAP 配置

从表 5-5 给出的配置项目可以看出，相对二层无线组网，三层无线组网需要配置的网络通信工作量增加，而对应的无线配置项目和二层无线的内容基本相同。下面给出一个三层无线组网实例。

5.6.2　构建 Radius 认证服务器

Radius 服务器用来提供无线接入用户的认证过程，由于在 eNSP 中没有提供 Radius 服务器设备，为此在本地计算机上安装 Radius 服务器，通过 eNSP 提供的 Cloud 设备连接该 Radius 服务器实现认证过程。本例使用 WinRadius 服务器作为认证服务器。构建 Radius 服务器的基本过程如下。

1. 安装环路自测网卡

eNSP 通过 Cloud 连接本地网卡，考虑到不影响实际网络使用，先在本地计算机上安装一块虚拟网卡。

(1) 打开"运行"输入 hdwwiz 命令，弹出"添加硬件"窗口，单击"下一步"按钮，在弹出的窗口中选择"安装我手动从列表选择的硬件（高级）"选项，如图 5-37 所示。

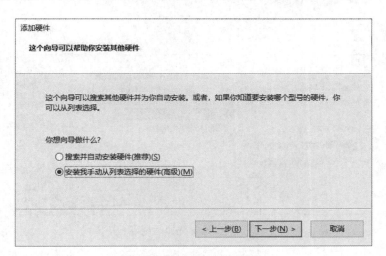

图 5-37　添加硬件向导窗口

(2) 单击"下一步"按钮，在弹出的选择硬件类型窗口中选择"网络适配器"选项，如图 5-38 所示。

(3) 单击"下一步"按钮，在弹出的窗口左边厂商处选择 Microsoft，在右边型号处选择"Microsoft KM-TEST 环回适配器"，操作如图 5-39 所示。

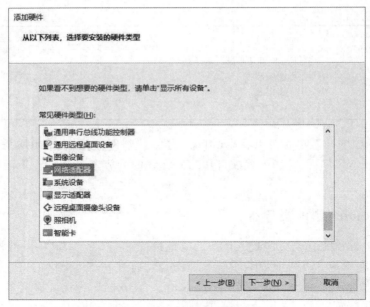

图 5-38　选择硬件类型窗口

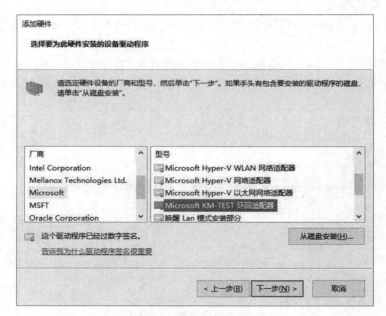

图 5-39　选择环回适配器

（4）单击"下一步"按钮，弹出确认安装窗口，确认无误后，继续单击"下一步"按钮，系统开始安装该环路测试网卡，完成后弹出如图 5-40 所示的"正在完成添加硬件向导"窗口，单击"完成"按钮，成功安装该虚拟网卡。

2. 配置虚拟网卡地址

（1）在"运行"中输入 ncpa.cpl 命令，弹出如图 5-41 所示的"网络连接"窗口，可以看到该虚拟网卡已经正常安装，即图 5-41 中的"以太网 3"适配器。

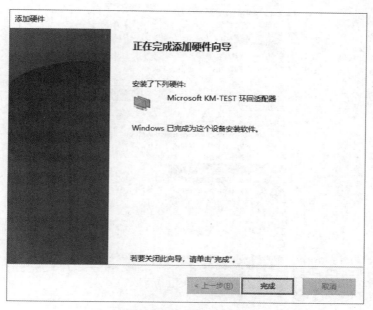

图 5-40　"正在完成添加硬件向导"窗口

图 5-41　安装完成后的虚拟网卡

（2）右击"以太网 3"适配器,在弹出的菜单中选择"属性"命令,弹出如图 5-42 所示的适配器属性窗口。

（3）双击图 5-42 上的"Internet 协议版本 4(TCP/IPv4)"选项,弹出如图 5-43 所示的设置 IP 地址窗口,输入 IP 地址为 192.168.40.254,子网掩码为 255.255.255.0,完成后依次单击"确定"按钮退出该配置窗口。

3. 安装配置 WinRadius 服务器

WinRadius 是基于标准 Radius 协议的认证、记账、计费软件,支持 PPP、PPPoE、PPTP、

图 5-42　适配器属性窗口

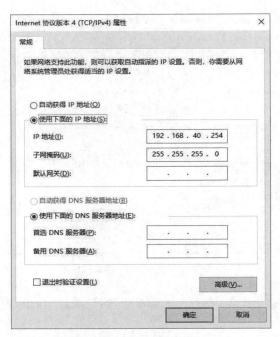

图 5-43　配置 IP 地址窗口

VPN、VoIP、WLAN 多种业务模式。

（1）安装该软件后，打开主界面，选择"操作"→"添加账号"命令，在弹出的窗口中添加认证账号和密码等项目，完成后单击"确定"按钮，如图 5-44 所示。

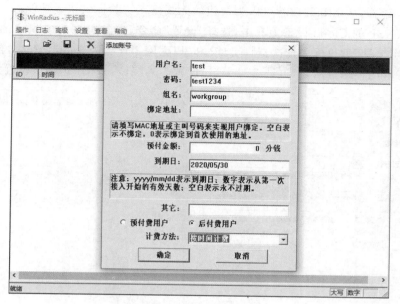

图 5-44　添加用户账号

（2）选择"设置"→"系统"命令，弹出"系统设置"窗口，在该窗口中设置 NAS 密钥、认证端口和计费端口，操作如图 5-45 所示。

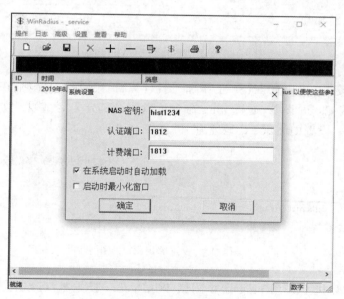

图 5-45　"系统设置"窗口

　　WinRadius 服务器是非常便捷的 Radius 服务器产品，其他参数选项采用默认设置即可，完成上述操作后，将该软件窗口最小化，该软件将为后期无线接入提供认证用户功能。

4. 加载 WinRadius 服务器

WinRadius 服务器配置后通过在本地计算机上安装的环路自测网卡来连接 eNSP 的

Cloud 设备。这样,WinRadius 就可以为构建的无线仿真实验提供认证功能。

(1) 在 eNSP 的 Cloud 设备上右击,选择"设置"命令,弹出如图 5-46 所示的 Cloud 配置窗口,在"绑定信息"下拉框中依次选择 UDP 和"以太网 3-IP:192.168.40.254",然后在"端口映射设置"将本地环路自测端口(即 2 号端口)设置为入端口,将 UDP 端口设置为出端口。

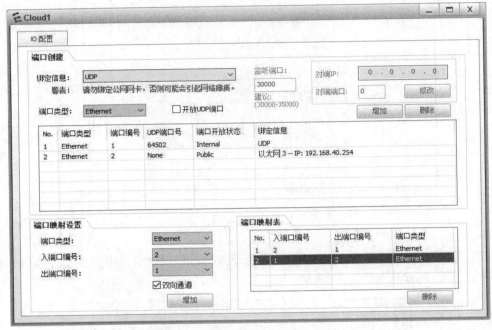

图 5-46　设置 Cloud 绑定 WinRadius

(2) 完成绑定后,可以在 eNSP 上添加一台计算机,配置的 IP 地址在 192.168.40.0 网段,该计算机连接 Cloud 设备,通过 ping 命令可以测试绑定是否成功。如图 5-47 所示,是构建的测试拓扑。设置的测试 PC 地址为 192.168.40.250。

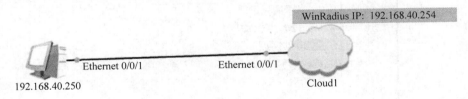

图 5-47　设置绑定测试拓扑

(3) 在该计算机上采用 ping 命令测试 WinRadius 服务器,可以看到能正常连接,如图 5-48 所示。

(4) 由于绑定的 Cloud 是双向的,也可以在本地主机上采用 ping 命令连接 eNSP 上建立的虚拟设备,如图 5-49 是本地计算机测试 192.168.40.250 这台虚拟机的显示,可以看到也能实现正常通信。

eNSP 的 Cloud 设备可以提供通过本地计算机访问 eNSP 虚拟设备的重要途径。华为的 eNSP 设备下加载的是真实的华为系统平台,防火墙等很多设备都提供了浏览器接入访

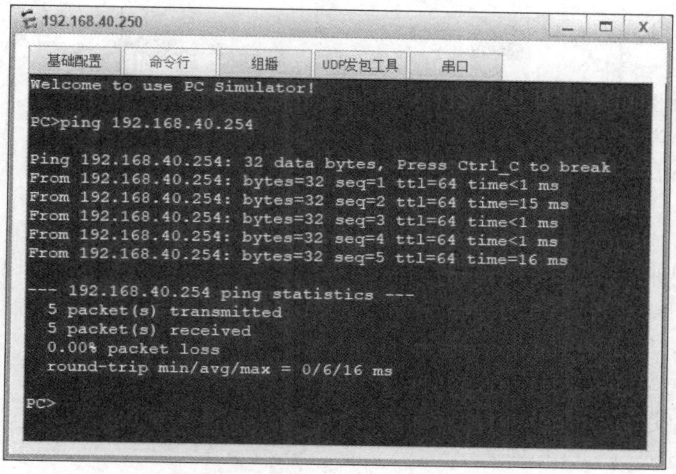

图 5-48　测试 WinRadius 服务器

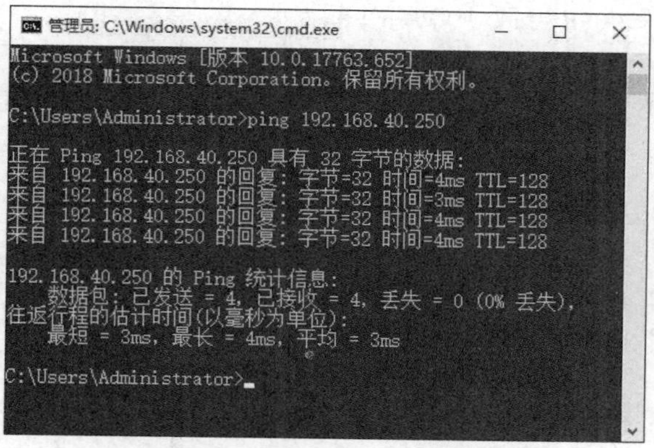

图 5-49　通过本地测试 eNSP 虚拟设备

问配置,采用 Cloud 绑定可以方便地在本地计算机上实现基于 Web 的系统配置。到此,WinRadius 服务器的构建完成。

另外,需要注意的是,其他的 Radius 服务器也可以采用 Cloud 进行绑定使用,由于 WinRadius 安装配置简单,因此本例采用该服务器。实际上,可以在本地安装虚拟机(如 VMware 或 Virtual Box),在虚拟机上安装例如 Cisco ACS 或者 Windows Server 2012 等服务器软件实现 AAA 服务器功能。

5.6.3　三层网络配置

构建认证服务器和整个网络拓扑后,通过配置 AC 和三层交换机来实现三层无线网络功能。

1. 交换机的网络配置

交换机的主要配置包括设置对应 VLAN 数据库,将对应接口设置为 Trunk 模式,配置数据库对应接口,基于对应接口构建 DHCP 地址池和配置路由协议等步骤。如下是交换机的配置过程:

```
<Huawei>system-view
[Huawei]dhcp enable                              //开启 DHCP 服务器
[Huawei]vlan batch 10 20 30 40                   //配置所需 VLAN 数据库
/*配置连接 AC 地址源 VLAN */
[Huawei]interface Vlanif 10
[Huawei-Vlanif10]ip address 192.168.10.253 24
[Huawei-Vlanif10]quit
/*配置连接认证服务器 VLAN 接口*/
[Huawei]interface Vlanif 40
[Huawei-Vlanif40]ip address 192.168.40.253 24
[Huawei-Vlanif40]quit
/*配置 AP 管理 VLAN 及其 DHCP 地址池*/
[Huawei]interface Vlanif 20
[Huawei-Vlanif20]ip address 192.168.20.254 24
[Huawei-Vlanif20]dhcp select interface
[Huawei-Vlanif20]dhcp server option 43 sub-option 3 ascii 192.168.10.254
                                                 //申明 ac 地址源

[Huawei-Vlanif20]quit
/*配置业务 VLAN 及其 DHCP 地址池*/
[Huawei]interface Vlanif 30
[Huawei-Vlanif30]ip address 192.168.30.254 24
[Huawei-Vlanif30]dhcp select interface
[Huawei-Vlanif30]dhcp server dns 114.114.114.114    //配置无线终端 dns 地址
[Huawei-Vlanif30]quit
[Huawei]quit
/*配置交换机的连接端口*/
[Huawei]interface GigabitEthernet 0/0/1
[Huawei-GigabitEthernet0/0/1]port link-type trunk
[Huawei-GigabitEthernet0/0/1]port trunk pvid vlan 10
[Huawei-GigabitEthernet0/0/1]port trunk allow-pass vlan all
[Huawei-GigabitEthernet0/0/1]quit
[Huawei]interface GigabitEthernet 0/0/2
[Huawei-GigabitEthernet0/0/2]port link-type trunk
[Huawei-GigabitEthernet0/0/2]port trunk pvid vlan 40
[Huawei-GigabitEthernet0/0/2]port trunk allow-pass vlan all
[Huawei-GigabitEthernet0/0/2]quit
[Huawei]interface GigabitEthernet 0/0/3
[Huawei-GigabitEthernet0/0/3]port link-type trunk
[Huawei-GigabitEthernet0/0/3]port trunk pvid vlan 20
[Huawei-GigabitEthernet0/0/3]port trunk allow-pass vlan all
[Huawei-GigabitEthernet0/0/3]quit
[Huawei]interface GigabitEthernet 0/0/4
[Huawei-GigabitEthernet0/0/4]port link-type trunk
[Huawei-GigabitEthernet0/0/4]port trunk pvid vlan 20
[Huawei-GigabitEthernet0/0/4]port trunk allow-pass vlan all
```

```
[Huawei-GigabitEthernet0/0/4]quit
/*配置 RIP 路由协议*/
[Huawei]rip 1
[Huawei-rip-1]version 2
[Huawei-rip-1]network 192.168.10.0
[Huawei-rip-1]network 192.168.20.0
[Huawei-rip-1]network 192.168.30.0
[Huawei-rip-1]network 192.168.40.0
[Huawei-rip-1]undo summary
[Huawei-rip-1]quit
[Huawei]
```

2. AC 的网络配置

AC 的网络配置相对较少,主要包括配置连接三层交换机的 AC VLAN 数据库、业务数据库,配置 AC 地址源(AC VLAN 数据库接口)以及配置路由协议等步骤。以下是 AC 的配置过程:

```
<AC6605>system-view
[AC6605]vlan batch 10 30
/*配置端口*/
[AC6605]interface vlan 10
[AC6605-Vlanif10]ip address 192.168.10.254 24
[AC6605]interface GigabitEthernet 0/0/1
[AC6605-GigabitEthernet0/0/1]port link-type trunk
[AC6605-GigabitEthernet0/0/1]port trunk pvid  vlan 10
[AC6605-GigabitEthernet0/0/1]port trunk allow-pass vlan all
[AC6605-GigabitEthernet0/0/1]quit
/*配置路由协议*/
[AC6605]rip 1
[AC6605-rip-1]version 2
[AC6605-rip-1]network 192.168.10.0
[AC6605-rip-1]undo summary
[AC6605-rip-1]quit
[AC6605]
```

5.6.4 三层无线配置

网络配置完成后,测试 AP、AC 以及三层交换机的连通性。如果通信正常则直接在 AC 上配置无线参数即可,交换机上不再需要执行任何配置。其主要配置如下:

```
/*  配置 AC 地址源*/
<AC6605>system-view
[AC6605]capwap source interface vlan 10
/*配置 AP 上线*/
[AC6605]wlan
[AC6605-wlan-view]ap-group name default
```

```
[AC6605-wlan-ap-group-default]quit
[AC6605-wlan-view]ap auth-mode sn-auth
[AC6605-wlan-view]ap-id 0 ap-sn 2102354483105A54402D
[AC6605-wlan-ap-0]ap-name hist001
[AC6605-wlan-ap-0]ap-group default
[AC6605-wlan-ap-0]quit
[AC6605-wlan-view]ap-id 1 ap-sn 210235448310BA154839
[AC6605-wlan-ap-1]ap-name hist002
[AC6605-wlan-ap-1]ap-group default
[AC6605-wlan-ap-1]quit
[AC6605-wlan-view]
```
/* 配置管理域模板 */
```
[AC6605-wlan-view]regulatory-domain-profile name default
[AC6605-wlan-regulate-domain-default]country-code cn
[AC6605-wlan-regulate-domain-default]quit
[AC6605-wlan-view]
```
/* 配置 Radius 认证模板 */
```
[AC6605-wlan-view]quit
[AC6605]radius-server template default                           //定义 radius 模板
[AC6605-radius-default]radius-server shared-key cipher hist1234   //输入共享密钥
[AC6605-radius-default]radius-server authentication 192.168.40.254 1812
                                                                 //设置认证端口
[AC6605-radius-default]radius-server accounting 192.168.40.254 1813
                                                                 //设置计费端口
[AC6605-radius-default]undo radius-server user-name domain-included
                                                                 //设置用户名不包含域
[AC6605-radius-default]quit
[AC6605]
```
/* 配置 AAA 认证和计费方案 */
```
[AC6605]aaa
[AC6605-aaa]authentication-scheme default
[AC6605-aaa-authen-default]authentication-mode radius
[AC6605-aaa-authen-default]quit
[AC6605-aaa]accounting-scheme default
[AC6605-aaa-accounting-default]accounting-mode radius
[AC6605-aaa-accounting-default]quit
[AC6605-aaa]authorization-scheme default
[AC6605-aaa-author-default]authorization-mode none
[AC6605-aaa-author-default]quit
[AC6605-aaa]
```
/* 建立认证域、引用认证、计费方案以及 Radius 模板 */
```
[AC6605-aaa]domain hist                                          //建立 hist 认证域
[AC6605-aaa-domain-hist]authentication-scheme default
[AC6605-aaa-domain-hist]accounting-scheme default
```

```
[AC6605-aaa-domain-hist]radius-server default
[AC6605-aaa-domain-hist]quit
[AC6605-aaa]quit
[AC6605]domain hist admin                          //申明 hist 为主域
[AC6605]
/*配置 802.1x 接入模板*/
[AC6605]dot1x-access-profile name default
[AC6605-dot1x-access-profile-default]quit
[AC6605]
/*配置认证模板*/
[AC6605]authentication-profile name default
[AC6605-authentication-profile-default]dot1x-access-profile default
[AC6605-authentication-profile-default]authentication-scheme default
[AC6605-authentication-profile-default]accounting-scheme default
[AC6605-authentication-profile-default]radius-server default
[AC6605-authentication-profile-default]authorization-scheme default
[AC6605-authentication-profile-default]quit
[AC6605]
/*配置射频模板*/
[AC6605]wlan
[AC6605-wlan-view]radio-2g-profile name default
[AC6605-wlan-radio-2g-prof-default]radio-type dot11n
[AC6605-wlan-radio-2g-prof-default]quit
[AC6605-wlan-view]radio-5g-profile name default
[AC6605-wlan-radio-5g-prof-default]radio-type dot11ac
[AC6605-wlan-radio-5g-prof-default]quit
[AC6605-wlan-view]quit
/*配置 SSID 模板*/
[AC6605-wlan-view]
[AC6605-wlan-view]ssid-profile name hist24g
[AC6605-wlan-ssid-prof-hist24g]ssidhist24g
[AC6605-wlan-ssid-prof-hist24g]max-sta-number 32
[AC6605-wlan-ssid-prof-hist24g]reach-max-sta hide-ssid disable
[AC6605-wlan-ssid-prof-hist24g]quit
[AC6605-wlan-view]ssid-profile name hist5g
[AC6605-wlan-ssid-prof-hist5g]ssid hist5g
[AC6605-wlan-ssid-prof-hist5g]max-sta-number 16
[AC6605-wlan-ssid-prof-hist5g]undo reach-max-sta hide-ssid disable
[AC6605-wlan-ssid-prof-hist5g]quit
[AC6605-wlan-view]
/*配置安全模板*/
[AC6605-wlan-view]security-profile name default
[AC6605-wlan-sec-prof-default]security wpa2 dot1x aes
[AC6605-wlan-sec-prof-default]quit
```

```
[AC6605-wlan-view]
/＊配置 VAP 模板＊/
[AC6605-wlan-view]vap-profile name hist24g
[AC6605-wlan-vap-prof-hist24g]ssid-profile hist24g
[AC6605-wlan-vap-prof-hist24g]security-profile default
[AC6605-wlan-vap-prof-hist24g]authentication-profile default
[AC6605-wlan-vap-prof-hist24g]traffic-profile default
[AC6605-wlan-vap-prof-hist24g]service-vlan vlan 30
[AC6605-wlan-vap-prof-hist24g]forward-mode direct-forward
[AC6605-wlan-vap-prof-hist24g]quit
[AC6605-wlan-view]vap-profile name hist5g
[AC6605-wlan-vap-prof-hist5g]ssid-profile hist5g
[AC6605-wlan-vap-prof-hist5g]security-profile default
[AC6605-wlan-vap-prof-hist5g]authentication-profile default
[AC6605-wlan-vap-prof-hist5g]traffic-profile default
[AC6605-wlan-vap-prof-hist5g]service-vlan vlan-id 30
[AC6605-wlan-vap-prof-hist5g]forward-mode direct-forward
[AC6605-wlan-vap-prof-hist5g]quit
[AC6605-wlan-view]
/＊下发 VAP 配置＊/
[AC6605-wlan-view]ap-group name default
[AC6605-wlan-ap-group-default]radio 0
[AC6605-wlan-group-radio-default/0]channel 20MHz 6
[AC6605-wlan-group-radio-default/0]quit
[AC6605-wlan-ap-group-default]Radio 1
[AC6605-wlan-group-radio-default/1]channel 160MHz 64
[AC6605-wlan-ap-group-default]vap-profile hist24g wlan 1 Radio 0
[AC6605-wlan-ap-group-default]vap-profile hist5g wlan 2 Radio 1
[AC6605-wlan-ap-group-default]quit
[AC6605-wlan-view]quit
[AC6605]
```

5.6.5 三层无线配置测试

完成上面的配置后,整个三层无线就可以启动运行,如图 5-50 所示是显示运行后的结果。

双击无线客户端,在弹出的窗口中选择对应无线进行连接,此时就会弹出用户认证窗口,输入在 WinRadius 上添加的对应用户账户和密码,就能实现连接,如图 5-51 所示。如果用户或者密码错误就不能连接到该无线网络,可以看到这种认证方式非常灵活。

连接成功后,打开无线终端的"命令行"窗口,输入 ipconfig 命令查看给无线客户端分配的 IP 地址,如图 5-52 所示,可以看到已经成功分配了业务 VLAN 段的 IP 地址。

接着可以进行信道调整等操作,这些内容在此不再阐述。到此,三层无线的配置基本完成。

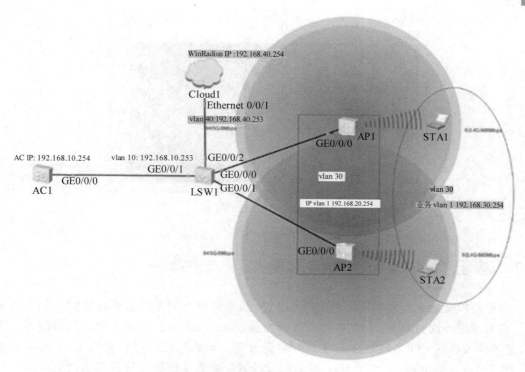

图 5-50　三层无线运行结果

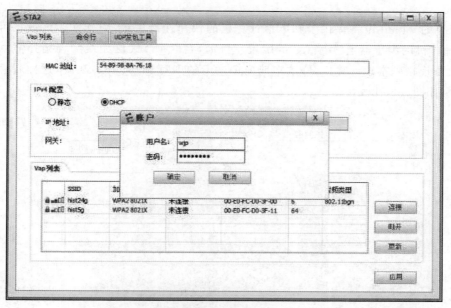

图 5-51　认证窗口

STA2

| Vap 列表 | 命令行 | UDP发包工具 |

```
Welcome to use STA Simulator!

STA>ipconfig

Link local IPv6 address...........: ::
IPv6 address......................: :: / 128
IPv6 gateway......................: ::
IPv4 address......................: 192.168.30.252
Subnet mask.......................: 255.255.255.0
Gateway...........................: 192.168.30.254
Physical address..................: 54-89-98-8A-76-18
DNS server........................: 114.114.114.114

STA>Welcome to use STA Simulator!
```

图 5-52 成功连接的显示

5.7 基于 Web 的无线局域网配置

命令行模式的无线局域网配置相对复杂,尤其是必须弄清楚相关模板作用及其引用关系。相对图形界面,这种命令配置方式较为抽象,但是经过练习后可以增加理解能力。为此,笔者认为必须全面掌握基于命令行的配置过程。在此基础上可以采用 Web 界面实现 AC 配置。在配置完成后,基于 Web 界面也可以清晰地查看配置过程并实现网络诊断。当然要实现 Web 配置,开启 HTTP 服务器功能,设置 IP 地址等相关操作还是要在命令行下首先完成。

eNSP 的 Cloud 设备提供了和本地计算机的快速连接过程,因此采用该设备可以实现在本地计算机的浏览器上进行 AC 的配置。例如,在 5.5 节二层无线配置拓扑上增加一个 Cloud 设备连接到本地计算机,修改本地虚拟网卡的 IP 地址为 10.0.0.90,这样就直接连接到了 AC,如图 5-53 所示。

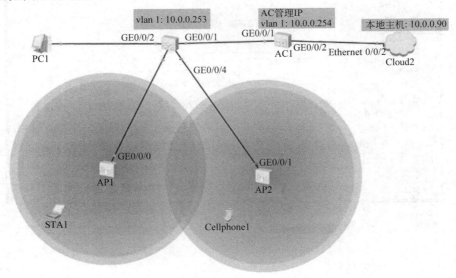

图 5-53 二层增加 Cloud 实现 Web 配置

如图 5-53 所示的 AC 地址为 10.0.0.254,此时需要配置 Web、设置登录账号等,在 AC 上的操作如下:

```
<AC6605>system-view
[AC6605]http server enable                                  //开启 Web 管理
[AC6605-aaa]local-user wjp password cipher zaq1XSW@         //设置用户和密码
[AC6605-aaa]local-user wjp service-type http                //设置用户类型为 http
[AC6605-aaa]local-user wjp privilege level 15               //设置用户级别
[AC6605-aaa]quit
[AC6605]
```

完成上面配置后,在浏览器地址栏输入 https://10.0.0.254,按回车键,就弹出 AC 的 Web 管理界面,在其上输入上面配置的用户名和密码,如图 5-54 所示。

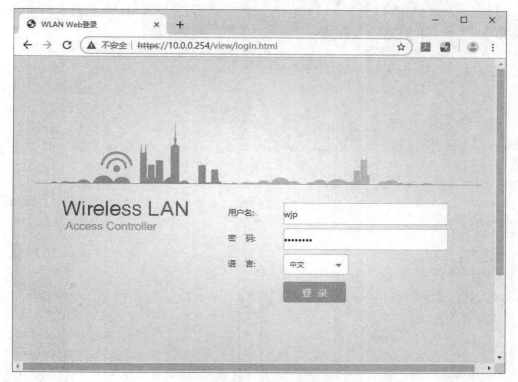

图 5-54　AC Web 登录界面

单击“登录”按钮,弹出如图 5-55 所示的窗口,要求用户修改密码,以提高安全性。完成新密码设置后单击“确定”按钮,弹出“密码修改成功”对话框。

单击图 5-55 上的“确定”按钮,再次返回登录窗口,输入新密码和用户名后登录系统。如图 5-56 所示是登录后的系统主界面。在该界面下可以显示当前配置的用户、射频和 AP 情况。

单击图 5-56 左边的“射频”选项,弹出射频详细信息,如图 5-57 所示,可以查看 AP 的 Radio 0 和 Radio 1 的详细配置。

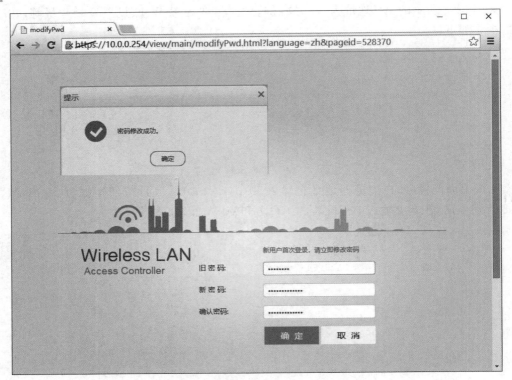

图 5-55　修改密码

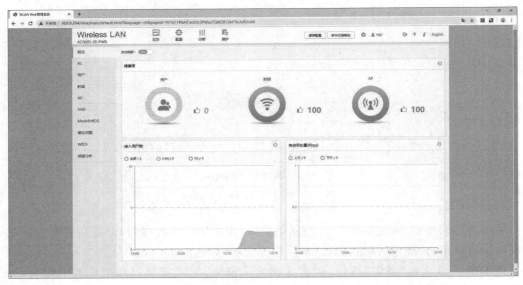

图 5-56　AC Web 管理主界面

　　单击 AP 选项,可以查看 AP 的上线工作情况,如图 5-58 所示。对比看来,这种界面显示更加清晰完整。

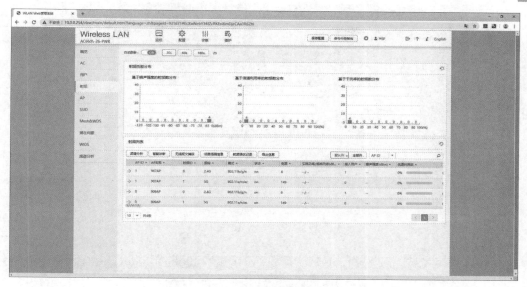

图 5-57　射频设置

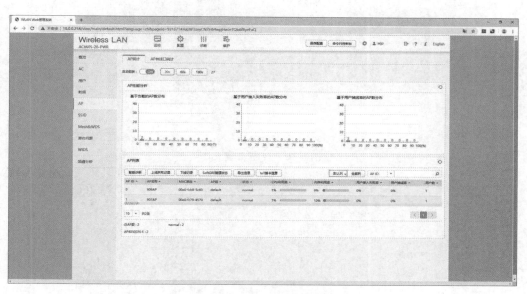

图 5-58　AP 查看

　　单击图 5-58 上面的"配置"选项卡,弹出如图 5-59 所示的配置窗口,该窗口左边列出了对应的配置项目。由于部分配置具备先后顺序,因此,该窗口提供了向导式配置方式,按照提示可以逐步向下进行。

　　此外,在 Web 界面下还提供了丰富的诊断工具,单击"诊断"选项卡,在弹出的窗口中选择"诊断工具",用户可以根据实际情况选择使用,如图 5-60 所示。

　　单击"维护"选项卡,可以实现对 AC 和 AP 的在线维护。如图 5-61 所示是查看告警 &事件的显示窗口,可以看到该显示一目了然,极大地方便了管理员进行操作。

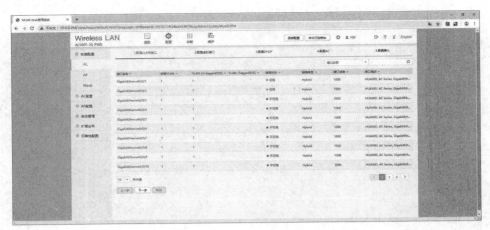

图 5-59　配置 AC 窗口

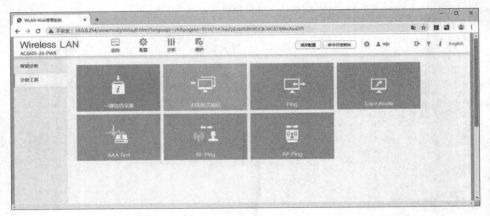

图 5-60　智能诊断工具

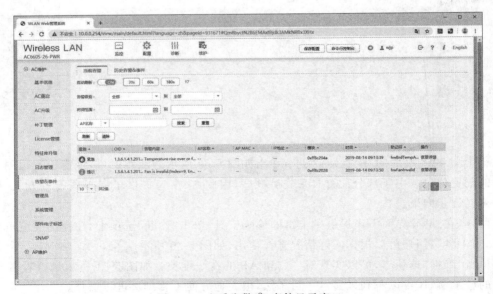

图 5-61　查看告警 & 事件显示窗口

Web 管理窗口提供了极其详尽的管理模板,限于篇幅,其他内容不再展开描述。

本 章 小 结

本章主要介绍无线局域网的仿真配置,主要内容包括无线网络仿真平台 eNSP 的基本使用,基本无线局域网设备及概念,无线局域网的相关配置模板,无线局域网的基本配置流程,二层无线局域网和三层无线局域网的配置。学习完本章要求读者掌握基于 eNSP 的无线局域网规划方法,掌握无线局域网的配置流程,理解相关无线模板的作用和相互引用关系,掌握二层无线局域网和三层无线局域网的组网方法。

习　　题

1. 在一台 Windows 10 计算机上安装 WinPcap、Virtual Box、Wireshark 和 eNSP,并测试 eNSP 运行是否正常,测试基于 eNSP 的数据抓包。

2. CAPWAP 的全称是什么? 该协议的主要作用是什么? 请简述 CAPWAP 的基本工作原理和过程。

3. 什么是 POE? 在无线网络规划时为什么要考虑 POE 接口?

4. 举例说明无线网络测试的主要内容。

5. 无线局域网配置的主要模板有哪些? 其相互引用关系是什么?

6. 安全模板和认证模板构建的网络接入方式有什么不同? 其区别在哪里? 请举例说明。

7. 无线局域网组网规划的 VLAN 主要有哪些? 每种 VLAN 的作用是什么? 请举例说明。

8. VAP 模板下配置的直接转发、隧道转发和 soft-GRE 转发三种数据转发方式的主要区别在哪里? 请举例说明。

9. 为什么大规模无线网络不建议开启每个 AP 的信道为自动调整模式?

10. 绘制一个简单的蜂窝无线网络示意图,采用 1、6、11 三个信道进行 20MHz 的 2.4Gbps 无线网络信道优化调整规划。

11. 参考 5.5 节内容配置一个二层无线组网实例。

12. 参考 5.6 节内容配置一个三层无线组网实例,注意实现基于 WinRadius 的无线网络认证配置。

13. 规划一个二层无线网络,采用 eNSP 的 Cloud 设备实现基于 Web 的二层无线网络配置。

14. 规划一个三层无线网络,采用 eNSP 的 Cloud 设备实现基于 Web 的三层无线网络配置。

第 6 章　无线城域网技术

本章主要讲述如下知识点：
- 城域网的基本概念；
- 城域网的网络结构；
- 城域网的基本技术；
- IEEE 802.16 标准；
- IEEE 802.16 协议体系；
- WiMax 的关键技术；
- WiMax 的接入模式；
- WiMax 组网规划；
- 无线城域网技术的仿真。

6.1　城域网概述

6.1.1　城域网的基本概念

城域网介于广域网和局域网之间，是一种服务于城市范围的数据通信网。城域网以多业务光传送网络（Optical Transport Network，OTN）为基础，以光缆作为主要传输媒介，实现语音、数据、图像、多媒体、VOIP 等接入服务。城域网产生于 20 世纪 90 年代初期，早期的城域网由光纤时分复用（Time Division Multiplexing，TDM）环网组成。20 世纪 90 年代中期，异步传输模式（Asynchronous Transfer Mode，ATM）成为建设城域网的主导性技术。ATM 是融合数据、语音和图像的技术，而且可以结合同步数字体系环网。但是，基于 SDH（Synchronous Digital Hierarchy）的带宽速率等级并不适合连接单用户。

随着 Internet 业务呈指数级增长，多媒体、VoIP、游戏等对带宽的需求越来越高。传统的城域网主要为了优化语音业务建设，当前数据已经成为城域网的主要业务类型，因此需要将数据、语音和图像业务无缝地融合。

目前制约大规模 Internet 接入的瓶颈仍然在城域网。很多电信运营商虽然拥有大量的带宽资源，却无法有效地解决大量用户的接入问题。当前，城域网以宽带光纤传输网为开放平台，以 TCP/IP 为基础，通过各种网络互联设备，实现语音、数据和各种增值业务。

6.1.2　城域网的网络结构

城域网的结构可分为核心层、汇聚层和接入层，如图 6-1 所示。这种组网结构层次分明，便于管理和维护。

1. 核心层

核心层是城域网的核心，为业务汇聚点提供宽带 IP、ATM 业务的承载和交换通道。核心层的主要任务是交换数据分组,其性能决定了整个网络的整体性能。核心层在网络中的任意两个节点之间提供最优传输路径,这两个节点可能处于不同子网,因此,需要提供最佳的路由路径。核心层一般由高端三层交换机或路由器实现,采用冗余技术构建,实现数据备份和负载均衡功能。核心层规划时以网络业务流量和流向特征进行设计,确保提供高速核心交换功能和快速路由处理功能,同时要满足核心网复杂路由协议支持、策略分布等需要。

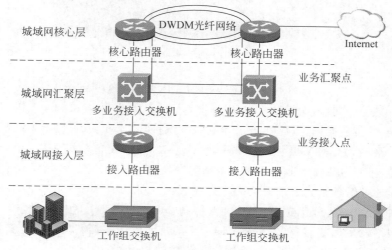

图 6-1　城域网的网络结构

2. 汇聚层

汇聚层是核心层与接入层之间的分界点。汇聚层的主要功能是路由汇聚和业务汇聚。汇聚层将大量低速链路汇聚后连接到核心层,以实现通信量收敛,提高汇聚点的效率,同时减少核心层路由路径数量。汇聚层为接入点提供业务汇聚、管理和分发处理功能。典型的设备包括各类高中端路由器、交换机以及接入服务器等。

汇聚层分为区域汇聚和城域汇聚两个子层。区域汇聚子层负责处理各汇聚区域内的数据交换;而城域汇聚子层负责各区域汇聚点之间以及出网数据的交换。多个区域汇聚子层节点之间形成环状结构或网状结构与城域汇聚点进行连接。

3. 接入层

接入层是用户与网络的接口,它提供较高的端口密度和即插即用特性,以方便管理和维护。接入层通过接入交换机的上行端口连接到汇聚层。接入层面向终端用户,其接入技术分为有线接入、无线接入和移动无线接入三类。

6.1.3　城域网的基本技术

1. ATM 技术

ATM,即异步传送模式,它是一种面向连接的快速分组交换技术,能够较好地对宽带信息进行交换。ATM 技术采用面向连接方法保证了服务质量,采用统计时分复用技术实现了较高的带宽利用率。ATM 传送信息的载体是信元(Cell)。信元只有 53 字节,便于硬件的高速处理,实现高速、大容量的宽带交换。信元分成首部和有效载荷两部分,其中首部 5字节,有效载荷 48 字节。ATM 帧的基本格式如图 6-2 所示。

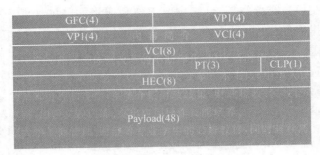

图 6-2　信元的基本构成

ATM 信头主要包括 GFC、VPI、VCI、PT、CLP、HEC 这 6 部分。其中,GFC(General Flow Control)表示一般流量控制,占用 4 比特,用于用户网络接口。VPI(Virtual Path Identifier)表示虚路径标识符,VCI 表示虚电路标识符,VPI 和 VCI 用于识别复用接口上的虚路径和虚电路。VPI 和 VCI 一起标识一个虚连接,网络设备根据 VPI 和 VCI 的值进行信元的寻址和复用。PT(Payload Type)表示净荷类型,占用 3 比特,表示信息字段中的内容是数据信元还是管理信元。信元丢失优先级(Cell Loss Priority,CLP),占用 1 比特,通过信头中的 CLP 字段来区分优先级,实现拥塞控制。CLP=0 表示优先级高,CLP=1 表示优先级低。当网络发生拥塞时,首先丢弃 CLP=1 的信元以缓解拥塞。信头差错控制(Header Error Control,HEC)占用 8 比特,用于信头差错检验和信元定界处理。

ATM 具有的灵活性和适应性,是早期构建宽带城域网的理想技术。相对 IP 技术,采用 ATM 承载 IP 业务时,所有进入 ATM 网络的数据包都需要分割成固定长度的信元,造成开销大、传输效率低下的问题。此外,IP 网络是面向无连接的,这和面向连接的 ATM 技术存在差异。因此,要在一个面向连接的网络上承载一个无连接的业务,需解决呼叫建立时间、连接持续期等问题,造成协议和网络管理非常复杂。另外,ATM 采用 ATM 地址寻址,IP 地址和 ATM 地址之间必须构建映射转换。

传统的 ISP 在组建城域网时大多都采用 IP over ATM 网络技术。IP over ATM 规定了利用 ATM 网络在 ATM 终端间建立连接,特别是建立交换虚电路(Switched Virtual Circuit,SVC)进行 IP 数据通信的规范。

2. SONET/SDH 技术

SONET(同步光纤网,Synchronous Optical Network)标准最早由 Bell 提出,是美国国家标准协会的一个光纤传输系统标准。SDH 是国际电报电话咨询委员会在 SONET 基础上制定的同步数字系列标准。SDH 不仅适合于光纤网络,也适用于微波和卫星传输网络。

SDH/SONET 定义了一组在光纤上传输信号的速率和格式,统称为光同步数字传输网。SDH/SONET 采用时分复用技术,一般适用于骨干网传输。SONET 标准定义了接口速率的层次,并且允许数据以多种不同速率复用。SONET/SDH 核心网将 ATM 信元映射成 SONET 或 SDH 帧传输到目的端,在数据接收时再提取为 ATM 信元。由于信元长度短而且固定,因此交换延迟非常小。

SONET 同步网络的各级时钟都来自一个非常精准的主时钟。SONET 定义了光纤系统同步传输的线路速率等级,其相应的光载波(Optical Carrier,OC)标准为 OC-1、OC-3 等。光载波对应的电信号标准称为同步传送信号标准(Synchronous Transport Signal,STS),包

括 STS-1、STS-3 等。OC 标准和 STS 标准完全对应，OC-1 的基础速率为 51.84Mbps。同
步传输模块（Synchronous Transfer Module，STM）是 SDH 定义的速率接口标准，包括
STM-1、STM-4 等。STM-1 的基础速率为 155.52Mbps。STM-1 的速率和 STS-3 相同。
表 6-1 列出了常用 SONET 与 SDH 传输速率的对应关系。

表 6-1　常用的 SONET 和 SDH 传输速率

SONET 光载波标准	SONET 电信号标准	线路速率/Mbps	SDH 标准
OC-1	STS-1	54.84	—
OC-3	STS-3	155.52	STM-1
OC-12	STS-12	622.08	STM-4
OC-24	STS-24	1244.16	STM-8
OC-48	STS-48	2488.32	STM-16
OC-96	STS-96	4976.64	STM-32
OC-192	STS-192	9953.28	STM-64

PoS（IP over SONET/SDH）是一种利用 SONET/SDH 直接传输 IP 数据包的技术。
PoS 支持基于 IP 的数据、语音、视频传输，使用的链路层协议包括点到点协议（Point to
Point Protocol，PPP）和高级数据链路控制规程（High-level Data Link Control，HDLC）等。
PoS 可以提供达 10Gbps 的数据传输速率，并且去除了 ATM 层，简化了网络体系结构，保证
了网络服务质量。

3. 千兆以太网技术

千兆以太网是快速以太网的一种平滑、无缝升级。千兆以太网是 IEEE 802.3 标准的扩
展，1998 年 6 月 IEEE 推出了 802.3 z 标准的千兆以太网，该标准基于光纤和对称屏蔽铜缆
构建。1999 年 IEEE 通过 802.3ab 标准的千兆以太网，即 1000BASE-T。该标准基于五类
双绞线实现。在保持与以太网和快速以太网设备兼容的同时，千兆以太网提供 1Gbps 的数
据带宽。

千兆以太网为交换机到交换机和交换机到用户工作站的连接提供了全双工操作模式。
千兆以太网与 IEEE 802.3 采用同样的帧格式、大小以及管理方式。将千兆以太网技术扩展
到城域网，可以构建纯 IP 网络。基于千兆以太网的城域网骨干连接，可以保证全网采用统
一的 IEEE 802.3 以太网帧格式，不需要中间协议转换，实现无缝连接。千兆以太网技术具
有灵活的扩展性，可以非常方便地扩展用户的数量，同时其统计复用功能大大提高了网络中
继带宽的利用率。这种方案效率高、设备简单、易维护，而且价格低廉。

4. 万兆以太网

万兆以太网，即 10Gbps 以太网，该技术标准用于解决以太网的带宽以及在城域网、广
域网的应用问题。万兆以太网标准包括 802.3ae、802.3ak、802.3an、802.3aq 以及 802.3ap
等，每种标准又包括多种规范。万兆以太网主要定义了三种规范，即基于光纤的万兆以太网
规范，基于双绞线或同轴电缆的万兆以太网规范以及基于光纤的万兆以太网规范。

万兆以太网仍然是以太网技术，其使用 IEEE 802.3 的介质访问控制协议和帧长度。采
用全双工模式，其物理层分为局域网物理层和广域网物理层，以适应不同的网络环境需求。

万兆以太网对帧格式进行修改,添加长度域和 HEC 域(信元差错控制),提供"端到端"的网络服务,以满足城域网传输。应用于 SDH/SONET 广域网环境的万兆以太网标准如表 6-2 所示。

表 6-2　广域网环境的万兆以太网标准

以太网规范	标准名称	传输介质	传输距离
10GBase-SW	802.3ae	850nm 多模光纤	300m
10GBase-LW	802.3ae	1310nm 单模光纤	10km
10GBase-EW	802.3ae	1550nm 单模光纤	40km
10GBase-ZW	Cisco 私有标准	1550nm 单模光纤	80km

当前,基于光纤的万兆以太网技术已经全面替代同步光纤网 OC-48 和 OC-192,为用户提供更高的宽带业务服务。当前基于万兆以太网的光纤到户(Fiber To The Home, FTTH)技术实现了家庭用户的全面连接。FTTH 具有极高带宽,是解决"最后一千米瓶颈"的最佳城域网技术方案。

6.2　无线城域网的相关标准

无线城域网是在一个城市范围内所建立的无线通信网。无线城域网是在无线局域网的基础上提出的无线网络技术,它在技术上与无线局域网有许多相似之处。

无线城域网技术是因宽带无线接入(Broadband Wireless Access,BWA)的需求而来。BWA 即终端(固定或移动)通过无线的方式,以高宽带高速率接入通信系统,如蜂窝移动通信系统、无线局域网等。WMAN 采用波束赋形、多输入多输出(Multiple-Input Multiple-Output,MIMO)、无线 Mesh、正交频分多址接入(Orthogonal Frequency Division Multiple Access,OFDMA)等技术改善非视距性能,更高的系统增益也提供了远距离通信能力。

和其他技术相比,无线城域网技术具有以下特点。

(1) 标准化:使用同一技术标准,不同厂商的设备可在同一系统中工作,增加了运营商选择设备时的自主权。

(2) 非视距传输(Non-Line of Sight,NLOS)性能:采用 OFDM/OFDMA 技术,具备 NLOS 传输能力,可方便更多用户接入基站,大大减少基础设施建设投资。

(3) 传输距离远:最大传输半径为 50 km,适合远距离使用。

(4) 部署灵活:无线城域网部署灵活,配置伸缩性强,可平滑升级。根据业务需求区域灵活部署基站,网络建设初期,可选用最小配置,根据业务增长,逐步增加设备。

(5) 无"最后一千米"瓶颈限制:基于无线城域网可将 Wi-Fi 热点连接到互联网,可作为 DSL 等接入方式的无线扩展,实现"最后一千米"的宽带接入。

(6) 提供广泛的多媒体通信服务:能够实现电信级的多媒体通信服务,支持语音、视频、多媒体、游戏等多种融合业务。

6.2.1　IEEE 802.16 标准

1999 年,IEEE 成立了 IEEE 802.16 工作组来专门研究宽带固定无线接入技术规范,目标就是要建立一个全球统一的宽带无线接入标准。为了促进达成这一目的,2001 年 6 月,由诺基亚、Harris(Intersil)与 Ensemble 发起成立了 WiMax 论坛,力争在全球范围推广这一标准。IEEE 802.16 的出现大大地推动了宽带无线接入技术在全球的发展,特别是WiMax 论坛的发展壮大,强烈地刺激了市场的发展。

IEEE 802.16 标准包括 802.16、802.16a、802.16c、802.16d、802.16e、802.16f 和 802.16g等。其中,802.16、802.16a、802.16d 属于固定无线接入空中接口标准,IEEE 802.16e 属于移动宽带无线接入空中标准。

IEEE 802.16 系统分为应用于视距和非视距两种,其中使用 2~11GHz 频段的系统应用于非视距范围,而 10~66GHz 频段则应用于视距(Line Of Sight,LOS)范围。根据是否支持移动特性,IEEE 802.16 标准又分为固定宽带无线接入空中接口标准和移动宽带无线接入空中接口标准。

IEEE 802.16 的发展路线主要分三个阶段。第一阶段,基于 IEEE 802.16d 的室外固定终端作为固定网络的辅助接入手段,该阶段以企业用户为主。第二阶段,基于 IEEE 802.16d 的室内固定终端上市,向家庭用户提供接入业务,运营商的建网成本降低。第三阶段,基于 IEEE 802.16e 芯片无线终端上市,向用户提供移动宽带数据业务。

1. IEEE 802.16

IEEE 802.16 是用于 10~66GHz 的固定宽带无线接入系统空中接口标准。该标准对接口的物理层和 MAC 层进行了规范,由于其使用的频段较高,因此仅能应用于视距传输。

2. IEEE 802.16a

IEEE 802.16a 是第一个 WiMax 标准,支持固定无线宽带接入,后来成为制定 802.16d标准的基础。IEEE 802.16a 是对 IEEE 802.16 的扩展,对使用 2~11GHz 许可和免许可频段的固定宽带无线接入系统空中接口物理层和 MAC 层进行了规范。该频段具有非视距传输的特点,覆盖范围最远可达 50km,通常小区半径为 6~10km。

IEEE 802.16a 的抗 NLOS 能力使得收发信机之间不再需要保证视距连接,因此一个发射设备能够支持更多的用户,从而显著降低系统设备投资和运营成本。IEEE 802.16a 的高安全性、强抗 NLOS 能力以及自身的宽带特性使其非常适合于为小区住宅用户和小型企业提供通信服务。另外,IEEE 802.16a 的 MAC 层提供 QoS 保证机制,可支持语音和视频等实时性业务。这些特点使得 IEEE 802.16a 与 IEEE 802.16 相比更具有市场应用价值,真正成为用于城域网的无线接入手段。

3. IEEE 802.16c

IEEE 802.16c 使用 10~66GHz 频段,它是对 IEEE 802.16 的补充,是 IEEE 802.16 系统的兼容性标准,它详细规定了 10~66GHz 频段 IEEE 802.16 系统在实现上的一系列特性和功能。

4. IEEE 802.16d

IEEE 802.16d 是固定无线宽带接入标准,其视距传输距离最高达 50km,最高数据速率可达 75Mbps。IEEE 802.16d 是 IEEE 802.16 的修订版本。IEEE 802.16d 对 2~66GHz 频段的空中接口物理层和 MAC 层做了详细规定,定义了支持多种业务类型的固定宽带无线接入系统 MAC 层和相对应的多个物理层。该标准对前几个标准进行了整合和修订,但仍属于固定宽带无线接入规范。

IEEE 802.16d 保持了 IEEE 802.16、IEEE 802.16a 等标准的所有模式和主要特性,增加或修改的内容用来提高系统性能和简化部署,或者用来更正错误、补充不明确或不完整的描述,包括对部分系统信息的增补和修订。同时,为了能够后向平滑过渡,IEEE 802.16d 增加了部分功能以支持用户的移动性。

IEEE 802.16d 可支持时分双工(Time Division Duplexing,TDD)和频分双工(Frequency Division Duplexing,FDD)两种无线双工方式。根据使用频段的不同,分别有单载波(Single-Carrier,SC)、OFDM(256 点)、OFDMA(2048 点)等多种物理层技术。其中,10~66GHz 固定无线接入系统主要采用 SC 调制技术,而对于 2~11GHz 频段的系统,主要采用 OFDM(256 点)和 OFDMA(2048 点)技术。802.16 没有规定具体的载波带宽,可以采用 1.25~20MHz 的带宽。对于 10~66GHz 的固定无线接入系统,还可以采用 28MHz 载波带宽,以提供更高的接入速率。

5. IEEE 802.16e

IEEE 802.16e 是 IEEE 802.16 的增强版本,该标准规定了可同时支持固定和移动宽带无线接入的系统。IEEE 802.16e 工作在 2~6GHz 的移动性许可频段,可支持用户站以最高 120km/h 的速度移动,同时 IEEE 802.16a 规定的固定无线接入用户性能并不因此受到影响。

该标准还规定了支持基站或扇区间高层切换的功能。IEEE 802.16e 标准面向更宽范围的无线点到多点城域网系统,可提供核心公共接入。

IEEE 802.16e 的物理层实现方式与 IEEE 802.16d 基本一致,主要差别是对 OFDMA 进行了扩展。在 IEEE 802.16d 中,仅规定了 2048 点 OFDMA。而在 IEEE 802.16e 中,可以支持 2048 点、1024 点、512 点和 128 点,以适应不同地理区域从 20MHz 到 1.25MHz 的信道带宽。当 IEEE 802.16e 物理层采用 256 点 OFDM 或 2048 点 OFDMA 时,IEEE 802.16e 后向兼容 IEEE 802.16d,但是当物理层采用 1024、512 或 128 点 OFDMA 方式时,IEEE 802.16e 无法后向兼容 IEEE 802.16d。

6. IEEE 802.16f

IEEE 802.16f 定义了 IEEE 802.16 系统 MAC 层和物理层的管理信息库(Management Information Base,MIB)以及相关的管理流程。

7. IEEE 802.16g

IEEE 802.16g 规定了标准的 IEEE 802.16 系统管理流程和接口,从而能够实现 802.16 设备的互操作性和对网络资源、移动性和频谱的有效管理。

注意:目前最新的 802.16 标准是 IEEE 802.16-2017,其包括 802.16p、802.16n、802.16a 和 802.16s。受到 FTTH 技术、4G 通信网络以及 Wi-Fi 技术的极大冲击,802.16 城域网技术的市场处于不活跃状态,IEEE 802.16 工作组于 2018 年 3 月 9 日停止活动并进入休眠状态。IEEE 802.16 工作组的站点地址为 http://www.ieee802.org/16。

6.2.2　WiMax 论坛

WiMax(Worldwide Interoperability for Microwave Access),即全球微波互联接入。WiMax 成立于 2001 年,它是一个由业界领先的通信产品及设备公司共同建立的非营利性组织。WiMax 目前已经有包括中兴、华为、微软、英特尔和三星等全球领先的著名设备厂商、服务提供商、系统集成商和科学研究机构,其成员和合作伙伴遍及全球。

　　IEEE 提出了 802.16 的宽带无线接入标准,而 WiMax 的目的是致力于制定一套基于 IEEE 802.16 的测试规范和认证体系,使不同厂商之间的产品在经过认证以后可以具有良好的互操作性,以积极推广和验证宽带无线接入设备的兼容性与互操作性。从而可以在很大程度上推进基于 IEEE 802.16 的产品的广泛应用,并且为制造相应的芯片提供有利环境,大大降低产品的研发和生产成本。

　　WiMax 组织旨在对基于 IEEE 802.16 标准和 ETSI HiperMAN 标准的宽带无线接入产品进行一致性和互操作性认证。通过 WiMax 认证的产品会拥有 WiMax® Certified 标识。WiMax 论坛的网址为:http://www.wimaxforum.org/。

6.3　IEEE 802.16 协议体系

　　IEEE 802.16 标准描述了一个点到多点的固定宽带无线接入系统的空中接口,包括 MAC 层和物理层两部分。IEEE 802.16 系列标准中各协议的 MAC 层功能基本相同,差别主要在物理层。IEEE 802.16 MAC 层支持多种物理层规范,适合各种应用环境。IEEE 802.16 协议栈模型如图 6-3 所示。

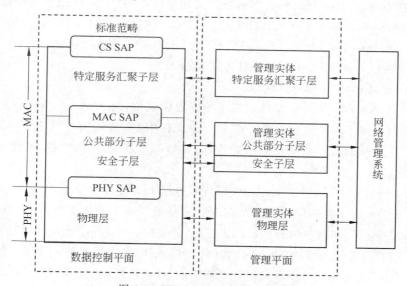

图 6-3　IEEE 802.16 协议栈模型

6.3.1　IEEE 802.16 物理层

　　IEEE 802.16 物理层主要解决与工作频率、带宽、数据传输速率、调制方式、纠错技术以及收发机同步有关的问题。物理层的频段具体可分为如下两类。

　　(1)10～66GHz 频段:该频段的电磁波属于毫米波,易被地形和建筑物吸收,因此要求发射天线和接收天线之间不能有障碍物,即要求视距通信。此外,信号还易受雨衰影响。这些因素使系统的部署要求高,覆盖面积较小,但频率资源丰富,分配的频段较宽,系统容量大。IEEE 802.16 对这个频段的物理层规范是 Wireless MAN_SC,采用单载波调制。

(2) 2～11GHz 频段：该频段包含有执照和免执照两种频段。这个频段内的电磁波波长变长,发射天线和接收天线不要求视距通信,因此多径干扰问题变得突出。此外,许多网络设备在这个频段内工作,如蓝牙、无线局域网等,实现与这些设备共存而不相互干扰,也是需要考虑的主要事项。

IEEE 802.16 的常见物理层规范主要包括如下几种。

1. Wireless MAN-SC 物理层规范

Wireless MAN-SC 是基于单载波的物理层规范,支持 TDD 和 FDD 两种模式,FDD 模式支持全双工用户站和半双工用户站。上行支持 TDMA 和按需分配多址接入(Demand Assigned Multiple Access,DAMA)相结合的多址方式。上行信道划分为多个时隙(Slot)或时隔(Interval)。时隙或时隔由微时隙组成,一个微时隙由 2^n 个物理时隙组成,一个物理时隙具有 4 个调制符号。其中 n 的取值由基站根据业务来衡量,时隙或时隔的用途(用户站注册、竞争、保护,或者用户业务等)由 MAC 控制。

下行信道采用时分复用,即发送给各用户站的信息都复用到单个数据流上。无论是上行还是下行,数据在发送前都需要经过加扰、前向纠错编码(Forward Error Correction, FEC)和调制。IEEE 802.16 物理层采用突发脉冲传输数据。突发脉冲中包含净荷数据,且每个突发脉冲都有自己的传输格式(即调制方式和编码方式)。在 IEEE 802.16 协议中采用下行间隔使用码(Downlink Interval Usage Code,DIUC)和上行间隔使用码(Uplink Interval Usage Code,UIUC)来分别表示下行和上行的突发脉冲传输格式,即一个 DIUC/UIUC 的值就对应一种下行/上行突发脉冲传输格式。

2. Wireless MAN-SCa 物理层规范

Wireless MAN-SCa 是基于单载波技术的物理层规范,是 Wireless MAN-SC 规范的增强版,它支持时分双工和频分双工两种模式。上行采用时分多址接入,下行采用时分复用或 TDMA 方式。与 Wireless MAN-SC 规范不同的是,该规范是为非视距操作设计的,操作频段低于 11GHz。

Wireless MAN-SCa 支持的关键物理层技术包括上下行块自适应调制和 FEC 编码,在帧结构的设计上改进了在 NLOS 和较大时延扩展信道环境下的均衡和信道估计。使用 RS 码(Reed-Solomon 码)和格形编码调制(Trellis Coded Modulation,TCM)级联的 FEC 编码,还可选择 Turbo 码和卷积码构建 FEC 编码。另外,可以选择不使用 FEC 而使用 ARQ (Automatic Repeat-reQuest)技术来进行差错控制,可以选择空时编码发送分集技术。具有方便实施自适应天线系统的参数设置和 MAC/PHY 消息。

3. Wireless MAN-OFDM

Wireless MAN-OFDM 是基于多载波技术的物理层规范,它支持 256 点的 OFDM 调制方式,操作频段低于 11GHz,且为非视距通信设计。OFDM 物理层上行支持子信道化,可以传送 16 个子信道。下行支持空时编码和自适应天线系统等分集技术。

注意：在传统的分频多路复用系统中,每个使用者都需要单一的带宽去传送数据,而造成带宽的需求很大,且传送数据的效率很差。在 OFDM 系统里,则利用了多个正交载波的技术,来达到高频谱使用效率和高数据传输能力。全部共有 n 个信号频谱,彼此之间都是正交关系。

4. Wireless MAN-OFDMA

Wireless MAN-OFDMA 物理层规范也是基于 OFDM 调制方式的多载波物理层规范，它支持 2048 个子载波的 OFDMA 标准，操作频段低于 11GHz，且是为非视距通信而设计的。该规范支持 5 种子信道化方案。OFDMA 物理层支持空时编码和自适应天线系统，以及多输入多输出技术，以增加系统容量。

注意：OFDMA 是 OFDM 技术的演进，在利用 OFDM 对通道进行子载波化后，在部分子载波上加载传输数据的技术。与 OFDM 技术相比，OFDMA 技术每个用户可以选择信道条件较好的子信道进行数据传输，从而保证了各个子载波都被对应信道条件较优的用户使用，获得了频率上的多用户分集增益。

6.3.2　MAC 层

MAC 层由业务汇聚子层、公共部分子层和安全子层三部分组成，其中加密安全子层是可选的。

1. 业务汇聚子层

业务汇聚子层主要负责将业务接入点（Service Access Point，SAP）收到的外部数据转换和映射到 MAC 业务数据单元（Service Data Unit，SDU），并传递到 MAC 层业务接入点。具体包括对外部网络数据单元 SDU 执行分类，并映射到适当的 MAC 业务流和连接标识符（Connection IDentifier，CID）上，此外还要求实现净荷报头抑制（Payload Header Suppression，PHS）功能。该协议提供多个业务汇聚规范作为与外部协议的接口。

2. 公共部分子层

公共部分子层负责将数据组成帧格式来传输并对用户接入无线网络进行控制。MAC 协议对基站或用户初始化信道做了规定，其能够分配无线信道容量。多个 TDMA 帧的时隙组成一个用户逻辑信道，MAC 帧通过该逻辑信道来传输。IEEE 802.16.1 规定，每个信道的数据传输率范围是 2～100Mbps。

公共部分子层是基于连接的，即所有用户站的数据业务以及与此相关联的 QoS 要求，都是在连接范畴中实现。每个连接均由一个 16 位的连接标识符唯一标识。一个用户站注册后，连接以及伴随着的服务流就被提供给安全子层用户站。服务流定义了在连接上传输的协议数据单元 QoS 参数。一个连接分配一个服务流，服务流也可以与带宽分配过程。连接建立后需要维护时，维护要求则随着连接的业务类型不同而改变。当用户的业务需要改变时，也可以建立新连接。当用户的业务合约改变时，连接可以被终止。

3. 安全子层

安全子层提供用户站与基站之间的私密性，主要功能是提供认证、密钥交换和加解密处理。安全子层包括加密封装协议和密钥管理协议（Privacy Key Management，PKM）两部分。

加密封装协议负责传输分组数据的加密，包括加密算法以及算法在 MAC PDU 分组数据中的应用规则。加密只针对 PDU 的荷载部分，MAC 头不被加密，MAC 层中的所有管理信息在传输过程也不被加密。

PKM 负责基站到用户站之间的密钥安全分发、密钥数据同步以及业务接入授权等。PKM 采用服务器/客户机模型，用户站（PKM 客户）从基站（PKM 服务器）获得授权以及密钥数据。PKM 使用 X.509 数字证书、RSA 公钥加密算法进行基站与用户站之间的密钥交换。PKM 支持周期性地重新授权及密钥更新机制。在初始授权阶段，基站对用户站进行认证。只有通过认证的用户站，才被允许接入网络。用户站携带由基站制造商签发的 X.509 证书，该数字证书中包括用户站的公钥、用户站的 MAC 地址等信息。基站验证用户站的数字证书，将获得的用户站公钥加密授权密钥（Authorization Key，AK）回传给用户站。此时基站与用户站之间建立了一个共享的安全通道，该通道用于数据加密密钥分发。安全联盟定义了一个基站与多个用户站共享的安全通道属性。SA 包括基本、静态和动态 3 种类型。

6.3.3　MAC 帧

IEEE 802.16 对网络中每个节点都分配一个独立的 48 位 MAC 地址。MAC 层中的每个连接都有一个 16 位连接标识符 CID（Collection Identifier）。CID 允许在上下行方向分别有 64KB 的连接可用。

对于所承载的业务，基站会根据提供给它的信息来建立连接，业务的请求和管理基于连接实现。多个上层会话服务也可以在同一个无线 CID 中进行。例如，多个用户同时采用 TCP/IP 进行 Web 浏览，由于其服务需求相同，可以将这些用户的业务流量合并共同申请带宽，即在同一个连接中进行传输。由于传送信息净荷的源地址和目的地址不同，所以区分会话服务非常容易。MAC 层协议数据单元的格式如图 6-4 所示，其由 48 位固定长度的 MAC 头、变长的有效载荷和可选的 32 位的循环冗余校验（Cyclic Redundancy Check，CRC）和组成。其中净荷部分和 CRC 部分可选。

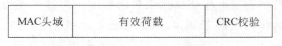

| MAC头域 | 有效荷载 | CRC校验 |

图 6-4　MAC 层协议数据单元格式

IEEE 802.16d 定义了通用 MAC 头和带宽请求 MAC 头两种格式。通用 MAC 头包含 MAC 管理消息或特定业务会聚子层的数据。带宽请求 MAC 头用于请求额外的带宽。这两种头格式的区分，可以根据 HT（Header Type）位来实现。其中，0 表示通用头，1 表示带宽请求头。注意，在使用带宽请求头时不能包含负荷。

通用头的格式如图 6-5 所示，其中 HT 位表示头类型，HT＝0 表示通用头，EC（Encryption Control）位表示是否实现加密控制，EC＝1 表示实现负荷加密。TYPE 表示负荷类型，共有 7 种类型。RSV 表示保留字段。CI（CRC Indicator）位指示是否实现 CRC 校验。CI＝1 表示有 CRC 校验。EKS（Encryption Key Sequence）表示加密密钥序列，用 2 个比特表示。LEN 表示 MAC PDU 数据字节长度，包括头及负荷，共 11 位比特。CID 表示连接标识符，共 16 位比特。HCS（Header Check Sequence），即头校验序列，用于头的前五字节校验。图 6-5 中的 LSB（Least Significant Byte）表示最低有效位，MSB（Most Significant Bit）表示最高有效位。

带宽请求头不包含负荷，其头格式如图 6-6 所示。头的长度为 6 字节，其中 HT＝1，EC＝0，BR 表示要求的带宽字节。Type 表示类型，其中 000 表示要求的额外带宽，001 表示要求的总带宽。

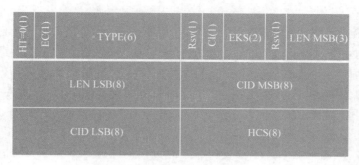

图 6-5　MAC 通用头格式

图 6-6　MAC 带宽请求头格式

公共部分子层还定义了五种 MAC 子头,分别是 Mesh 子头、授权管理子头、分段子头、组包子头以及快速反馈分配子头(Fast-Feedback)。如果这些子头在同一个 MAC PDU 中出现,其顺序是 Mesh 子头、授权管理子头、分段/组包子头、快速反馈分配子头。其中,分段子头和组包子头在同一 MAC PDU 中是互斥的。子头紧跟在 MAC PDU 的后面,必须在 MAC 头中标明子头的存在。

6.3.4　WiMax 的 4 种业务类型

IEEE 802.16-2004 定义了 4 种调度业务类型,并对每种业务类型的带宽请求方式进行了规定。

1. 主动授权业务

主动授权业务(Unsolicited Grant Service,UGS)用于传输固定速率的实时数据,例如,T1/E1 以及 VoIP 等。基站周期地以强制方式进行调度,不接受来自用户站的请求,同时禁止使用捎带请求。基站基于业务流的最大连续业务速率周期性地提供固定长度的授权,这样避免了带宽请求引入的开销和时延,以满足实时业务的时延和抖动要求。用户站可以通过帧的属性设置为同一用户站下的其他非 UGS 业务流请求单播机会。如果需要改变某个授权周期内的授权数目,用户站必须启动动态业务改变(DSC)过程。

2. 实时轮询业务

实时轮询业务(Real-Time Polling Service,RTPS)用于支持可变速率的实时业务,是为满足动态变化的业务需求而设计,例如 MPEG 视频业务。基站为 RTPS 提供周期性的单播轮询请求机会,并禁止使用其他竞争请求机会和捎带请求。由于用户站提出请求,协议的开销和时延会增加。

3. 非实时轮询业务

非实时轮询业务(Non-Real-Time Polling Service,NRTPS)支持非周期变长分组的非实时数据流。例如,有保证最小速率要求的因特网接入。基站提供比 RTPS 更长的周期或不定期的单播请求机会,可以使用竞争请求(多播或广播)机会,甚至被主动授权。另外,NRTPS 可设置不同的优先级。

4. 尽力而为业务

尽力而为业务(Best Effort,BE)支持非实时无任何速率和时延抖动要求的分组数据业务。如 E-mail 和短信等,不要求提供吞吐量和时延保证。BE 具有很低的优先级,这种服务不提供优先级与速率的保证。BE 在系统满足其他用户较高优先级业务的条件下,尽力为用户提供传输带宽。

6.3.5 WiMax 的关键技术

WiMax 可以提供固定、移动、便携形式的无线宽带连接,并最终能够在不需要直接视距基站的情况下提供移动宽带无线连接。WiMax 核心网采用移动 IP 构架,具备与全 IP 网络无缝融合的能力。WiMax 系统的关键技术如下。

1. OFDM/OFDMA 技术

OFDM 是一种高速传输技术。在 WiMax 系统中,OFDM 技术为物理层技术,主要应用的方式有 OFDM 物理层和 OFDMA 物理层两种。无线城域网 OFDM 物理层采用 OFDM 调制方式,OFDM 正交载波集由单一用户产生,为单一用户并行传送数据流。支持 TDD 和 FDD 双工方式,上行链路采用 TDMA 多址方式,下行链路采用 TDM 复用方式,可以采用空时编码(Space-Time Code,STC)发射分集。无线城域网 OFDMA 物理层采用 OFDMA 多址接入方式,支持 TDD 和 FDD 双工方式,可以采用 STC 发射分集以及 ASS。

2. 混合自动重传请求技术

混合自动重传请求技术(Hybrid Automatic Repeat reQuest,HARQ)是物理层前向纠错和链路层自动重传相结合的差错控制技术。HARQ 发送的编码不仅能检错,还具有一定的纠错能力,这在一定程度上避免了前向纠错编码要求复杂的译码设备和链路层自动重传信息连贯性差的缺点,并能达到较低的误码率。这种技术提高了频谱效率,明显提高系统吞吐量,同时因为重传可以带来合并增益,所以间接扩大了系统的覆盖范围。

IEEE 802.16e 规定的信道编码方式有卷积码(Convolutional Code,CC)、卷积 Turbo 码(Convolutional Turbo Code,CTC)和低密度奇偶校验码(Low-Density Parity-Check,LDPC)。对于 HARQ 方式,IEEE 802.16e 仅支持 CC 和 CTC 两种编码方式。

3. 自适应调制编码技术

自适应调制编码技术(Adaptive Modulation and Coding,AMC),指的是根据链路质量选择调制方式的技术。AMC 技术需要根据信道条件来判断将要采用的编码方案和调制方案,所以必须根据 WiMax 的技术特征来实现。由于 WiMax 物理层采用的是 OFDM 技术,所以时延扩展、多普勒频移、峰值平均功率比(Peak to Average Power Ratio,PAPR)、小区干扰等信道因素必须被考虑到 AMC 算法中,以实现调整系统编码调制方式,达到系统瞬时最优性能。

4. 切换技术

IEEE 802.16e 标准规定了称为硬切换（Hand Over,HO）的必选切换模式。在硬切换技术下,高层连接和 MAC 层的汇聚子层数据可以缓冲并随后无缝地转移到目标基站。除此之外,还提供了宏分集切换（Macro Diversity Hand Over,MDHO）和快速基站切换（Fast Base Station Switching,FBSS）两种增强的可选切换模式。MDHO 支持上行和下行传输,它允许移动站同时和在分集集合内的多个基站进行收发传输。移动站可以通过当前的服务基站广播消息获得相邻小区信息,通过请求分配扫描间隔或休眠间隔来对邻近的基站进行扫描,以测距方式获得相邻小区信息,并对其评估以寻找潜在的目标小区。在 FBSS 中,移动站虽然和所有候选基站进行同步,但它只和一个中心基站进行通信。

5. 休眠模式

为了适应移动通信的特点,IEEE 802.16e 协议增加了休眠模式和空闲模式。休眠模式的目的在于减少移动站的电量消耗并降低对服务基站空中资源的使用。休眠模式是移动站在预先协商的指定周期内暂时中止服务基站的一种状态。这种状态下,移动站处于不可用状态。空闲模式提供了比休眠模式更省电的工作模式。进入空闲模式后,移动站只是在离散的时间间隔周期性地接收下行广播数据,并且在漫游多个基站的移动过程中,不需要进行切换和网络重新注册。

6.4　WiMax 组网

6.4.1　WiMax 的组网结构

IEEE 802.16 协议中定义了点到多点（Point to MultiPoint,PMP）和网格（Mesh）两种结构。

1. PMP 结构

PMP 是 WiMax 系统的基础组网结构。PMP 结构以基站为核心,采用点到多点的连接方式,构建星状结构的 WiMax 接入网络。PMP 网络拓扑是一个基站服务多个用户站的结构,如图 6-7 所示。

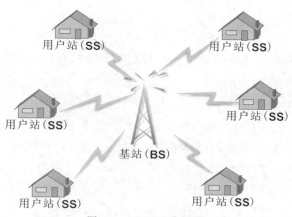

图 6-7　PMP 基本结构

基站是整个 WiMax 系统的业务接入点,通过动态带宽分配技术,基站可以根据覆盖区用户的情况,灵活选用定向天线、全向天线以及多扇区技术满足大量的用户站设备接入核心网的需求。必要时,可以通过中继站扩大无线覆盖范围。还可以根据用户群数量的变化,灵活划分信道带宽,对网络扩容,实现效益与成本的协调。

IEEE 802.16 标准的无线链路由一个中心站和一个扇区天线操作,扇区天线负责同时处理多个独立扇区。在一个频道及扇区内,基站集中控制下行数据的发送,以 TDM 方式将消息发送给服务范围内的用户站,除了 TDD 系统外,不需要与其他基站进行同步。

在 PMP 模式中,业务流仅在基站和用户站之间传输。用户站在下行链路进行侦听,检查接收到的协议数据单元中的 CID,只接收发送给自身的 PDU。在上行方向,用户站在请求带宽的基础上,根据基站的调度信息共享上行链路,根据其服务类型,用户站可能被基站授权进行持续发送;或者,基站收到用户站的带宽请求后,授权用户站进行数据发送。

2. Mesh 结构

Mesh 结构采用多个基站以网状网方式扩大无线覆盖区。其中,有一个基站作为业务接入点与核心网相连,其他基站通过无线链路与该业务接入点相连,如图 6-8 所示。因此,作为 SAP 的基站既是业务的接入点又是接入的汇聚点,而其余基站并非只有简单的中继站功能,而是业务的接入点。如图 6-8 所示是 Mesh 网络的基本结构。

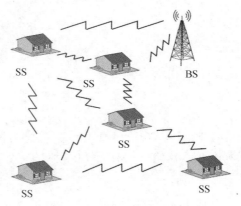

图 6-8 Mesh 网络结构

Mesh 组网结构的特点在于网状网结构可以根据实际情况灵活部署,实现网络的弹性延伸。对于有线网络不易覆盖的地区,可以采用该模式扩大覆盖范围,其规模取决于基站半径、覆盖区域大小等因素。

在 Mesh 模式中,业务流通过路由协议在用户站之间传送,不需要通过基站路由,不存在明确的上下行链路。根据所采用的路由算法,Mesh 网络可采用分布式调度、集中式调度两种调度方式。在 Mesh 网络中,直接连接到骨干网络的系统称为 Mesh 基站,其他系统称为 Mesh 用户站。两个节点有直接链路时,它们被称为邻居,它们之间只有一跳。一个节点的所有邻居将形成一个邻域,扩展的邻域包括邻近的所有邻居。

6.4.2　WiMax 组网的核心设备

　　WiMax 系统的网络结构包括 WiMax 终端、WiMax 无线接入网和 WiMax 核心网三部分，如图 6-9 所示。根据所采用的标准以及应用场景不同，WiMax 包括固定（IEEE 802.16-2004）、便携和移动（IEEE 802.16e）三种类型的终端。而 WiMax 接入网主要指基站，需要支持无线资源管理等功能，有时为方便和其他网络互联互通，还需要包含认证和业务授权服务器。而核心网主要用于解决用户认证、漫游等功能及作为与其他网络之间的接口。

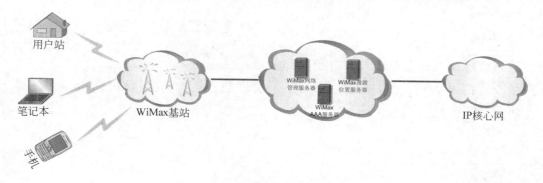

图 6-9　WiMax 网络基本结构

　　在 WiMax 无线网络构建中，接入网的主要设备是基站。这些基站分为中心站和远端站。远端站根据实际的应用位置又分为室内远端站和室外远端站。如图 6-10 所示是 WiMax 组网的基本拓扑结构。

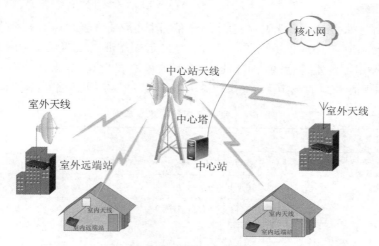

图 6-10　WiMax 组网的基本拓扑

1. 中心站

　　中心站用于连接核心网络，该设备一般处于 WiMax 网络的核心，通过光纤或者其他专线连接，同时中心站通过无线连接到远端站。一般来说，中心站的天线一般放置在位置较高的一个基站塔上，使各远端站与中心站之间保持视距。如表 6-3 所示是一款 GWM3500-B 中心站的基本参数。

表 6-3　中心站基本参数

名　　称	参　　数
类型	蜂窝点对多点系统中心站
频带范围	3400～3600MHz
信道宽度	3.5MHz,5MHz,7MHz,10MHz
空中速率	最高 50Mbps
输出功率	最大 23dBm
传输距离	视距 45km,非视距 3km
网络属性	透明网桥 802.1Q VLAN 802.1P,DHCP 客户端
调制/编码	BPSK,QPSK,16 QAM,64 QAM
空中加密	AES 及 DES
复用技术	TDD FD-HDD
无线传输	256FFT OFDM
网络连接	10/100 以太网接口(RJ-45)
系统配置	WEB SNMP TFTP
网络管理	SNMP
天线	外置

2. 室外远端站

室外远端站主要用于实现和中心基站的通信,同时实现将客户端连接到远端站。室外远端站是实现远程客户端通信的网关。通常将室外远端站通过线缆连接到内部客户端系统的交换机或者路由器。室外远端站可以连接较多数量的客户端,其天线一般安装在建筑物的顶端,实现和中心基站的视距通信。如表 6-4 所示是一款室外远端站的基本参数。

表 6-4　室外远端站的基本参数

名　　称	参　　数
类型	室外点对多点远端
频带范围	3400～3600MHz
信道宽度	3.5MHz,5MHz,7MHz,10MHz
空中速率	最高 50Mbps
延迟	6～18ms
射频输出	最大 23dBm
传输距离	非视距 3km
网络属性	透明网桥 802.1Q VLAN 802.1P,DHCP 客户端
调制/编码	BPSK,QPSK,16 QAM,64 QAM

名　　称	参　　数
编码率	1/2,2/3 及 3/4
空中加密	AES 及 DES
复用技术	TDD FD-HDD
无线传输	256FFT OFDM
网络连接	10/100 以太网接口(RJ-45)
系统配置	Web SNMP TFTP
网络管理	SNMP
天线	集成 15dBi 平板天线

3. 室内远端站

室内远端站是一种安装在建筑物内的远端站。此类设备一般距离中心站相对较近,信号质量相对较好。相比室外远端站,室内远端站的速率相对较低,但是免去了在建筑物外再安装天线的过程。室内远端站是即插即用的设备,相对安装简单。室内远端站一般连接的客户端非常少。如表 6-5 所示是一款室内远端站基本参数。

表 6-5　室内远端站基本参数

名　　称	参　　数
类型	室内天线一体化远端站
频带范围	3400～3600MHz
信道宽度	3.5MHz,7MHz
空中速率	最高 35Mbps
输出功率	最大 20dBm
灵敏度	−90dBm
网络属性	透明网桥 802.1Q VLAN 802.1P,DHCP 客户端
调制/编码	BPSK,QPSK,16 QAM,64 QAM
编码率	1/2,2/3 及 3/4
空中加密	AES 及 DES
复用技术	TDD FD-HDD
无线传输	256FFT OFDM
网络连接	10/100 以太网接口(RJ-45)
系统配置	Web SNMP TFTP
网络管理	SNMP
天线	内部集成

注意: 在用户侧资源无法利用,或走线、电源等工程实施不易开展的情况下,可以采用室内远端站。否则,应该尽量考虑采用室外远端站。

室内远端站在室内部署的时候上行发射功率较小,天线一般位于室内,配套的天线一般有终端内置或外界便携式天线等两种。因此,室内远端站覆盖能力相对较差,并且会对客户存在一定的辐射,建议尽量控制室内远端站的应用比例。

6.4.3 WiMax 的星状组网方案

远端站直接与中心基站无线连接,即经过一跳到达互联网。基站间通信采用 5.8GHz 频段,基站与用户间通信采用 3.5GHz 频段。每个基站服务区范围是 5～7km,远端站与中心基站间的距离为 30～50km,网络拓扑如图 6-11 所示,中心基站直接与互联网相连并负责本小区的用户站接入,远端站与中心基站无线连接,通过出口路由器连接 Internet。

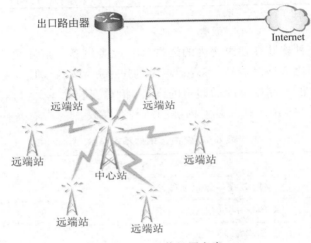

图 6-11 星状组网方案

这种方案中,中心基站将远端站当作第一级用户站,将远端站的用户站及本服务区域的用户站当作第二级用户站。5.8GHz 频段覆盖范围与 3.5GHz 频段覆盖范围部分重叠,但互不干扰,如同两个单独的宽带无线接入系统。但要求基站间的传输距离比用户站与基站间的传输距离大。假定每个非中心小区使用相同的频段,如果设置为相邻小区,则必定相互干扰难以利用全部带宽资源,所以远端站间的距离必须足够远,以消除同频干扰对每个小区可用带宽的影响,使远端站到用户站的传输成为资源受限而非干扰受限系统。

这种方案的另外一种应用是在基站之间采用本地多点分配业务(Local Multipoint Distribution Service,LMDS)技术,在基站和用户终端之间采用 1EEE 802.16 协议规范。要求基站提供两套设备,一套供基站之间无线通信需要,另外一套供基站和用户站之间通信使用。

6.4.4 多跳中继网络拓扑结构

图 6-12 所示为多跳中继方案下的基站互联结构。其中,中心站 A 通过有线链路与出口路由器相连,而远端站 C、D 则需通过基站 B 的中继,然后再通过中心站 A 来接入互联网。

所有的基站都首先提供覆盖小区的用户接入,此外,中继站 B 提供对远端站 C 和 D 业务的汇聚,中心站 A 负责其他所有基站的上下行数据调度。

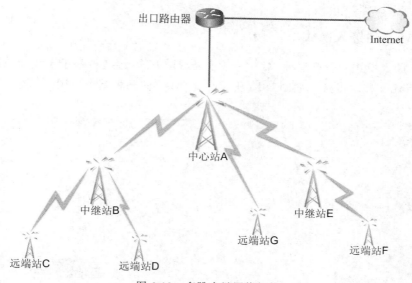

图 6-12　多跳中继网络拓扑

这里,远端站 C 或 D 具有动态选路能力,根据传播条件、基站负载等选择最佳中继基站和路径接入互联网。例如,基站 C 想通过中继站 B 来转发,但获知中继站 B 负载较重或基站 C 和基站 B 间信道条件较差的反馈后,可以选择更优中继站 E 来进行中继,最后仍通过中心站 A 接入互联网。

一旦远端站 C 或 D 需要通过中继基站 B 实现与中心基站 A 的通信,那么面临的问题是基站 B 如何能同时与基站 A 和基站 C、D 通信。因此,第一种做法是,在中继基站 B 内设置两套收发设备,分别与中心基站 A 和下游的远端站 C 及 D 进行通信。A-B 或 B-C 基站间基于 TDD 双工模式,上下行都采用 TDMA 接入方式。

另外一种方式是所有的基站仍都只采用一套收发设备,但采用 Mesh 组网机制,即中心基站 A 对所有远端站进行统一调度,使得最终接入基站 A 的任意两基站间的通信不会干扰其他基站间通信。不同基站间通信采用 IEEE 802.16-2004 定义的 Mesh 帧结构和通信信令,而基站与终端通信采用 IEEE 802.16-2004 协议定义的 PMP 帧结构。Mesh 帧结构和PMP 帧结构之间采用时分复用机制。可以看到,这种方案的主要优点在于能够通过类似基站 B、E 的中继使基站 C、D 能够覆盖到离中心 IP 网接入点较远的地区,从而达到扩展基站覆盖的目的。

这种方案的缺陷是基站 A、B、E 不仅要处理本小区的接入,还需要考虑其他基站的上行和下行链路数据中继,因此要承担较重的负载,尤其是直接与 IP 网络通信的基站 A,对其处理能力及无线资源管理要求很高。基站 A 的集中协调同步过程将大大增加基站间数据传输延时,并且传输效率也将明显降低,这对于需要保证延时的通信是非常敏感的,QoS 得不到保证。

随着网络规模的扩大,基站间的路由配置也会增加。尽管基站的位置固定,路由选择也近似固定,但是一旦无线信道的条件突然变化时,远端站就需要重新从多条可选路由中选择最佳路由,系统处理开销就会增大。中心基站覆盖的远端站数目过多时,系统的动态资源分配也将变得异常复杂。

6.4.5　WiMax 的接入模式

WiMax 接入模式一般有三种,第一种基于局域网方式,第二种基于无线局域网方式,第三种基于 WiMax 移动设备。如图 6-13 所示是 WiMax 的三种基本应用。

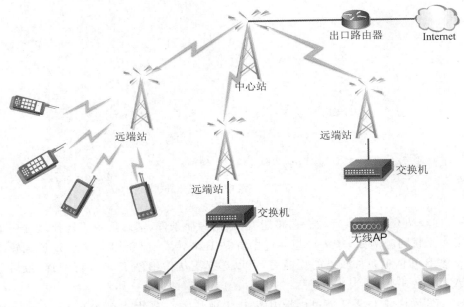

图 6-13　WiMax 的三种基本应用

采用 WiMax 适配器实现接入的方式类似于当前使用的移动网络接入方案,这种方案一般可以支持较多的用户量。局域网接入 WiMax 系统方案中,当有用户请求数据资源时,可以看到远端站需要将局域网的以太网数据转换成 WiMax 数据帧通过无线传到中心站,而中心站再将数据转化后送出网络。第三种方式采用无线 AP 构建无线局域网,将无线远端站连接到交换机,然后采用 AP 连接到交换机,通过 AP 来构建无线局域网。这种网络接入方案中,无线 AP 将客户端发送的 IEEE 802.11 数据帧进行处理发送给远端站,远端站再将该数据转化成 IEEE 802.16 数据帧,通过无线方式传送给中心站,中心站收到数据帧后进行处理,送出网络。

6.4.6　WiMax 组网规划

WiMax 的组网规划主要分为如下几个步骤。

1. 网络规划流程

1) 规划目标定位及需求分析

通过调研及理论分析,了解无线城域网布网地区的经济情况、地理环境以及用户特点,进行业务流量分析,了解可使用频率,得出系统目标负荷,进行不同用户增长预测和业务分布预测。

2）初始布局/规模预算

通过调研,采用软件系统仿真及外场测试分析,得到无线链路预算、无线覆盖分析、容量和设备估算。为了使规划结果与实际更加接近,必须对信号传播模型进行调校。基于规划软件进行小区规划,以满足输入的设计要求,包括基站的数量、规划站址、基站技术条件要求、设备配置等参数。

3）详细规划

利用专有规划软件,通过软件仿真得到系统初步规划方案。

4）无线资源管理参数规划

通过调研和外场测试给出配置设计方案。

5）基站选择及查勘

根据规划结果,进行基站选择及站址勘查等,确定方案。

2. 网络规划内容

1）业务预测

规划区内本阶段的总用户数、规划不同区域的用户数。针对不同的覆盖区域类型(如密集城区、普通城区、郊区、农村等)规划用户类别分布、不同用户类别的业务模型以及各种数据业务的呼叫模型。

2）覆盖规划

主要包括覆盖目标的区域和区域面积的计算、覆盖范围内的无线链路预算等。在覆盖目标区域内的通信概率要求,主要分为边缘通信概率和区域通信概率。由于不同的基本业务,其调制编码有所不同,无线覆盖的范围也存在差异。因此,需根据用户业务类型的分布和使用情况,规划业务覆盖的连续性。之后,通过无线传播模型仿真覆盖效果。

3）容量规划

根据各区域上下行用户忙时的数据量估算系统容量。容量规划包括各个区域各个阶段的用户数、小区目标负载程度、分组数据业务的容量规划方法、传输容量规划、设备配置规划。

6.5　无线城域网仿真

网络仿真利用数学建模和统计分析的方法可为设备或协议评估提供客观可靠的定量依据,同时也可为网络规划和部署提供参考。相对来说,无线城域网的部署难度比无线局域网大,为此在部署前,进行网络仿真是必需的,通过网络仿真可以实现对实际预构建网络的优化过程。

1. 常见的仿真软件

无线城域网系统通过功控保证必要的连接质量。其网络覆盖与容量密切相关,由于这些关联受到很多随机因素的影响,所以规划所需的绝大多数网络性能指标都需要通过系统仿真确定。支持 WiMax 的仿真工具主要有 Enterprise、ATOLL、ICS Designer、U-Net 等。

1) Enterprise

AIRCOM 公司出品的 Enterprise 是全球市场占有率最高的 WiMax 仿真软件。Enterprise 具备强大的网络规划管理工具组件,Enterprise V6.0 包括以下工具模块。

ASSET：2G & 2.5G GSM、GPRS、HSCSD、EDGE、AMPS、TDMA、TETRA 无线网络规划工具,UMTS/HSDPA 和 CDMA2000/EV-DO 无线网络规划工具。

CONNECT：微波链路规划工具。

DIRECT：核心传输网规划工具。

OPTIMA：网络性能监测和管理。

DATASAFE：网络数据和配置管理。

ARGET：项目、流程和信息管理。

UTILITIES：Enterprise 组件之间共享的工具。

2) ATOLL

ATOLL 是一个全面的无线网络仿真环境,它是专业的无线网络设计工具,完全支持 GSM/TDMA、IEEE 802.16d、IEEE 802.16e 等多种技术。ATOLL 的主要模块包括基础核心模块、3G 模块、测量模块、AFP 模块、微波模块,用户可以根据需要选择不同模块配置。ATOLL 用户界面友好,安装、操作、模型校准,报告生成都非常方便。ATOLL 支持中文的输入,支持对中文地理数据库的中文实时显示。

3) ICS Designer

法国 ATDI 公司是世界著名的无线电网络规划、仿真和计算软件制造商。ICS Designer 是 ATDI 出品的无线网络规划的软件,ICS Designer 支持 GSM、GPRS、EDGE、WiMax 等多种网络。

4) U-Net

U-Net 是华为公司出品的仿真软件。U-Net 完全支持 IEEE 802.16d、IEEE 802.16e,是专为 2G～4G 设计的仿真工具。

2. WiMax 仿真的基本步骤

在进行 WiMax 网络仿真之前,首先要确定网络的覆盖、容量、质量要求,规划区域界定,估计用户数目,确定业务类型与业务模型,进行话务模型的分析,计算业务的强度,通过现存站点搜集和勘测,进行传播模型测试与校正,估算 WiMax 的链路和容量。WiMax 仿真的基本步骤如下:

(1) 创建仿真工作空间,导入或者设置相关的地图和数据;

(2) 设置或者导入 WiMax 站点;

(3) 设置传播模型和天线模型,在设定的传播模型、天线模型、天线高度、发射功率、下倾角条件下进行覆盖预测;

(4) 设置用户和业务量,设定 WiMax 仿真分析中使用的系统参数、终端类型、载波、基站设置和内存使用设置等;

(5) 设定仿真次数或收敛系数目标值,运行仿真分析过程;

(6) 创建仿真分析的统计结果,分析结果,不满足要求时调节参数重新仿真分析。当仿真满足要求时,保存当前仿真结果。

本 章 小 结

　　本章主要介绍无线城域网的相关技术,主要内容包括城域网的基本概念,城域网的网络结构,城域网的基本技术,无线城域网的相关标准,IEEE 802.16 协议体系,WiMax 组网,无线城域网技术的仿真等。学习完本章,要求读者掌握无线城域网的基本概念,掌握无线城域网的相关技术标准,理解 IEEE 802.16 协议体系结构,掌握 WiMax 的组网模式和组网结构,掌握 WiMax 的组网规划流程,了解无线城域网的相关仿真软件和基本仿真步骤。

习　　题

1. 简述城域网的基本网络结构。
2. 简述城域网的基本技术。
3. 简述 IEEE 802.16 技术标准的主要内容。
4. 简述 IEEE 802.16 的协议体系结构。
5. 简述 WiMax 的 4 种业务类型及其特点。
6. 简述 WiMax 的组网结构。
7. 简述 WiMax 的常见组网方案。
8. 简述 WiMax 的仿真步骤。

第7章 无线广域网技术

本章主要讲述如下知识点：
> 广域网的基本概念；
> 广域网的连接方式；
> 广域网的主要协议；
> IEEE 802.20 技术标准；
> 3G 通信技术；
> 4G 通信技术；
> 5G 通信技术；
> 无线广域网的规划。

7.1 广域网概述

广域网(Wide Area Network,WAN)是一个地理覆盖非常大的数据通信网。广域网没有规则的拓扑结构,通常采用点对点的数据传输方式。广域网可以把各个地方的局域网连接起来,实现远距离的网络互通。

早期的广域网基于电信运营商的通信设施建立远程连接,目前广域网的构建主要采用光纤技术来实现。广域网使用的技术主要有 X.25、DDN、ISDN、帧中继和 ATM 等。

7.1.1 广域网的协议层次

广域网技术主要对应于 OSI 参考模型的物理层、数据链路层和网络层,图 7-1 列出了广域网和 OSI 参考模型的对应关系。

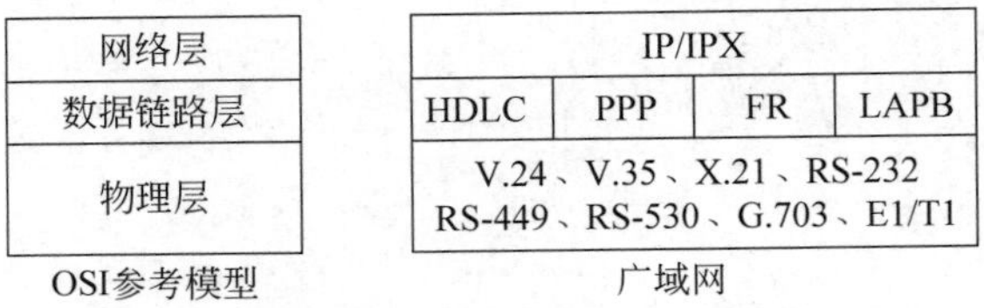

网络层		IP/IPX		
数据链路层	HDLC	PPP	FR	LAPB
物理层	V.24、V.35、X.21、RS-232 RS-449、RS-530、G.703、E1/T1			

OSI参考模型　　　　　广域网

图 7-1　广域网和 OSI 参考模型对应关系

1. 物理层协议

广域网的物理层描述了连接到 Internet 服务提供商(ISP)的机械、电气、功能和规程特征。广域网物理层实现了数据终端设备(Data Terminal Equipment,DTE)和数据通信设备(Data Communications Equipment,DCE)之间的接口。连接到广域网的设备通常是一台路由器,它被认为是一台 DTE。而连接到另一端的设备为服务提供商提供接口,这就是一台 DCE。

WAN 的物理层定义了连接方式，WAN 的连接基本上属于专用或专线连接、电路交换连接、包交换连接等三种类型。它们之间的连接无论是包交换或专线还是电路交换，都使用同步或异步串行连接。

许多物理层标准定义了 DTE 和 DCE 之间接口的控制规则，如 EIA/TIA-232、EIA/TIA-449、EIA-530、EIA/TIA-612/613、V.35、X.21 等。

2. 数据链路层协议

在每个 WAN 连接上，数据在通过 WAN 链路前都被封装成帧。为了确保验证协议被使用，必须配置恰当的第二层封装类型。协议的选择主要取决于 WAN 的拓扑和通信设备。WAN 的数据链路层定义了传输到远程站点的数据封装形式，并定义了在单一数据路径上各系统间的帧传送方式。

3. 网络层协议

WAN 网络层协议主要有 CCITT 的 X.25 协议和 TCP/IP 中的 IP 等。

7.1.2　广域网连接方式

广域网的主要作用是在更大的地理覆盖范围上为用户提供电话、数据和视频业务的承载服务。因此，分组交换机制是广域网技术的关键。

广域网的技术标准主要涉及物理层、数据链路层和网络层。其中物理层对广域网的接口规范进行定义，数据链路层定义数据帧在系统中的传输方式，而网络层则讨论交换机制。

广域网连接方式可以分为专线接入、电路交换和分组交换三种。

1. 专线接入

专线接入方式指的是用户独享一条永久性、点对点、速率固定的专用线路，并独享带宽，如数字数据网络（Digital Data Network，DDN）等。如图 7-2 所示的是专线接入的基本拓扑图。专线接入方式提供永久的服务，常用于数据、语音或图像的传输。专线方式通常作为点对点的链路，为核心设备及骨干网络提

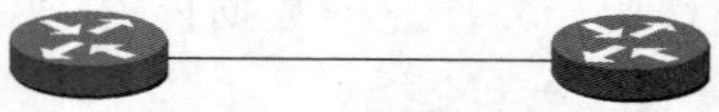

图 7-2　专线接入的基本拓扑图

供专门的传输连接，为大容量的环境提供稳定速率的传输方式。

专线连接通常提供主要网站或园区间的核心连接或主干网络连接，以及 LAN 对 LAN 的连接。专线线路是两个节点间的连续可用的点对点的链路。专用的全天候连接由点对点串行链路提供。

专线一般使用同步串行链路。进行专线连接时，每个连接都需要路由器的一个同步串行连接端口，以及来自服务提供商的 CSU/DSU 和实际电路。通过 CSU/DSU 的可用典型带宽可达 2.048Mbps(E1)。而其数据链路层的各种封装方法提供了使用者数据流量的弹性及可靠性。

专线网络常用的连接技术包括 56kbps、64kbps、T1、E1、E3、T3、xDSL、SONET 等。E1 是欧洲的 30 路脉冲编码调制（Pulse Code Modulation，PCM），速率是 2.048Mbps。E1 的一个时分复用帧共划分为 32 相等的时隙，时隙的编号为 CH0～CH31。其中时隙 CH0 用作帧同步，时隙 CH16 用来传送信令，30 个时隙用作 30 个话路。每个时隙传送 8b，因此共用 256b。每秒传送 8000 帧。xDSL 包括高数据速率（High-bit-rate DSL，HDSL）、单线 DSL（Single-line DSL，SDSL）、非对称 DSL（Asymmetric DSL，ADSL）、甚高速 DSL（Very-highdata-rate，VDSL）。

2. 电路交换

电路交换（Circuit Switching）是一种直接的交换方式，它需要通信双方在数据传输之前建立一条专用的通信路径，该路径只在双方数据通信结束后，才能被其他通信方使用。因为使用电路交换双方将独占一条线路，这条线路存在地域的区别，如果线路跨区则成本高，线路在本区内则成本低。典型的电路交换系统是电话交换网，因此，电信部门通过区分本地和长途来计算话费。

广域网中的电路交换主要是指通过 PSTN 或者 ISDN 实现的远程接入。PSTN（Public Switched Telephone Network）指的是公共交换电话网络，即普通的电话网，它是一种以模拟技术为基础的电路交换网络。ISDN（Integrated Services Digital Network），即综合业务数字网，它是在 PSTN 基础上发展起来的一个数字电话网络国际标准。ISDN 是一种典型的电路交换网络，目前已经被淘汰。如图 7-3 所示的是广域网电路接入的基本拓扑。

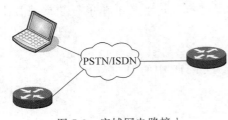

图 7-3　广域网电路接入

在这种交换方式中，用户在发送数据时，运营商交换机就在主叫端和被叫端建立一条物理通路，当用户不再需要时，交换机立即切断该条通路。电路交换的优点是实时性强，时延小，数据传输可靠、迅速，数据不会丢失且保持原来的序列。电路交换的缺点是在电路空闲的情况下，信道容易被浪费，在短时间数据传输时电路建立和拆除所用的时间较大，另外通信双方一旦建立连接，即便没有数据传输，该条链路也无法供其他用户使用。因此，电路交换适用于高质量的数据传输，如信息量大、长的报文和经常使用的固定用户之间的通信。

3. 分组交换

分组交换（Packet Switching）将用户发送的信息分割成定长的数据段，在每个数据段的前后加上控制信息和收发地址信息，形成分组，在网络中传输。分组的传送使用"存储-转发"方式，即分组到达下一个节点的时候先保存下来，等到系统选择到其对应传输节点的时候再将数据转发出去，一直按这种方式运行，直到分组到达接收端。

分组交换可以分为数据报（Datagram）交换和虚电路（Virtual Circuit，VC）交换两种方式。前者和报文交换相似，是一种无连接方式，数据的每一段通过网络单独发送至目标设备，在目标端将数据重新组合在一起。VC 和电路交换相似，是一种面向连接的方式，但连接是虚拟的，通过这种方式可以利用物理介质进行多路通信。

在分组交换网络中，提供商通过配置交换设备产生虚拟电路来提供端到端连接。帧中继、SMDS（Switched Multimegabit Data Service，交换多兆位数据服务）和 X.25 都属于分组交换的广域网技术。分组交换网络可以传送大小不一的帧（数据包）或大小固定的单元。如图 7-4 所示是分组交换网络的基本拓扑结构。

在分组交换方式中，由于能够以分组方式进行数据的存储转发，经交换机处理后，很容易实现不同速率、不同规程的终端间通信。

分组交换的特点主要如下。

（1）提高了信道利用率，改变了电路交换独占信道的方式。分组交换以虚电路的形式

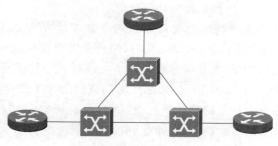

图 7-4　分组交换拓扑结构

进行信道多路复用实现资源共享,可在一条物理线路上提供多条逻辑信道,极大地提高线路利用率,使传输费用明显下降。

（2）不同种类的终端可以相互通信。分组网以 X.25 协议向用户提供标准接口,数据以分组为单位在网络内"存储-转发",使不同速率终端和不同协议的设备通过网络提供的协议转换后实现相互通信。

（3）信息传输可靠性高。在网络中每个分组进行传输时,在交换机之间采用差错校验与重发的功能,因而误码率大大降低。在网内发生故障时,路由机制会使分组自动地选择一条新的路由避开故障点,不会造成通信中断。

（4）分组多路通信。由于每个分组都包含控制信息,所以分组型终端可以同时与多个用户终端进行通信,可把同一信息发送到不同用户。

（5）计费与传输距离无关。网络按时长、信息量计费,与传输距离无关,特别适合非实时性,且通信量不大的网络服务。

7.1.3　广域网的主要协议

1. X.25 协议

X.25,即公共分组交换数据网,它是一个以数据通信为目标的公共数据网（Public Data Network,PDN）。在 PDN 内,各节点由交换机组成,交换机间采用存储转发的方式交换分组。为了使用户设备经 PDN 的连接标准化,ITU-T 制定了 X.25 规程,它定义了用户设备和网络设备之间的接口标准,所以习惯上称 PDN 为 X.25。

X.25 能接入不同类型的用户设备。由于 X.25 内各节点具有存储转发功能,并向用户设备提供了统一的接口,从而能够使得不同速率、码型和传输控制规程的用户设备都能接入X.25,并能相互通信。

X.25 是一个典型的、可靠的面向连接的公用网,它包含物理层、数据链路层和分组层（网络层）三层协议,提供交换虚电路和永久虚电路服务。交换虚电路（Switching Virtual Circuit,SVC）是一种在数据终端设备（Data Terminal Equipment,DTE）需要传送数据时进行呼叫而建立的一种临时性的虚电路。在虚电路建立之后双方的 DTE 才真正交换数据,在数据交换完毕后拆除。永久虚电路（Permanent Virtual Circuit,PVC）是通信双方事先商定向 X.25 服务商申请的一条固定的虚电路。

X.25 是一个高度可靠的网络,除了在分组层上为用户提供可靠的面向连接的虚电路服务外,在链路层上也有可靠性措施。在 X.25 内部,每个节点（交换机）至少与另外两个交换机相连,防止当一个中间节点出现故障时中断通信。

X.25 采用多路复用技术。当用户设备以点对点方式接入 X.25 网时,能在单一物理链路上同时复用多条虚电路(Virtual Circuit,VC),使每个用户设备能同时与多个用户设备进行通信,两个固定用户设备在每次呼叫建立一条虚电路时,中间路径可能不同。

X.25 上有流量控制。在 X.25 协议中,采用滑动窗口的方法进行流量控制,即发送方在发送完数据分组后要等待接收方的确认消息,然后再发送新的分组。接收方可通过暂缓发送确认消息来控制发送方的发送速度,进而达到控制数据流的目的。X.25 通过提供设置窗口尺寸和一些控制分组来支持窗口算法。

X.25 协议主要定义了数据是如何从 DTE 发送到 DCE。X.25 最初的传输速度限制在64kbps 内,1992 年,ITU-T 更新了 X.25 标准,传输速度可达 2.048Mbps。

虽然 X.25 协议出现在 OSI 模型之前,但是 ITU-T 规范定义了在 DTE 和 DCE 之间的分层协议模型,与 OSI 模型的前三层呼应,如图 7-5 所示。

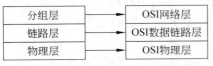

图 7-5　X.25 协议层次

1)物理层

X.25 的物理层定义了电气和物理端口特性。该层包括三种协议:

(1)X.21 建议接口运行于 8 个交换电路上;

(2)X.21bis 建议定义模拟接口,允许模拟电路访问数字电路交换网络;

(3)V.24 接口使得 DTE 能在租用模拟电路上运行以连接到包交换节点。

2)数据链路层

X.25 的数据链路层负责 DTE 和 DCE 之间的可靠通信。该层定义了用于 DTE/DCE连接的帧格式。

数据链路层包括四种协议:

(1)链路访问平衡协议(Link Access Procedure Balanced,LAPB)源自 HDLC,具有HDLC 的所有特征,使用较为普遍,能够形成逻辑链路连接;

(2)链路访问协议(LAP)是 LAPB 协议的前身,已经淘汰;

(3)LAPD 源自 LAPB,用于 ISDN,在 D 信道上完成 DTE 之间,特别是 DTE 和 ISDN节点之间的数据传输;

(4)LLC 一种 IEEE 802 局域网协议,使得 X.25 数据包能在局域网传输。

3)分组层

X.25 的分组层定义了分组交换网络的数据交换过程。分组层协议(Packet LevelProtocol,PLP)负责虚电路上 DTE 设备之间的分组交换。PLP 能在局域网和正在运行LAPD 的 ISDN 接口上运行 LLC。

PLP 实现五种不同的操作方式:呼叫建立(Call Setup)、数据传送(Data Transfer)、闲置(Idle)、呼叫清除(Call Clearing)和重启(Restarting)。

2. FR 帧中继协议

帧中继(Frame Relay)是一种高性能的 WAN 协议,它运行在 OSI 参考模型的物理层和数据链路层,是一种高效的数据包交换技术。帧中继是一个提供连接并且能够支持多种协议、多种应用,并能在多个地点之间进行通信的广域网技术。帧中继可以使终端站动态共享网络介质和可用带宽。帧中继采用虚电路技术,对分组交换技术进行简化,具有吞吐量大、时延小,适合突发性业务等特点,能充分利用网络资源。

　　帧中继使用高级数据链路控制协议(High-level Data Link Control,HDLC)在被连接的设备之间管理虚电路,并用虚电路为面向连接的服务建立连接。

　　帧中继只使用两个通信层:物理层和帧模式承载服务链接访问层(Link Access Procedure for Frame Mode Services,LAPF)。物理层由接口构成,这些接口和 X.25 中使用的接口类似。第二层 LAPF 是为快速通信服务设计的,它包含一个可选的子层,在需要高可靠性的情形可以使用该子层。这两层分别对应于 OSI 模型中的物理层和数据链路层,如图 7-6 所示。

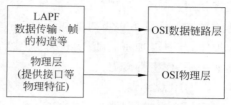

图 7-6　FR 协议层次

　　虚电路通过为每一对 DTE 设备分配一个连接标识符,实现多个逻辑数据会话在同一条物理链路上进行多路复用。帧中继网络提供的虚电路包括 PVC(永久虚电路)和 SVC(交换虚电路)。

　　PVC 是指在帧中继终端用户之间建立固定的虚电路连接,其端点和业务类别由网络管理定义,用户不可自行更改。PVC 由服务提供商在其帧中继交换机的静态交换表中配置定义。不管电路两端的设备是否连接上,帧中继交换机总是为它保留相应的宽带。

　　SVC 是指两个帧中继网络终端用户之间通过虚呼叫建立虚电路连接串传送服务,传送结束后清除连接。

3. PPP

　　PPP(Point-to-Point Protocol)即点对点协议,是为同等单元之间传输数据包而设计的链路层协议。这种链路提供全双工操作,并按照顺序传递数据包。设计目的主要用来通过拨号或专线方式建立点对点连接发送数据。

　　PPP 有三个组成部分。

　　(1) 将 IP 数据报封装到串行链路的协议。PPP 既支持异步链路(无奇偶校验的 8b 数据),也支持面向比特的同步链路。

　　(2) 用来建立、配置和测试数据链路的链路控制协议(Link Control Protocol,LCP)。在[RFC 1661]中定义了 11 种类型的 LCP 分组。

　　LCP 具有三个主要功能:

　　① 按规定方式建立链路;

　　② 确定运用该链路所需的配置;

　　③ 当链路上会话结束时,PPP 正确无误地释放该链路。

　　(3) 网络控制协议(Network Control Protocol,NCP),支持不同的网络层协议,如 IP、AppleTalk 等。PPP 利用 NCP 协商第三层协议使用的选项和参数。NCP 支持对各种协议的处理及分组的压缩和加密。此外,在 NCP 中还对压缩整个分组数据的 CCP(The PPP Compression Control Protocol,RFC 1962)进行协商。

　　PPP 的认证协议有密码认证协议(Password Authentication Protocol,PAP)和挑战握手认证协议(Challenge-Handshake Authentication Protocol,CHAP)。

　　PAP 是一种简单的两次握手明文认证协议。被认证方直接将用户名和密码传递给验证方。认证方将这个用户名和密码与自己用户命令配置的用户列表进行比较,如果相同则通过验证。

CHAP 是一种加密的三次握手协议,它能够避免建立连接时传送用户的真实密码。认证时,认证方生成一段随机报文传递到对方,并同时将本端的主机名附带上一起发送给被认证方。被认证方接到对本端的认证请求时,便根据此报文中认证方的主机名和本端的用户表查找用户口令字,用此用户的口令对这段随机报文进行加密,然后与自己的用户名一起传递给对方。认证方根据对方的用户名查找用户列表,找到对应的密码,用这个密码对随机报文加密,与对方加密的随机报文比较,若相同则认证通过,否则失败。CHAP 不用在网络上传递密码,保密性较好。

4. HDLC 协议

高层数据链路控制协议(High-Level Data Link Control,HDLC)是一个工作在链路层的点对点数据传输协议,其帧结构有两种类型,一种是 ISO HDLC 帧结构,它由 IBM SDLC 协议演化过来,采用 SDLC 的帧格式,支持同步全双工操作,分为物理层及 LLC 两个子层;一种是 Cisco HDLC 帧结构,无 LLC 子层,Cisco HDLC 对上层数据只进行物理帧封装,没有应答、重传机制,所有的纠错处理由上层协议处理。

ISO HDLC 与 Cisco HDLC 是两种不兼容的协议。在 Cisco 路由器之间用同步专线连接时,采用 Cisco HDLC 比采用 PPP 效率高得多。但是,如果将 Cisco 路由器与非 Cisco 路由器进行同步专线连接时,不能用 Cisco HDLC,因为它们不支持 Cisco HDLC,可以采用 ISO HDLC。

7.1.4　无线广域网概述

无线广域网(Wireless Wide Area Network,WWAN)是指覆盖全国或全球范围内的无线网络,它提供更大范围内的无线接入。与无线个域网(WPAN)、无线局域网(WLAN)和无线城域网(WMAN)相比,它更加强调的是快速移动性。

WWAN 技术可使用户通过远程公用网络或专用网络建立无线连接。通过无线服务提供商负责维护的若干天线基站或卫星系统,这些连接可以覆盖较大的地理范围,从而使分布的局域网互联。典型的无线广域网的例子就是移动通信系统和卫星通信系统。

WWAN 的范围相对广泛,它的实现需要借助于基础网络,因此也受限于基础网络。相对说来,WWAN 的数据速率较低,但是其网络覆盖范围广泛,用户接入的灵活度高。WWAN 目前主要用于移动通信领域,随着技术的发展,当前基于 WWAN 的数据通信服务也逐步扩展起来,但是在相对 QoS 要求过高的服务中目前还没有实现,另外其相对服务费用也较高。WWAN 技术中,目前使用最为活跃的是 4G 技术。

7.2　IEEE 802.20 技术标准

IEEE 802.20 是 IEEE 批准成立的移动宽带无线接入工作组 MBWA(Mobile Broadband Wireless Access)。IEEE 802.20 工作组的目标是制定一种适用于高速移动环境下的宽带无线接入系统的空中接口规范。

IEEE 802.20 工作在 3.5GHz 以下许可频带,支持城域网环境下 250km/h 高移动性车载通信。IEEE 802.20 提供了一种面向高效 IP 报文传输业务的移动宽带无线接入空中接口规范,包括物理层和介质接入控制层标准。

IEEE 802.20 是基于 IP 架构的接入网络,具有高效的频谱效率,可以对实时业务和非实时业务实现透明传输,提供不间断的互联网连接,并能在无线城域网(WMAN)和无线局域网(WLAN)之间漫游和切换,支持 IPv4 和 IPv6,可以提供核心网级别的端到端 QoS 保障。

值得注意的是,受到 4G 移动通信技术的极大冲击,IEEE 802.20 技术标准已经不再被推进,IEEE 802.20 工作组官方网站显示,该工作组已完成计划的工作,当前已经处于休眠状态并且没有新的项目计划。关于 IEEE 802.20 工作组及相关协议标准,可以查询其官方站点 http://www.ieee802.org/20/。

7.2.1　IEEE 802.20 的协议层次

IEEE 802.20 协议包括物理层和 MAC 两个主要功能层。

1. 物理层

IEEE 802.20 物理层由汇聚协议子层、相关物理媒介子层和控制子层三部分组成。汇聚协议子层主要负责把从 MAC 子层接收来的数据进行封装,使之转换为与无线传输相适应的数据类型,同时对从基站接收到的数据进行解包。相关物理媒介子层负责发送和接收数据。控制子层负责提取物理层的监测参数以供网络管理使用。

2. MAC 层

IEEE 802.20 的 MAC 层可以分为特定业务汇聚子层(Service-Specific Convergence Sub-layer,SSCS)、公共部分子层和安全子层三个子层。

SSCS 将通过汇聚子层服务访问接入点(SAP)把接收到的任何外部数据转换、映射为服务数据单元(SDU),然后通过 SAP 将其送到公共部分子层。特定业务汇聚子层区分不同网络数据类型,并将其关联到相应的业务流和连接标识,同时可以根据网络配置对净载荷进行头部压缩。IEEE 802.20 提供不同的汇聚子层规范和接口以支持不同的协议,其内部格式是唯一的,并且对于公共部分子层来说,不需要知道 SDU 的格式,因此不会对其进行任何解析。

公共部分子层实现了 MAC 的核心功能,包括系统接入、带宽分配、连接建立以及连接管理、维护。公共部分子层给上层提供了统一的接口,从 SAP 接收来自不同汇聚子层的数据,对特定的 MAC 连接分类,然后根据特定 QoS 需求对要发送给物理层的数据进行排队、调度和传输。

安全子层提供包括认证、安全密钥交换和加密等安全措施。为了更加有效地利用系统资源,MAC 层应有多种协议状态与用户所处的状态相对应,并且支持状态之间动态且快速地转移。

IEEE 802.20 主要支持工作状态、保持状态、休眠状态等三种状态。处于工作状态时移动终端以较低的时延发送和接收数据,完全利用上行的控制信道,并且支持多种 QoS;处于保持状态时,移动终端只使用有限的上行控制信道来维持无线链路,无须竞争即可快速地转移到工作状态;处于休眠状态时,不使用上行控制信道,处于省电模式,可以同时支持大量的移动终端。

IEEE 802.20 采取了一种寻呼机制,将其从休眠状态唤醒并转移到工作状态。这种机制使得移动终端在非活动状态时节约电量。此外,系统还可以对不同的 IP QoS 需求提供有效支持,上下行链路必须被合理安排来区分不同用户及不同应用的业务。

7.2.2 IEEE 802.20 的技术特点

IEEE 802.20 物理层以 OFDM 和 MIMO 为核心,充分挖掘时域、频域和空间域的资源,提高了系统的频谱效率。IEEE 802.20 基于分组数据的纯 IP 架构应对突发性数据业务的性能较高。

IEEE 802.20 采用 IP 架构,核心网和无线接入网都基于 IP 传输,它的组网成本较低。因而在部署广域网时,性价比高。与 IEEE 802.11、IEEE 802.16 相比,IEEE 802.20 可支持的最高移动速率为 250km/h。在下行链路,IEEE 802.20 可以提供大于 1Mbps 的峰值速率,而 3G 技术在步行环境下仅为 384kbps,在高速移动环境下为 144kbps。在频谱效率上,IEEE 802.20 远远高于当前的主流移动技术。例如,对于下行链路中的频谱效率,CDMA 2000 1x 为 0.1bps/Hz/cell,EV-DO 为 0.5bps/Hz/cell,而 IEEE 802.20 大于 1bps/Hz/cell。

相对其他技术,IEEE 802.20 的覆盖范围极大,对于非视距环境下的系统覆盖,IEEE 802.20 的单小区覆盖半径为 15km,而 IEEE 802.16 的单小区覆盖半径小于 5km。

IEEE 802.20 规定 MAC 帧往返时延小于 10ms,加上无线链路控制层和应用层上产生的处理时延,完全满足 ITU-T 的 G.114 所规定的电话语音传输最大往返时延(<300ms)要求,因而基于 IEEE 802.20 提供优质的无线 VoIP 业务。

7.3 3G 技术

3G(3rd-Generation),即第三代移动通信系统。3G 能提供多类型、高质量的多媒体业务,能实现全球无缝覆盖,具有全球漫游能力,与固定网络相兼容,并以小型便携式终端在任何时候、任何地点进行任何种类通信。2000 年 5 月,国际电信联盟-无线标准部(ITU-R)最终通过 IMT-2000 无线接口规范(M.1457),它包括 CDMA 2000、WCDMA 和 TD-SCDMA。

7.3.1 3G 的相关组织及标准

1. IMT-2000

3G 最早由国际电信联盟(International Telecommunication Union,ITU)在 1985 年提出,初期称为 FPLMTS(Future Public Land Mobile Telecommunication Systems)。该系统的工作频段在 2000MHz,且最高业务速率为 2000kbps,故于 1996 年正式更名为 IMT-2000(International Mobile Telecommunication-2000)。

1992 年,世界联合无线电会议 WARC(World Association Radio Conference)通过指定 2GHz 频谱作为第三代移动通信系统的频率,IMT-2000 是 3G 的统称。用户可以登录 IMT-2000 的站点 http://www.itu.int/home/imt.html 查询相关信息。ITM-2000 定义了五种标准,这五种标准的关系如图 7-7 所示。

1) IMT-DS(Direct Spread)

IMT-DS 由 3GPP 主导相关标准的制定。3GPP 所制定的第三代移动通信系统称为

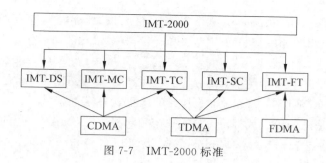

图 7-7　IMT-2000 标准

UMTS(Universal Mobile Telecommunications System)。核心网沿用 GSM/GPRS 核心网络技术并加以改进,同时具备与 GSM/GPRS 兼容的特性。无线电技术采用 WCDMA-FDD 和直接序列扩频(Direct Sequence Spread Spectrum,DSSS)的方式。

2) IMT-MC(Multi-Carrier)

IMT-MC 由 3GPP2 负责规范的制定,这种系统称为 CDMA 2000。它采用多重载波(Multi-Carrier,MC)技术,合并三个 1.25MHz 载波,由 CDMA One 演进而来,其载波带宽为 1.25MHz。其核心网络采用 IS-95 的核心网络标准 ANSI-41。

3) IMT-TC(Time-Code)

IMT-TC(Time-Code)由 3GPP 制定。采用分时复用(TDD)的 CDMA 技术。IMT-TC 最大的优点在于上下行传输虽然在相同的频段上发送,但可以采用不同的调制技术,给予不同大小的传输时间,可以弹性分配下行与上行的通道,可以将频率资源做优化处理,达到最高效率。IMT-TC 包括 WCDMA TDD 和 TD-SCDMA 两种技术。WCDMA TDD 模式采用 3GPP UMTS 的 TDD 版本,称为 UTRA-TDD。TD-SCDMA 是我国主导开发的技术标准,目前主要用于中国移动的 3G 网络。

4) IMT-SC(Single Carrier)

IMT-SC 是采用单一载波(Single Carrier,SC)的技术,它由美国 TIA 主导。IMT-SC 衍生自北美 IS-136 规范以及 EDGE,被称为 UWC-136/EDGE。IMT-SC 核心网延用 IS-41 的核心网络。

5) IMT-FT(Frequency Time)

IMT-FT 采用频分/时分多址(FDMA/TDMA,FT)与分时复用(TDD)技术。IMT-FT 由欧洲 ETSI 主导,基于 DECT(Digital Enhanced Cordless Telephone)架构。目前这个标准在全世界都还没有任何系统或产品。

2. 3GPP

国际电信联盟(ITU)对 3G 标准的制定起领导作用,具体规范靠地区性标准化组织完成。起主导作用的是以"欧洲"为主体的 3G 标准化合作组织——3GPP(The 3rd Generation Partnership Project)和以"美国"为主体的 3G 标准化合作组织——3GPP2(The 3rd Generation Partnership Project 2)。

3GPP 定义的技术标准范围包括 GSM、GPRS、EDGE、UMTS 等系统接入网(Access Network)和核心网(Core Network)功能、服务网络(Service Network)技术(例如 CAMEL 和 OSA 等)及 MMS、LCS(Location Service)和 3G-324M 可视电话等通信服务技术。

3GPP 主要制定以 GPRS 核心网为基础的第三代标准"通用移动电话系统"(UMTS-

Universal Mobile Telephone System)。3GPP 的无线接口规范包括 WCDMA 和 TD-SCDMA。3PGG 组织的相关信息可以登录 http://www.3gpp.org 查询。

3. 3GPP2

3GPP2 由美国 TIA、日本的 ARIB、TTC 和韩国的 TTA 四个标准化组织发起,中国无线通信标准研究组(CWTS)于 1999 年 6 月在韩国正式签字加入 3GPP2。3GPP2 主要制定以 IS-41 核心网为基础的第三代标准 CDMA 2000。相关 CDMA 2000 的信息,用户可以登录 3GPP2 的官方站点 http://www.3gpp2.org 查询。

4. NGMN 工作组

下一代移动通信网络(Next Generation Mobile Networks,NGMN)是在 2006 年 9 月由中国移动与 Vodafone、T-Mobile、Orange、KPN、Sprint、NTT DoComo 七大运营商共同成立的主导推动新一代移动通信系统产业发展和应用的国际组织。

NGMN 的工作目标是以运营商为主导研究和制订下一代移动网络需求,提出未来宽带移动网络明确的系统性能目标、功能要求和演进部署场景等,给标准化组织、设备制造商等开展下一代移动网络的标准化和产品开发以明确指导;同时通过深入的评估以及广泛的沟通,促使标准化、产品开发等真正满足 NGMN 提出的需求。相关信息,用户可以登录NGMN 的官方站点 http://www.ngmn.org 查询。

5. LSTI

LSTI(LTE/SAE Trial Initiative),即 3GPP LTE/SAE 试验联盟。LSTI 是当前 LTE业界最重要的组织,由几家电信设备厂商及电信运营商在 2007 年 5 月份成立。LSTI 的主要以测试并公布 LTE/SAE 性能的方式推动 LTE/SAE TDD/FDD 的商业部署。LSTI 的工作介于标准化与商业部署之间,可分为概念验证、互操作、友好用户试验三个阶段。

7.3.2 CDMA 2000 技术

CDMA 2000 是一种 3G 标准的宽带码分多址技术。IS—2000 标准是 CDMA 2000 系统的空中接口标准。IS—2000 和 IS—95 标准同属于 IS(Interim Standard)系列,由美国的TIA/EIA 制定,被 3GPP2 接受。3GPP2 是以美国为首的一个 3G 标准化合作组织。IS—2000 标准是 CDMA 2000 系统的空中接口标准,它向下兼容 IS—95 系列标准。

1. CDMA 2000 的类型

CDMA 2000 是系统的名称,也可以用来代表空中接口所使用的技术。CDMA 2000 系统包括 CDMA 2000-1X、CDMA 2000-1X EV-DO、CDMA 2000-1X EV-DV、CDMA2000-3X。

CDMA 2000-1X 系统的空中接口技术叫作 1XRTT,它的前向和反向信道均采用单载波实现,载波带宽为 1.25MHz。CDMA 2000-1X 系统的话音容量比 IS—95A CDMA 系统提高 1.5～2 倍。CDMA 2000-1X 系统可支持高速数据业务,对于速率集 1(RS1,Rate Set1),最高速率可达到 153.6kbps 或 307.2kbps,对于速率集 2(RS2,Rate Set2),最高速率可达到 230.4kbps。

CDMA 2000-1X EV-DO 中的 EV 是 Evolution 的缩写,DO 是 Data only 或 DataOptimized。CDMA 2000-1X EV-DO 系统通过与话音业务不同的独立载波提供高速数据业务。CDMA 2000-1X EV-DO 由高通公司于 1997 年提出,TIA/EIA 于 2000 年 10 月制订

标准,编号为 IS—856。CDMA 2000-1X EV-DO 系统支持高数据速率,前向数据速率最高可达 2.4Mbps,反向数据速率最高可达 153.6kbps。

CDMA 2000-1X EV-DV 中的 DV 是 Data & Voice 的缩写。它指的是在同一载波上同时支持话音和数据业务。CDMA 2000-1X EV-DV 是融合 Motorola 公司为首提出的 1XTREME(64QAM)和 LGE、Qualcomm 等公司提出的 L3NQS(16QAM)提案而产生的标准。CDMA 2000-1X EV-DV 的前向和反向峰值数据速率可以达到 5Mbps。单载波支持的话音容量与 CDMA 2000-1X 相比也有所增加。

CDMA 2000-3X 系统的空中接口技术叫 3XRTT(无线传输技术),属于多载波技术。前向信道载波通过 3 个单载波实现。反向信道载波通过 1 个单载波实现。CDMA 2000-3X 是与 CDMA 2000-1X 一起提出的规范,而且规范也很完善,但由于各种原因,厂商/运营商尚未选用这个系统。

2. CDMA 2000-1X 系统构成

CDMA 2000-1X 系统由移动台(Mobile Station,MS)、射频网络(Radio Network,RN)、网络交换系统(Network Switching System,NSS)和操作维护系统(Operations and Maintenance System,OMS)四部分组成,如图 7-8 所示。

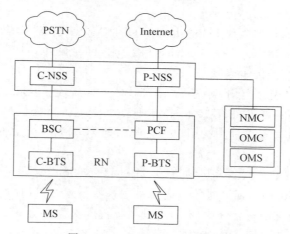

图 7-8　CDMA 2000 基本结构

MS 是用户终端,完成无线接入和实际应用。MS 是为用户提供服务的设备。它通过空中无线接口 Um 给用户提供接入移动网络的物理能力,来实现具体服务。MS 由移动设备(Mobile Equipment,ME)和用户识别模块(User Identity Module,UIM)两部分组成。

RN 完成从无线信息传输到有线信息传输的转换;实现空中无线资源的管理和控制;交换信息到网络交换系统。CDMA 2000-1X 网络的 RN 是在 CDMA One 系统基站的基础上增加和加强了分组交换的相关功能。RN 的功能由基站收发台(Base Station Transceiver,BTS)、基站控制器(Base Station Controller,BSC)和分组控制器(Packet Control Function,PCF)功能组件实现。

网络交换系统(Network Switching System,NSS)根据不同的业务分成 C-NSS(电路域网络交换系统)和 P-NSS(分组域网络交换系统)。NSS 主要完成交换和计费功能。CDMA 2000-1X 系统实际上是在核心交换系统中对话音业务和数据业务分别处理。所有的业务在

RN 中进行分流,话音业务走 C-NSS,数据业务走 P-NSS。

OMS 是对网络设备维护的工具。OMS 提供在远程操作、管理和维护 CDMA 网络的能力。OMS 由网络管理中心(Network Management Center,NMC)和操作维护中心(Operations and Maintenance Center,OMC)两部分组成。NMC 从整体上管理 CDMA 网络。NMC 处于体系结构的最高层,它提供全局性网络管理。

OMC 是一个集中式设备管理中心。它既为长期性网络工程与规划提供数据库,也为 CDMA 网络提供日常管理。一个 OMC 管理 CDMA 网络的一个特定区域。

OMC 支持事件/告警管理、故障管理、性能管理、配置管理、安全管理等功能。OMC 根据管理的功能设备不同,而分成专用于电路交换系统操作和维护、专用于分组交换系统操作和维护、专用于无线网络操作和维护等部分。

7.3.3　WCDMA 技术

WCDMA,中文名称为宽带码分多址,也称为直接扩频宽带码分多址。WCDMA 是一种由 3GPP 具体制定的第三代移动通信系统。目前 WCDMA 有 Release 99、Release 4、Release 5、Release 6 等多个版本。

1. WCDMA 的版本

WCDMA 采用直接序列扩频码分多址(DS-CDMA)、频分双工(FDD)方式,码片速率为 3.84Mbps,载波带宽为 5MHz。基于 Release 99/ Release 4 版本,可在 5MHz 的带宽内提供最高 384kbps 的用户数据传输速率。

在 Release 5 版本引入了下行链路增强技术,即高速下行分组接入(High Speed Downlink Packet Access,HSDPA)技术,在 5MHz 的带宽内可提供最高 14.4Mbps 的下行数据传输速率。HSDPA 极大提高了用户下行瞬时速率,在相对小的时延下提高了整体的吞吐率。

HSDPA 的关键技术包括混合自动重传(HARQ)、自适应编码调制(AMC)、共享信道的快速调度和 MAC_hs 层实现方法等。通过采用这些技术,可以提高下行峰值数据速率,改善业务时延特性,提高下行吞吐量,有效地利用下行码资源和功率资源,提高下行容量。

在 Release 6 版本引入了 HSUPA(High Speed Uplink Packet Access),即高速上行分组接入技术。HSUPA 采用了物理层混合重传,基于 3G 移动基站(Node B)的快速调度,和 2msTTI 短帧传输等三种关键技术,使得单小区最大上行数据吞吐率达到 5.76Mbps,大大增强了 WCDMA 上行链路的数据业务承载能力和频谱利用率。

HSUPA 引入了 E-DPDCH、E-DPCCH、E-AGCH、E-RGCH、E-HICH 等五条新的物理信道和 MAC-e 和 MAC-es 两个新的 MAC 实体,并把分组调度功能从 RNC 下移到 Node B。利用 HSUPA 技术,上行用户的峰值传输速率可以提高 2~5 倍,HSUPA 还可以使小区上行的吞吐量比 R99 的 WCDMA 多出 20%~50%。

除了上述版本之外,3GPP 从 2004 年即开始了 LTE(Long Term Evolution,长期演进)的研究,基于 OFDM、MIMO 等技术,发展无线接入技术向"高数据速率、低延迟和优化分组数据应用"方向演进。

2. WCDMA 系统的网络结构

WCDMA 系统由核心网(CN)、无线接入网(UTRAN)和用户终端(User Equipment,

UE)三部分组成。CN 与 UTRAN 的接口定义为 Iu 接口，UTRAN 与 UE 的接口定义为 Uu 接口。WCDMA 系统的网络结构如图 7-9 所示。

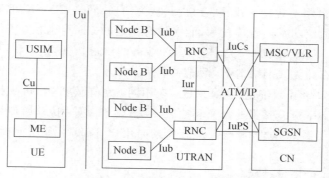

图 7-9　WCDMA 系统的网络结构

1) 核心网络(CN)

CN 负责与其他网络的连接、管理 UE 以及与 UE 的通信。考虑到从 GSM 系统演进到 WCDMA 系统需要较长的时间，因此 CN 除了可接入 WCDMA 无线网络外，还可以接入 GSM 无线网络。

2) 陆地无线接入网络(UTRAN)

陆地无线接入网(UMTS Terrestrial Radio Access Network，UTRAN)由移动基站 (Node B)和无线网络控制器(Radio Network Controller，RNC)构成。UTRAN 的基本构成参见图 7-9。

一般而言，Node B 主要由控制子系统、传输子系统、射频子系统、中频/基带子系统、反馈子系统等部分组成。Node B 相当于 GSM 网络中的基站收发台(BTS)。Node B 通过 Iub 接口连接到 RNC 上，它支持 FDD 模式、TDD 模式或双模。Node B 包括一个或多个小区。

RNC 相当于 GSM 的基站控制器(BSC)。RNC 用于提供移动性管理、呼叫处理、链接管理和切换机制。RNC 与 RNC 之间通过标准的 Iur 接口互连，RNC 与核心网通过 Iu 接口互连。接口和 Iur 接口是逻辑接口。Iur 接口可以是 RNC 之间物理的直接相连或通过适当的传输网络实现。RNC 主要完成连接建立与断开、切换、宏分集合并、无线资源管理控制等功能。

3) 用户终端(UE)

UE 通过空中接口 Uu 与 UTRAN 连接，为用户提供核心网的各种业务功能，包括语音、短信、视频电话和移动数据等业务。UE 由 ME(Mobile Equipment，移动设备)和 USIM (UMTS Subscriber Identity Module，UMTS 用户识别单元)两部分组成，两部分通过 Cu 接口连接。ME 的主要结构包括射频处理单元、基带处理单元、协议栈模块和应用层软件模块等部分。USIM 与 GSM 的 SIM 作用相同，存储用户的重要信息。

7.3.4　TD-SCDMA 技术

TD-SCDMA(Time Division Synchronous Code Division Multiple Access)，即时分同步码分多址技术，该标准是我国制定的 3G 标准。TD-SCDMA 是 ITU 正式发布的第三代移动通信空间接口技术规范之一，得到了 CWTS 及 3GPP 的全面支持。TD-SCDMA 集成了 CDMA、TDMA、FDMA、SDMA 四种多址接入技术的优势,全面满足 ITU 提出的 IMT-2000 的要求,与 WCDMA、CDMA 2000 一起成为公认的三种主流 3G 技术标准。

TD-SCDMA 采用了智能天线、联合检测、接力切换、同步 CDMA、低码片速率、多时隙、可变扩频系统、自适应功率调整等技术,能在现有稳定的 GSM 网络上直接部署,实现从 2G 到 3G 的平滑演进。TD-SCDMA 完全满足 3G 业务的要求,它的频谱利用率高,无须使用成对的频段,支持所有的无线网络情景,系统成本低。

TD-SCDMA 每个载频带宽为 1.6MHz,在相同的频带宽度内,可支持的载波数大大超过 FDD 模式。在频率资源紧张的国家和地区,频率可单个使用,频谱使用灵活。由于使用了智能天线,提高了系统容量,智能天线波束指向用户,降低了多址干扰,提高了系统的容量,频谱效率加倍。

1. TD-SCDMA 的网络结构

TD-SCDMA 网络主要包括核心网(CN)、无线接入网、用户终端(UE)三部分。TD-SCDMA 的基本网络结构如图 7-10 所示。

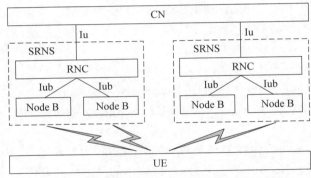

图 7-10　TD-SCDMA 网络结构

1) 核心网

CN 主要处理 UMTS 内部所有的语音呼叫,数据连接和交换,以及与外部其他网络的连接和路由选择。

2) 无线接入网

无线接入网完成所有与无线有关的功能。在 CN 与接入网之间采用 Iu 接口,UE 与接入网之间为 Uu 接口。RNC 和 Node B 之间采用 Iub 接口。在整个 TD-SCDMA 系统中,接入网由多个移动基站 Node B 和无线网络控制器 RNC 构成。

在进行服务时,一个与接入网相连的 UE 被分配到一个 RNC 中,这个 RNC 被称为服务射频网络控制器(Serving Radio Network Controller,SRNC)。SRNC 连接的多个 Node B 构成的系统被称为服务射频网络子系统(Serving Radio Network Subsystem,SRNS)。SRNS 管理 UE 和接入网之间的无线连接,它是对应于该 UE 的 Iu 接口(Uu 接口)的终止点。无线接入承载的参数映射到传输信道的参数是否进行越区切换,开环功率控制等基本的无线资源管理都是由 SRNS 中的 SRNC(服务 RNC)来完成的。

除了 SRNS 以外,UE 所用到的其他 RNS 称为漂移射频网络子系统(Drift Radio Network Subsystem,DRNS)。其对应的 RNC 则是漂移射频网络控制器(Drift Radio Network

Controller，DRNC）。

3）用户终端

UE（User Equipment）通过空中接口 Uu 与接入网连接，为用户提供核心网的各种业务功能，包括语音、短信、视频电话和移动数据等。

2. TD-SCDMA 的特点

TD-SCDMA 的主要特点如下。

1）时分双工

时分双工（Time Division Duplexing，TDD）是在帧周期的下行线路操作中区分无线信道以及继续上行线路操作的一种技术，它是移动通信技术使用的双工技术之一，与 FDD 技术相对应。TDD 使用非对称频段，无须具有特定双工间隔的成对频段。TDD 通过适应用户业务需求优化频谱效率，上行和下行使用同个载频，无线传播是对称的，TDD 有利于智能天线技术的实现，适应于无线资源的自适应分配。

2）码分多址

TD-SCDMA 采用 CDMA（Code Division Multiple Access）技术来实现同时多个用户访问。CDMA 是一种扩频通信技术，每个用户通过临时分配到的 CDMA 码来识别。对同一无线信道的多用户同时访问，CDMA 根据用户需求进行容量分配。这种技术的抗干扰能力强，宽带传输，抗衰落能力强。由于采用宽带传输，在信道中传输的有用信号的功率比干扰信号的功率低得多，因此信号功率谱密度比较低，有利于信号隐蔽。利用扩频码的相关性来获取用户信息，抗截获能力强。CDMA 可以实现多用户同时接收，同时发送。

3）联合检测

CDMA 系统中，多个用户的信号在时域和频域上是混叠的，接收时需要在数字域上用一定的信号分离方法把各个用户的信号分离。信号分离的方法大致可以分为单用户检测技术和多用户检测技术两种。

TD-SCDMA 系统中采用联合检测（Joint Detection，JD）技术，它是一种多用户检测（Multi-user Detection）技术。JD 充分利用造成多址干扰（Multiple Access Interference，MAI）的所有用户信号及其多径的先验信息，把用户信号的分离当作一个统一的相互关联的联合检测过程来完成。JD 采用特定的空中接口"突发"结构允许收信机对无线信道进行信道估计，根据估计的无线信道，对所有信号同时进行检测。

JD 具有优良的抗干扰性能，降低了系统对功率控制精度的要求，因此可以更加有效地利用上行链路频谱资源，显著地提高系统容量。另外，联合检测技术可以削弱"远近效应"的影响，从而降低对功控的复杂度。

4）动态信道分配

动态信道分配（Dynamic Channel Allocation，DCA）指的是系统根据当前的业务负载和干扰情况，动态地将信道（频率或时隙）分配给所需用户的操作，以达到最大系统容量和最佳通信质量。TD-SCDMA 采用频域、时域和空域三种动态信道分配方法全面降低相应的小区间干扰，从而使频谱利用率得以优化。

如果在当前使用的无线载波的所有时隙中发生干扰，通过改变无线载波可进行频域动态信道分配。频域动态信道分配采用 FDMA 技术。在这种技术中，每一小区使用多个无线信道（频道）。在给定频谱范围内，与 5MHz 的带宽相比，TD-SCDMA 的 1.6MHz 带宽使其具有 3 倍以上的无线信道数。

如果在目前使用的无线载波的原有时隙中发生干扰,通过改变时隙可进行时域动态信道分配。时域动态信道分配采用 TDMA 技术。在这种技术中,一个 TD-SCDMA 载频上,使用 7 个时隙减少了每个时隙中同时处于激活状态的用户数量。每载频多时隙,可以将受干扰最小的时隙动态分配给处于激活状态的用户。

空域动态信道分配通过智能天线的定向性来实现。它的产生与时域和频域动态信道分配有关。空域动态信道分配采用空分多址(Space Divison Multiple Access,SDMA)技术,它通过选择用户间最有利的方向去耦(decoupling),进行空域动态信道分配。

5) 智能天线

智能天线是一种安装于移动无线接入系统基站侧的天线阵列,通过一组带有可编程电子相位关系的固定天线单元,获取基站和移动台之间各个链路的方向特性。智能天线利用空间位置的不同来区分用户,在相同时隙、相同频率或相同地址码的情况下可以根据信号不同的空间传播路径来区分。TD-SCDMA 由于上下行无线链路使用同一载频,无线传播特性相似,能够很好地支持智能天线技术,智能天线的使用增加了 TD-SCDMA 无线接口的容量。

使用智能天线,能量仅指向小区内处于激活状态的移动终端,移动终端在整个小区内处于受跟踪状态,同时减少小区间干扰,降低多径干扰,使得用户的信噪比增加,增加了容量及小区覆盖半径。

7.4 B3G/4G 技术

B3G(Beyond3G),即超三代移动通信系统,又称为第四代移动通信技术(4G)。ITU-R 于 2003 年 6 月批准了 4G 数据传输速度的定义,规定"在电车等高速行驶时要能达到约 100Mbps,静止时要能实现 1Gbps 的数据传输速度"。

ITU 将当前的 WCDMA、CDMA 2000、TD-SCDMA 及其增强型 3G 标准技术统称为 IMT—2000 技术。按照 ITU 的定义,IMT—2000 技术和 IMT-Advanced 技术拥有一个共同的前缀 IMT,表示所有的国际移动通信。IMT-Advanced 表示 4G 技术。4G 是继第三代以后的又一次无线通信技术演进,其开发更加具有明确的目标性,即提高移动装置无线访问互联网的速度。相对于 3G 移动通信,4G 有着更高的传输效率和更全的业务类型。

ITU 在 2012 年无线电通信全会全体会议上,正式审议通过将 LTE-Advanced 和 WirelessMAN-Advanced(802.16m)技术规范确立为 IMT-Advanced 国际标准,我国主导制定的 TD-LTE-Advanced 同时成为 IMT-Advanced 国际标准。

7.4.1 LTE/ LTE-Advanced 技术

LTE(Long Term Evolution)是 3GPP 制定的"长期演进计划"的英文缩写,又称为 E-UTRA/E-UTRAN。它始于 2004 年 3GPP 的多伦多会议,从 WCDMA 和 TD-SCDMA 两种技术演化而来,在 3GPP 的版本中对应于 R8,它和 3GPP3 中的 UMB 合称 E3G。

LTE 是 3G 与 4G 技术之间的一个过渡,它改进并增强了 3G 的空中接入技术,为用户提供更高速率的网络业务应用,改善了小区边缘用户的性能,提高小区容量并降低系统延迟。

　　LTE 在技术提案征集上有 6 个选项,按照双工方式可分为 FDD 和 TDD 两类,而按照无线链路的调制方式或多址方式主要可分为 CDMA 及 OFDMA 两类。表 7-1 列出了 LTE 的六种技术的对比。

表 7-1　LTE 的六种技术的对比

编号	双工方式	多址接入方式
1	FDD	上行采用 SC-FDMA,下行采用 OFDMA
2	FDD	上行/下行均采用 OFDMA
3	FDD	上行/下行均采用多载波 WCDMA
4	TDD	上行/下行均采用多载波 TD-SCDMA
5	TDD	上行/下行均采用 OFDMA
6	TDD	上行采用 SC-FDMA,下行采用 OFDMA

　　2008 年 12 月,第一个可商用的 LTE R8 版本系列规范发布,2010 年 4 月,LTE R9 版本发布。2008 年 3 月,3GPP 启动 LTE-Advance 研究。2009 年 9 月,LTE-A 作为 IMT-Advanced 技术提案提交到 ITU,同时 3GPP 启动 LTE-A WI(R10 版本)。2009 年 9 月,中国向 ITU 提交的 TD-LTE-Advanced 被采纳为 IMT-Advanced 候选技术之一。2010 年 12 月,3GPP 完成 LTE-A R10 基本版本。2012 年 9 月完成 Rel-11,同时启动 Rel-12 研究项目。一般认为 LTE R10 之后被称为 LTE-Advanced,而 LTE R8 和 LTE R9 被称为 LTE。

　　LTE-Advanced 的关键技术如下所述。

1. 载波聚合(Carrier Aggregation)

　　从 LTE 到 LTE-Advanced 系统的演进过程中,更宽频谱的需求将成为影响演进的最重要因素之一。LTE-A 系统支持的带宽最小为 20MHz,最大带宽达到 100MHz。它支持的下行峰值速率为 1Gbps,上行峰值速率为 500Mbps,下行频谱效率提高到 30bps/Hz,上行频谱效率提高到 15bps/Hz。

　　载波聚合是 LTE-Advanced 系统带宽扩展方式。载波聚合不需要对 LTE 物理层结构进行大的变革,可以使用现存设备。载波聚合技术将多个 LTE 载波扩展成 LTE-A 系统的传输载波,并且 LTE 系统的用户终端和 LTE-A 系统的用户终端均可以使用"LTE 载波单元"进行通信。通过对多个连续或者非连续的分量载波聚合可以获取更大的带宽,从而提高峰值数据速率和系统吞吐量,同时也解决了运营商频谱不连续的问题。

　　此外,考虑到未来通信中上下行业务的非对称性,LTE-A 支持非对称载波聚合,典型场景为下行带宽大于上行带宽。按照频谱的连续性,载波聚合可以分为连续载波聚合与非连续载波聚合。按照系统支持业务的对称关系,分为对称载波聚合与非对称载波聚合。

2. 中继技术

　　中继技术将一个基站与移动台的链路分割为基站与中继站、中继站与移动台两条链路,从而将一条质量较差的链路替换为两条质量较好的链路,以获得更高的链路容量和更好的传输效率。

　　中继技术是在原有站点的基础上,引入 Relay 节点(或称中继站),Relay 节点和基站通过无线连接。下行数据先由基站发送到中继节点,再由中继节点传输至终端用户,上行则反之。通过 Relay 技术能够增强覆盖,支持临时性网络部署和群移动,同时也能降低网络部署成本。

根据功能和特点的不同,Relay 可分为 Type1 和 Type2 Relay 两类。Type1 Relay 具有独立的小区标识,具有资源调度和混合自动重传请求功能,对于 Rel-8 终端具备基站功能,而对于 LTE-A 终端具有比基站更强的功能。Type2 Relay 不具有独立的小区标识,对 Rel-8 终端透明,只能发送业务信息而不能发送控制。当前,Rel-10 版本主要考虑 Type1 Relay。

3. 增强型的 MIMO

在 LTE 中,上行仅支持单天线的发送,为了提高上行传输速率,同时也为了满足 IMT-Advanced 对上行峰值频谱效率的要求,LTE-Advanced 在 LTE 的基础上引入上行 SU-MIMO,支持最多 4 个发送天线。LTE 下行可以支持最多 4 个发送天线,而 LTE-Advanced 在此基础上进一步增强以提高下行吞吐量。目前确定将扩展到支持最多 8 个发送天线。

4. 协作多点传输技术

协作多点传输技术(Coordinated Multi-Point,CoMP)利用多个小区间的协作通信,有效解决小区边缘干扰问题,从而提高系统吞吐量,扩大高速传输覆盖。

CoMP 包括下行 CoMP 发射和上行 CoMP 接收。上行 CoMP 接收通过多个小区对用户数据的联合接收来提高小区边缘用户吞吐量,其对 RAN1 协议影响比较小。下行 CoMP 发射根据业务数据能否在多个协调点上获取,可分为联合处理(Joint Processing,JP)和协作调度/波束赋形(Coordinated Scheduling/Beamforming,CS/CB)。前者主要利用联合处理的方式获取传输增益,而后者通过协作减小小区间的干扰。

LTE-Advanced 提出的协作式多点传输技术可分为分布式天线系统(Distributed Antenna System,DAS)和协作式 MIMO 两大类。DAS 改变了传统蜂窝系统中集中式天线系统的风格,将天线分散安装,再用光纤或电缆将它们连接到一个中央处理单元统一进行收发信号处理。这使得发送功率降低,可提高整个系统的功率使用效率,降低小区间的干扰,还可以提高资源管理的灵活性、优化资源的使用和提高频谱效率等。

协作 MIMO 是对传统的基于单基站 MIMO 技术的补充。它通过基站间协作 MIMO 传输来达到减小小区间干扰、提高系统容量、改善小区边缘的覆盖和用户数据速率的目的。

5. 分组调度技术

分组调度就是根据网络状态动态地将最适合的时/频资源分配给某个用户。LET-A 系统中,调度器除了分配时间/频率资源外,还可以控制传输的大小,或者调制编码格式。LTE-A 系统的资源分配包含集中式和分布式两种方式,并支持在集中式和分布式之间灵活地切换。集中式资源分配是指为用户分配连续的子载波和资源块,分布式资源分配是指为用户分配离散的子载波和资源块。

6. 小区间干扰抑制技术

LTE-A 系统小区间干扰抑制技术主要有以下 3 种解决方式。

(1) 小区间干扰随机化。

小区间干扰随机化是通过加干扰的方式将干扰信号随机化为"白噪声",从而抑制小区间干扰。

（2）小区间干扰删除。

小区间干扰删除是对小区内的干扰信号进行某种程度的调解和解码,然后利用接收机的处理增益从接收信号中消除干扰信号分量。

（3）小区间的干扰协调与避免。

小区间的干扰协调又称为"软频率复用"或"部分频率复用"。这种方法是将频率资源分为若干个复用集,小区中心的用户可以采用较低的功率发射和接收,即使占用相同的频率也不会造成较强的小区间干扰。

7. 网络自组织技术

LTE-A 系统提出了网络自组织(Self Organization Network,SON)方面的需求,一方面可以实现基站的自配置与自优化,降低布网成本和运营成本,另一方面还可以用于 Home eNode B 等数量繁多,难于远程控制的节点类型。SON 的功能主要包括网络自配置、自优化、自安装、自规划、自愈合和自回传的过程。

7.4.2　TD-LTE/TD-LTE-Advanced 技术

TD-LTE(TD-SCDMA Long Term Evolution),即 TD-SCDMA 的长期演进。TD-LTE 是 TDD 版本的 LTE 技术,FDD-LTE 是 FDD 版本的 LTE 技术。TD-SCDMA 是 CDMA 技术,TD-LTE 是 OFDM 技术。TD-LTE-Advanced(LTE-Advanced TDD 制式)是我国自行研发的 4G 移动通信技术,它采用了 TD-LTE 的主要技术。

作为 TD-SCDMA 的演进技术,TD-LTE 目前已经成为 3GPP 里面唯一的基于 TDD 技术的 LTE 标准。

1. LTE 网络结构

LTE 网络结构包括演进型分组核心网(Evolved Packet Core,EPC)、演进型基站(eNode B)和用户设备(UE)三部分,如图 7-11 所示。LTE 致力于无线接入网的演进(E-UTRAN)。系统架构演进(SAE)则致力于分组网络的演进(演进型分组核心网 EPC)。LTE 和 SAE 共同组成演进型分组系统(EPS)。

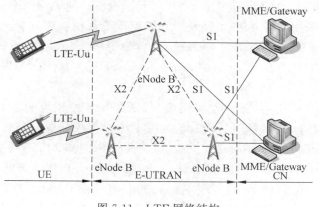

图 7-11　LTE 网络结构

其中,EPC 负责核心网部分,EPC 控制处理部分称为 MME,数据承载部分称为 SAE 网关(S-GW)。eNode B 负责接入网部分。

如图 7-11 所示,eNode B 与 EPC 通过 S1 接口连接,eNode B 之间通过 X2 接口连接,eNode B 与 UE 之间通过 Uu 接口连接。与 UMTS 相比,由于 Node B 和 RNC 融合为网元 eNode B,所以 TD-LTE 少了 Iub 接口。

X2 接口类似于 Iur 接口,S1 接口类似于 Iu 接口,但都有较大简化。因为 TD-LTE 系统在 TD-SCDMA 系统的基础上对网络架构做了较大的调整。相应地,其核心网和接入网的功能划分也有所变化。MME 的功能主要包括寻呼消息发送、安全控制、Idle 状态的移动性管理、SAE 承载管理,以及 NAS 信令的加密与完整性保护等。S-GW 的功能主要包括数据的路由和传输,以及用户数据的加密。

2. TD-LTE 的关键技术

LTE 的最关键技术是 OFDM 多址接入技术及 MIMO 多天线技术。通过这些新技术,大大提高了 LTE 系统的性能。

1) OFDM 技术

TD-LTE 以 OFDM 技术为基础,下行采用 OFDMA,而上行根据链路特点采用单载波频分多址(SC-FDMA)技术。OFDMA 中一个传输符号包括 M 个正交的子载波,实际传输中,这 M 个正交的子载波以并行方式进行传输,真正体现了多载波的概念。

上行采用单载波频分多址(SC-FDMA)。而对于 SC-FDMA 系统,使用 M 个不同的正交子载波,但这些子载波在传输中以串行方式进行,降低了信号波形幅度上大的波动,避免带外辐射,降低了峰平功率比(PAPR)。LTE 系统上下行传输方式保证了使用不同频谱资源用户间的正交性。

2) MIMO 技术

MIMO(Multiple Input Multiple Output)即多输入多输出技术。MIMO 系统是一种将信号在空间域处理与时间域处理相结合的技术方案。空间域的处理利用了多径传播环境中的散射所产生的不同子信号流的非相关性,而在接收端对不同的信号流进行分离。

MIMO 系统利用多个天线同时发送和接收信号,任意一根发射天线和任意一根接收天线间形成一个 SISO(Single Input Single Output,单输入单输出)信道,通常假设所有这些 SISO 信道间互不相关。MIMO 是无线 TD-LTE 系统的一项关键技术,根据天线部署形态和实际应用情况可采用发射分集、空间复用和波束赋形三种实现方案。按照发射端和接收端不同的天线配置,MIMO 系统可分为三类:单输入多输出系统(Single Input Multiple Output,SIMO)、多输入单输出系统(Multiple Input Single Output,MISO)和多输入多输出系统(MIMO)。

LTE 系统采用可以适应宏小区、微小区和热点等各种环境的 MIMO 技术。基本的 MIMO 模型是下行,上行天线阵列,同时也考虑更多的天线配置。目前采用的方法包括空间复用(Spatial Multiplexing,SM)、空分多址(Space Division Multiple Access,SDMA)、预编码(Precoding)、自适应波束形成(Adaptive Beamforming)、智能天线等。开环分集主要用于控制信令传输,包括空时分组码(Space Time Block Code,STBC)和循环位移分集(Cyclic Shift Diversity,CSD)等。

3) 载波聚合

LTE 目前支持 20MHz 的系统宽带,可实现下行 300Mbps、上行 80Mbps 的峰值速率。在 ITU 关于 IMT-Advanced 的规划中,提出了下行峰值速率 1Gbps、上行 500Mbps 的目标,并将系统最大支持宽带不小于 40MHz 作为 IMT-Advanced 系统的技术要求之一,因此需要对 LTE 的系统宽带做进一步扩展。LTE-Advanced 采用载波聚合的方式实现系统带宽的扩展。

7.5　5G 通信技术

5G 是最新一代蜂窝移动通信技术,是 4G 通信系统的延伸。随着 4G 的全球商用,5G 的研究已成为通信界关注的热点。我国工业和信息化部 2019 年 6 月向中国电信、中国移动、中国联通、中国广电发放了 5G 商用牌照,业界致力于 2020 年全面开展 5G 商用。5G 的性能目标是高数据速率、减少延迟、节省能源、降低成本、提高系统容量和大规模设备连接。5G 能够支持约 1ms 的往返延迟,而 4G 的往返延迟大约为 15ms。5G 的数据速率可以通过如下几种不同的方式衡量。

(1) 汇聚数据速率(Aggregate Data Rate),指网络可以服务的总数据量,以比特/秒/区域(bits/sec/area)为单位表示。它表示服务区域的吞吐量密度。相比于 4G 通信系统,5G 的汇聚数据速率提高 1000 倍以上。

(2) 峰值速率(Peak rate)指的是网络条件最好情况下,用户能够达到的最大速率。峰值速率是理想状况下的网络速率。5G 的理想峰值速率为 10Gbps。

(3) 边缘速率(Edge Rate)又称为 5% 速率,是指用户在网络范围内可合理预期接收的最差数据速率。边缘速率是数据速率的下限。因为一般取传输速率最差 5% 的用户作为衡量边缘速率的标准。5G 边缘速率的目标范围从 100Mbps 到 1Gbps,而 4G 的典型边缘速率为 1Mbps。

7.5.1　5G 核心技术

5G 的核心关键技术如下。

1. 非正交多址接入

非正交多址接入(Non-Orthogonal Multiple Access,NOMA),其基本方法是在发送端采用非正交发送,主动引入干扰信息,在接收端通过串行干扰删除(Successive Interference Cancellation,SIC)接收机实现解调。NOMA 基于非正交多用户复用原理,在 OFDM 的基础上增加了一个功率域维度,利用每个用户不同的路径损耗来实现多用户复用。NOMA 的关键技术包括 SIC 和功率复用。

在发送端,NOMA 引入干扰信息以获得更高的频谱效率,针对多址干扰(MAI)问题,在接收端采用 SIC 接收机实现多用户检测,在接收信号中对用户逐个判决,进行幅度恢复后,将该用户信号产生的多址干扰从接收信号中剔除,并对剩下的用户再次进行判决,直至消除所有的多址干扰。

功率复用是指基站在发送端对不同的用户分配不同的信号功率,利用不同的路径损耗差异实现多路发射信号的叠加。在接收端,SIC 接收机需要在接收信号中对用户进行判决,以此排列消除干扰用户的先后顺序,其判决依据就是不同用户的信号功率大小。

2. 滤波组多载波技术

FBMC(Filter-bank Based Multi-Carrier),即基于滤波器组的多载波技术。FBMC 利用

一组不交叠的带限子载波实现多载波传输。在 FBMC 中,原型滤波器的冲击响应和频率响应可以根据需要设计,各载波之间不再必须是正交的,不需要插入循环前缀,因此能实现各子载波带宽设置、各子载波之间的交叠程度的灵活控制,从而可灵活控制相邻子载波之间的干扰,并且便于使用一些零散的频谱资源。此外,各子载波之间不需要同步,信道估计、检测等可在各子载波上单独进行处理,尤其适合于难以实现各用户之间严格同步的上行链路。

3. 毫米波

毫米波(mmWave)指的是频率为 30～300GHz,波长范围为 1～10mm 的波段。3GPP 38.101 协议规定,5G 主要使用 FR1 和 FR2 两个频段。FR1 频段的频率范围是 450MHz～6GHz,称为 sub 6GHz 频段。FR2 频段的频率范围是 24.25～52.6GHz,通常叫作毫米波。

由于足够大的可用带宽,较高的天线增益,毫米波技术可以支持超高速的传输率,且波束窄,灵活可控,可以连接大量设备。在毫米波频段,移动应用可以使用的最大带宽是 400MHz,数据速率高达 10Gbps。

4. 大规模 MIMO 技术

大规模 MIMO 即 Massive MIMO,是指基站天线数目庞大,而用户终端采用单天线接收的通信方式。传统的多天线系统通常是 2×2 MIMO 系统,其中,基站和用户设备均具有含两个发射天线和两个接收天线阵列,从而有效地实现双倍容量。另外,还有一些基于 4×4、8×8、16×16 的 MIMO 系统,这些系统针对特定应用,存在不对称收发天线组合。大规模 MIMO 技术通过在水平和垂直方向同时放置天线,增加了垂直方向的波束维度,其天线数可达 64/128/256 个。

传统的 MIMO 系统,信号在覆盖时只能在水平方向移动,垂直方向是固定的,信号类似一个平面发射出去,因此称为 2D-MIMO。大规模 MIMO 技术在 MIMO 的基础上增加了垂直维度,使得波束在空间上三维赋形,因此也称为 3D-MIMO。大规模 MIMO 技术避免了天线之间的相互干扰,可以实现多方向波束赋形。Massive MIMO 技术实现具有大量收发流以及其他网络容量提升技术和方法的基站,以提高峰值下行链路吞吐量,大幅改善上行链路性能以及增强覆盖能力。

5. 认知无线电技术

研究表明,虽然当前可用的无线频谱资源非常紧张,但是,这些频谱并没有被完全利用。认知无线电(Cognitive Radio,CR)技术是通过对当前无线环境的认知,将信号搬移到临时未被充分利用的频谱上通信的一种技术。认知无线电是软件定义无线电(Software Defined Radio,SDR)和人工智能的组合。SDR 是基于软件定义的无线电通信技术。换句话说,可以通过软件下载和更新来升级频段,空中接口协议和功能,而不用完全替代硬件。基于认知无线电技术能够动态选择无线信道。在不产生干扰的前提下,设备通过不断感知频率,选择并使用可用无线频谱。

6. 超密度异构网络

超密集网络部署(Ultra Dense Deployment,UDN),是通过更加密集化的无线网络基础设施部署,在局部热点区域实现百倍量级的系统容量提升。UDN 通过小基站加密部署提升空间复用,是提升网络数据流量以及用户体验速率的有效解决方案。UDN 可以实现可观的容量增长,然而随着小区密度的增加,小区间的干扰问题更加突出,尤其是控制信道的干扰直接影响整个系统的可靠性。此外,随着小区密度的增加,基站之间的间距逐渐减小,这将导致用户的切换次数和切换失败率显著增加,这会严重影响用户体验。

目前,除了传统的基于时域、频域、功率域的干扰协调机制外,3GPP Rel-11 提出了增强的小区干扰协调技术(Enhanced Inter-cell Interference Coordination,eICIC),包括通用参考信号(Common Reference Signal,CRS)抵消技术、网络侧的小区检测和干扰消除技术等。这些技术均在不同的自由度上,通过调度使得干扰信号互相正交,从而消除干扰。

注意:频域上的同频多小区间干扰协调称为小区间干扰协调(Inter-cell Interference Coordination,ICIC),时域上的同频多小区间干扰协调称为 eICIC。

7. 载波聚合

在移动通信网络中,为了实现较高的下行峰值速率,需要更大的带宽,但在实际中,这种大宽带的频谱很难找到。因此,实现将多个载波进行合并传输的技术,称为载波聚合(Carrier Aggregation,CA)。载波聚合将能使用的所有载波/信道绑在一起,用尽可能大的带宽达到更高的峰值速率。

载波聚合分为连续载波聚合和不连续载波聚合两种。连续载波聚合将相邻的数个较小的载波整合为一个较大的载波进行传输。不连续载波聚合将离散的多载波聚合起来,当作一个较宽的频带使用,通过统一的基带处理实现离散频带的同时传输。载波聚合的典型谱场景包括如下三种。

(1) 频带内相邻载波聚合(Intraband Contiguous CA):大于 20MHz 连续频谱,当新的高频段频谱启用时有可能利用。

(2) 频带内不相邻载波聚合(Intraband Non-Contiguous CA):当中心频率被其他用户加载或者考虑网络共享场景时。

(3) 频带外不相邻载波聚合(Outband Non-Contiguous CA):利用不同频段无线传播特性提升移动鲁棒性。

7.5.2　5G 组网方法

3GPP TSG-RAN 第 72 次全体大会上提出了 8 种 5G 组网方案,这些方案分为独立组网(Standalone,SA)和非独立组网(non-Standalone,NSA)两大阵营。独立组网是指全面新建 5G 网络,非独立组网是指 5G 与 4G LTE 联合组网,在利用现有的 4G 设备基础上进行 5G 网络的部署,即可同时使用 4G 核心网、4G 无线网以及 5G 无线网。SA 拥有 5G 核心网,与 4G 仅在核心网级互连。表 7-2 列出了这 8 种组网方案的详细情况。

表 7-2　5G 组网方案对比

方案编号	方案内容	组网方式	是否适用
1	LTE 基站连接 4G 核心网	SA	否
2	5G NR 基站连接 5G 核心网	SA	是
3	LTE 和 5G NR 基站双连接 4G 核心网	NSA	是
4	5G NR 和 LTE 基站双连接 5G 核心网	NSA	是
5	LTE 基站连接 5G 核心网	SA	是
6	部署 5G 基站,采用 4G 核心网	SA	否

方案编号	方案内容	组网方式	是否适用
7	LTE 和 5G NR 基站双连接 5G 核心网	NSA	是
8	部署 4G 核心网连接 5G 基站	NSA	否

方案 1 是采用 4G 核心网连接 4G 基站,其不属于 5G 组网技术,因此不适用 5G 组网。方案 2 属于 5G 独立组网,使用 5G 的基站和 5G 的核心网,这种组网的服务质量更好,由于要全面部署 5G 核心网和 5G 基站,因此建网的成本很高,相对建设周期也会长一些。此外,这种方式是 5G 全面建成后的网络方案,此时 4G 基站和 4G 网络设备会全面废弃。如图 7-12 所示是方案 1 和方案 2 的对比。

图 7-12　方案 1 和方案 2 技术对比

考虑到建网成本和建网周期,方案 3 提出采用构建 5G 基站连接 4G 核心网的技术方案,其主要使用 4G 核心网络,分为主站和从站,与核心网进行控制面命令传输的基站是主站。方案 3 是在当前 4G 基础上平滑升级的一种建网方案,可以看到,其仍然依赖 4G 核心网,并没有用 5G 核心网。其设计了三个子选项,如图 7-13 所示。

图 7-13　方案 3 的三种组网选项

第一种子选项中,将原有的 4G 基站升级改造为增强型 4G 基站,该基站为主站,新部署的 5G 基站作为从站进行使用。第二种子选项中,将 5G 的用户面数据直接传输到 4G 核心网。第三种子选项中,将用户面数据分为两个部分,将 4G 基站不能传输的部分数据使用 5G 基站进行传输,而剩下的数据仍然使用 4G 基站进行传输,两者的控制面命令仍然由 4G 基站进行传输。

方案 4 提出了 4G 基站和 5G 基站共用 5G 核心网的方法,其中 5G 基站作为主站,4G 基站作为从站。这种方案也分为两个子选项,如图 7-14 所示。

第一种子选项中,5G 基站具有 4G 基站的功能,所以 4G 基站的用户面和控制面分别通过 5G 基站传输到 5G 核心网中。第二种子选项中,4G 基站的用户面直接连接到 5G 核心网,控制面仍然从 5G 基站传输到 5G 核心网。可以看到这是逐步普及 5G 后的组网方案,此时,5G 核心网络已经建成,4G 核心网络基本上已经废弃,不再使用,因此其提供了 4G 基

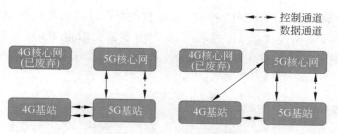

图 7-14　方案 4 的两种组网选项

站和 4G 用户终端连接到 5G 网络的方法。

方案 5 是先进行 5G 核心网部署,并在 5G 核心网中实现 4G 核心网的功能,先使用增强型 4G 基站,随后再逐步部署 5G 基站。这也是一种 4G 向 5G 升级的独立组网方案,需要升级当前 4G 基站,以提供 5G 相关功能。方案 6 是先部署 5G 基站,采用 4G 核心网进行连接。由于全面部署 5G 基站的任务量大,建网周期长,此外,建好 5G 基站后连接 4G 核心网会限制 5G 系统的部分功能。因此,该选项已经被舍弃。如图 7-15 是方案 5 和方案 6 的组网方法。

图 7-15　方案 5 和方案 6 的组网方法

方案 7 考虑了 5G 网络全面建成后,连接已有 4G 基站的情况。此时,4G 核心网已经废弃,但是采用增强的 4G 基站设备可以实现已有 4G 设备连接 5G 网络。方案 7 提供了三种子选项,如图 7-16 所示。

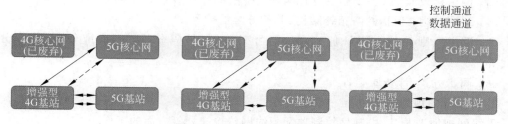

图 7-16　方案 7 的三种子选项

第一种子选项中,5G 基站和增强型 4G 基站进行控制和数据平面连接,并通过增强型 4G 基站连接 5G 核心网。这种子方案会导致增强型 4G 基站成为网络瓶颈,5G 基站的性能发挥不出来。第二种子选项中,5G 基站和 4G 增强型基站的数据都可以直接连接到 5G 核心网络,5G 基站通过 4G 增强型基站发送控制连接。第三种子选项和第一种子选项类似,但是增加了 5G 基站直接向 5G 核心网发送数据的方法,因此,灵活性更强。

方案 8 是全面建成 5G 基站,采用 4G 核心网进行连接的方案,如图 7-17 所示。其提供了两个子选项,其中子选项 1 是将 4G 基站的数据和控制都连接到 5G 基站,通过 5G 基站转发到 4G 核心网。第二种选项中,4G 和 5G 基站的数据可以直接连接到 4G 核心网,但是 4G 的控制必须通过 5G 基站连接到 4G 核心网,这种方案需要改造 4G 核心网,而并未简称 5G 核心网。这种方案当前已经被废弃。

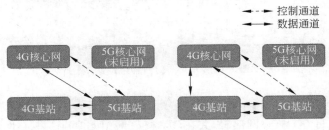

图 7-17　方案 8 的两种子选项

7.6　无线广域网的规划

无线广域网的规划涉及经济分析、无线、传输、信令、智能网、ATM、交换、IP、后台支撑等方面,是一个庞大的系统工程。在实际网络规划中,通常分核心网和无线网两大部分进行规划,而把其他内容分别纳入这两部分,以支撑系统或配套工程的形式出现。

7.6.1　无线广域网的规划内容

1. 核心网的规划内容

核心网规划包括核心网电路域、分组域、信令网和智能网的规划,工作内容大致包括以下几个方面。

(1) 确定计算模型:包括话务模型、分组流量模型、业务模型等。

(2) 确定网络容量:主要包括用户数、业务流量等。

(3) 网络建设原则:主要包括建网策略、网络结构、网元设置原则等。

(4) 组网原则:包括网络拓扑结构、业务分区汇接等。

(5) 路由原则和信令寻址原则:包括号码分配、号码分析、IP 地址分配、信令分析方式等。

(6) 同步方式、计费原则等。

2. 无线网的规划内容

无线网规划涉及基站、基站控制器和无线网传输规划等方面的工作。

1) 基站规划

基站规划包括站址规划、基站设备配置、无线参数设置和无线网络性能预测分析四方面。

(1) 站址规划:根据链路预算和容量分析计算所需基站数量,并通过站址选取确定基站的地理位置。

(2) 基站设备配置:根据覆盖、容量要求和设备能力确定每一基站的硬件和软件配置,包括扇区、载波、信道单元和其他处理板的数量。

(3) 无线参数设置:通过站址勘查和系统仿真设置工程参数(即天线类型、天线挂高、方向和下倾)和小区参数。

（4）无线网络性能预测分析：通过系统仿真提供包括覆盖效果、软切换、导频污染、吞吐量、块差错率(Block Error Rate，BLER)分布、比特信噪比(E_b/N_o)分布等在内的无线网络性能指标预测分析报告。

2）基站控制器规划

根据基站控制器容量和基站规划结果确定基站控制器的数量和设备配置，完成基站控制器控制范围的划分。

3）无线网传输规划

计算每一个基站 Iub 接口的传输需求以及 Iur 和 Iu 接口的传输需求。

7.6.2　无线广域网的规划流程

在无线广域网规划中，无线网络规划和核心网络规划是两个相对独立的过程，规划中牵扯到业务之间存在一定的输入输出关系，图 7-18 所示的是无线广域网相关规划部门人员角色之间的关系。为了更好地完成规划项目，通常需要协调部门人员之间的进度并统一源数据的输入。

图 7-18　无线网络规划关系

1. 核心网的规划流程

核心网络的规划内容比较多，需要分阶段进行，上一规划阶段的输出结果是下一规划阶段的输入数据。核心网规划分 10 个阶段完成，具体内容如下。

（1）资料准备阶段：主要包括基础信息的收集、现有资料整理、规划依据收集、建设原则确认。

（2）规划目标确认阶段：主要包括对现有发展环境的分析，关键是业务发展策略及总体发展策略以及对 4G 业务和功能的定位。

（3）预测阶段：主要包括预测模型的分析、业务模型的分析、用户数预测、业务预测。其中用户数、业务预测分别对全省拟合、分地区拟合，并且分析取定预测值。

（4）确定网络发展策略阶段：主要包括网络发展策略分析、工程总体规模、建设规划的确定。

（5）网元设置、组网方案确认阶段：电路域包括网络拓扑结构的确定，移动业务交换中心(Mobile Switching Center，MSC)、归属位置寄存器(Home Location Register，HLR)、汇接局、网关局等主要核心网元的设置；分组域包括网关 GPRS 支持节点(Gateway GPRS Supporting Node,GGSN)、服务 GPRS 支持节点(Serving GPRS Supporting Node,SGSN)、域名系统(Domain Name System,DNS)、计费网关(Charging Gateway,CG)、边界网关(Border Gateway,BG)、防火墙、NTP(Network Time Protocol)服务器等网元的设置；信令网、智能网组网包括信令网结构、STP(Spanning Tree Protocol)设置方式、信令链路路由设置、智能网结构、智能网相关网元的设置等内容。

(6) 话路、带宽、信令链路计算配置阶段：针对以上电路域、分组域、信令网进行设备容量确定、相关的话路、带宽以及链路计算。

(7) 网管、同步及支撑系统组网确定阶段：内容包括确定网管、同步及其他支撑系统组网方案。

(8) 编号、路由方式确定阶段：内容包括编号计划、路由选择等。

(9) 局址选择、配套设施规划设计阶段：内容包括局址选择、电源传输配套、机架和机房的面积要求。

(10) 投资估算与经济评价阶段：包括投资估算、收益分析、经济和社会效益评估等内容。

2. 无线网的规划流程

无线网络规划作为网络规划建设的重要环节，应以前期基础数据的收集和整理以及需求分析为基础，并在网络建设运营和优化过程中进一步完善。无线规划可分为 7 个阶段，具体如下：

(1) 资料准备阶段；

(2) 规划目标确认阶段；

(3) 预测阶段；

(4) 确定网络发展策略阶段；

(5) 无线预规划阶段；

(6) 站址选取阶段；

(7) 无线网详细规划阶段。

其中，第(1)至(4)阶段与核心网统一进行；第(5)阶段要根据用户、业务预测以及覆盖要求和服务等级，对服务区进行区域分类，完成覆盖、系统容量、业务质量要求等指标在地理位置上的初步分解，计算所需基站、无线网络控制器(Radio Network Controller,RNC)、传输数量和设备配置；第(6)阶段要按照网络预规划对基站数量的估算，并结合现有站址及传输情况对各覆盖区域做实地勘查，获取基站站址的相关信息并初步确定基站相关参数。

第(7)阶段要将选取的基站站址等信息输入规划软件，实施系统仿真，判断规划是否符合网络指标要求。如果不符合则要重新调整基站数量及布局，如此反复直到满足要求，最终确定基站站址和参数设置，并在此基础上完成 RNC,控制范围的划分。

在无线网络工程建设中，由于各种条件的限制，部分规划站址难以实施，需要对原先规划的站址做局部调整，重新选址和规划。在网络建成开通后，不可避免会存在一些问题，需不断调整优化，使网络资源达到最优配置。对于一些难以通过调整天馈线和参数达到优化的基站，应考虑调整站址。

对由于用户增长等原因而网络优化已经无法解决的，则需要进行扩容，开展下一次无线网络规划。在网络规划建设的不同阶段,对无线网规划的深度有不同要求,并非每次规划都需要涵盖所有的规划步骤,例如,为了估算投资规模只需进行预规划。因此,应根据任务需要对规划流程进行合理剪裁和调整。

本 章 小 结

本章主要介绍无线广域网的相关技术,主要内容包括广域网的基本概念,广域网连接方式,广域网的主要协议,IEEE 802.20 技术标准,3G 通信技术,4G 通信技术,5G 通信技术以及无线广域网的规划等。学习完本章,读者应该重点掌握广域网的基本概念和相关的广域网协议,掌握 IEEE 802.20 技术标准,理解 4G 网络技术,理解 5G 网络的 8 种组网方案及其特点,掌握无线广域网的规划流程。

习　　题

1. 简述广域网的常见连接方式及特点。
2. 简述常见的广域网协议。
3. 简述无线广域网的基本概念及特点。
4. 简述 IEEE 802.20 的协议层次及特点。
5. 简述 CDMA 2000 网络的基本结构。
6. 简述 WCDMA 网络的基本结构。
7. 简述 TD-SCDMA 网络的基本结构。
8. 简述 LTE 网络的基本结构。
9. 简述 TD-LTE 的关键技术。
10. 简述 5G 网络的核心技术。
11. 简述大规模 MIMO 技术和 MIMO 技术的区别。
12. 简述载波聚合技术的基本原理。
13. 简述 FBMC 技术和 OFDM 技术的主要区别。
14. 简述常见的 8 种 5G 网络组网方案。
15. 简述独立组网(SA)和非独立组网(NSA)的区别。
16. 简述无线广域网的规划内容及流程。

第8章 无线个域网技术

本章主要讲述如下知识点:
- IEEE 802.15 标准;
- IEEE 802.15.4 协议体系;
- 蓝牙的基本技术;
- 蓝牙的协议体系;
- 蓝牙的拓扑结构;
- ZigBee 的网络拓扑;
- LoWPAN 的基本网络结构;
- LoWPAN 的协议栈;
- IrDA 技术概述;
- HomeRF 技术概述;
- UWB 技术概述;
- WUSB 技术概述;
- 基于蓝牙的无线个域网组网。

8.1 无线个域网概述

无线个域网(Wireless Personal Area Network,WPAN)指的是在便携式通信设备之间进行短距离自组连接的网络。WPAN 位于整个网络链的末端,用于解决同一地点终端与终端间的连接。WPAN 的覆盖范围一般在 10m 半径以内,在 WPAN 中设备可以承担主控功能,又可以承担被控功能,设备可以很容易地加入或者离开现有网络。WPAN 主要用于短距离内无线通信,以减少各种传输线缆的使用。

8.1.1 IEEE 802.15 标准

IEEE 802.15 是 IEEE 802 成立的从事 WPAN 标准化的工作组,其主要实现以设备为中心半径 10m 范围内的高效、节能无线通信方法。按照数据传输速率的不同,WPAN 分为高速个域网(High-Rate WPAN, HR-WPAN)和低速个域网(Low-Rate WPAN, LR-WPAN)。当前 IEEE 802.15 主要分为 5 个工作组,可以登录其官方站点 http:www. ieee802.org/15 查询相关技术标准。

IEEE 802.15.1 工作组以蓝牙标准为基础,定义了物理层(PHY)和介质访问控制层 (MAC)规范。2001 年,蓝牙 V1.1 正式列入 IEEE 标准,Bluetooth 1.1 即为 IEEE 802.15.1。 IEEE 802.15.1 采用 2.4GHz 的频段进行通信,其数据传输速率为 1Mbps。

IEEE 802.15.2 工作组的主要任务是开发 WPAN 和 WLAN 共存的通信标准。IEEE 802.15.2 为其他 802.15 标准提出修改意见以提高与其他在开放频率波段工作的无线设备的共存性能。

IEEE 802.15.3 工作组关注高速率 WPAN。IEEE 802.15.3 工作在 2.4GHz 的频段,其最高数据传输速率达到 55Mbps。IEEE 802.15.3a 则设计提供高达 110Mbps 的传输速率。

IEEE 802.15.4 工作组定义了低速率、低功耗 WPAN 的物理层和 MAC 层,其主要开发低成本、低功耗的无线传感器网络设备标准。

IEEE 802.15.5 工作组主要实现 Mesh 网络功能,其定义了 WPAN 设备的互操作功能,以构建稳定和可扩展的无线 Mesh 网状网络。

IEEE 802.15 协议体系结构如图 8-1 所示。可以看到各种 IEEE 802.15 标准的主要区别在其物理层和 MAC 层。

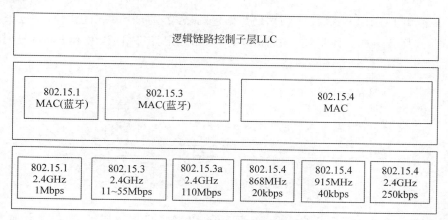

图 8-1 IEEE 802.15 协议体系结构

8.1.2 IEEE 802.15.4 协议体系

IEEE 802.15.4 主要负责制订物理层及 MAC 层的协议,其他高层协议由 ZigBee 联盟负责。ZigBee 联盟与 IEEE 802.15.4 合作提供了一套完整的 WPAN 解决方案。

1. 物理层

IEEE 802.15.4 定义了两个物理层标准,分别是 2.4GHz 物理层和 868/915MHz 物理层。两个物理层都基于直接序列扩频(Direct Sequence Spread Spectrum,DSSS)技术,使用相同的物理层数据包格式,区别在于工作频率、调制技术、扩频码片长度和传输速率。IEEE 802.15.4 使用的无线信道由表 8-1 确定。可以看出,三个频段共定义了 27 个物理信道,其中 868MHz 频段定义了 1 个信道。915MHz 频段定义了 10 个信道,信道间隔为 2MHz。2.4GHz 频段定义了 16 个信道,信道间隔为 5MHz,较大的信道间隔有助于简化收发滤波器的设计。

表 8-1 WPAN 使用的无线信道

信道编号	中心频率/MHz	信道间隔/MHz	上行频率/MHz	下行频率/MHz
$k=0$	868.3	0	868.6	868.0
$k=1,2,\cdots,10$	$906+2(k-1)$	2	928.0	902.0
$k=11,12,\cdots,26$	$2405+5(k-11)$	5	2483.5	2400.0

2.4GHz 波段为 ISM 频段,有助于 ZigBee 设备的推广和生产成本的降低。2.4GHz 的物理层通过采用 16 进制相移键控技术 16PSK,能够提供 250kbps 的传输速率,从而提高了数据吞吐量,减小了通信时延,缩短了数据收发时间,因此更加节能。868MHz 是欧洲的 ISM 频段,915MHz 是美国的 ISM 频段,工作在这两个频段上的 WPAN 设备避开了来自 2.4GHz 频段中其他无线通信设备的干扰。868MHz 上的传输速率为 20kbps,915MHz 上的传输速率则是 40kbps。由于这两个频段上无线信号的传播损耗和所受到的无线电干扰均较小,因此可以降低对接收机灵敏度的要求,获得较远的通信距离,从而使用较少的设备即可覆盖整个区域。

图 8-2 给出了 IEEE 802.15.4 物理层数据包的格式,物理层数据包由同步包头、物理层包头和净荷三部分组成。同步包头由前导码和数据包定界符组成,用于获取符号同步、扩频码同步和帧同步,也有助于频率调整。

图 8-2　IEEE 802.15.4 物理层数据包格式

物理层包头指示净荷部分的长度,净荷部分含有 MAC 层数据包,净荷部分最大长度为127 字节。

2. 数据链路层

IEEE 802 把数据链路层分成 LLC 和 MAC 两个子层。LLC 子层采用 IEEE 802.6 标准,而 MAC 子层协议则依赖于各自的物理层。IEEE 802.15.4 的 MAC 子层能支持多种 LLC 标准,通过特定业务汇聚子层(Service Specific Convergence Sub-layer,SSCS)协议承载 IEEE 802.2 协议中第一种类型的 LLC 标准,同时也允许其他 LLC 标准直接使用 IEEE 802.15.4 MAC 子层的服务。

LLC 子层的主要功能是进行数据包的分段与重组以及确保数据包按顺序传输。IEEE 802.15.4 MAC 子层的功能包括设备间无线链路的建立、维护和断开,确认帧的传送与接收,信道接入与控制,帧校验与快速自动请求重发,预留时隙管理以及广播信息管理等。MAC 子层与 LLC 子层的接口中用于管理目的的原语仅有 26 条,相对于蓝牙技术的 131 条原语和 32 个事件而言,IEEE 802.15.4 MAC 子层的复杂度低,因此降低了功耗和成本。

图 8-3 给出了 MAC 子层数据包格式。MAC 子层数据包由帧头、业务数据单元和帧尾组成。MAC 子层帧头由 2 字节的帧控制域、1 字节的帧序号域和最多 20 字节的地址域组成。帧控制域指明了 MAC 帧的类型、地址域的格式以及是否需要接收方确认等控制信息。帧序号域包含了发送方对帧的顺序编号,用于匹配确认帧,实现 MAC 子层的可靠传输。地址域采用 64 位的 IEEE MAC 地址或者 8 位的 ZigBee 网络地址。

业务数据单元承载 LLC 子层的数据包,其长度是可变的,但整个 MAC 帧的长度小于127 字节,其内容取决于帧的类型。IEEE 802.15.4 MAC 子层定义了广播帧、数据帧、确认

图 8-3　IEEE 802.15.4 MAC 数据包格式

帧和 MAC 命令帧四种帧的类型。只有广播帧和数据帧包含了高层控制命令或者数据,确认帧和 MAC 命令帧用于 ZigBee 设备间 MAC 子层功能实体间控制信息的收发。

MAC 子层帧尾含有采用 16 位循环冗余校验码(CRC)计算出来的帧校验序列,用于接收方判断该数据包是否正确,从而决定是否采用 ARQ 进行差错恢复。广播帧和确认帧不需要接收方的确认,数据帧和 MAC 命令帧的帧头包含帧控制域,指示收到的帧是否需要确认,如果需要确认,并且已经通过了 CRC 校验,接收方将立即发送确认帧。若发送方在一定时间内收不到确认帧,将自动重传该帧。

IEEE 802.15.4 MAC 子层定义了两种基本的信道接入方法,用于两种 ZigBee 网络拓扑结构中。这两种网络结构分别是基于中心控制的星状网络和基于对等操作的 Ad Hoc 网络。在星状网络中,中心设备承担网络的形成和维护、时隙的划分、信道接入控制和专用带宽分配等功能,其余设备根据中心设备的广播信息来决定如何接入和使用无线信道,其采用时隙化的载波侦听和冲突避免信道接入算法(Carrier Sense Multiple Access with Collision Avoidance,CSMA/CA)。在 Ad Hoc 方式的网络中,没有中心设备的控制,也没有广播信道和广播信息,而是使用标准的 CSMA/CA 信道接入算法接入网络。

8.2　蓝牙技术

蓝牙(Bluetooth)是一种替代线缆的短距离无线通信技术,它规定了通用无线传输接口与操作控制软件的公开标准。其主要基于 IEEE 802.15.1 标准。Bluetooth 最早由爱立信公司的工程师 J.Haartsen 博士和 S.Mattisson 博士开发。Bluetooth 采用分散式网络结构,支持点对点及点对多点通信,采用时分双工传输方案。

1998 年 5 月,Ericsson、IBM、Intel、Nokia 和 Toshiba 联合宣布了"蓝牙"计划,随后这 5 家公司组建了一个特殊的兴趣组织 Bluetooth SIG(Bluetooth Special Interest Group,蓝牙特别兴趣组)来负责此项计划的开发。有关蓝牙的相关标准,可以登录 Bluetooth SIG 官方站点 http://www.bluetooth.com 查询。

8.2.1　蓝牙概述

目前,支持 Bluetooth 的设备越来越多,蓝牙不需任何电缆、不需更改配置、不需进行故障诊断即可建立连接,因此可用于多种通信场合,如 WAP(Wireless Application Protocol,无线应用协议)、GSM(Global System of Mobile communication,全球移动通信系统)、

DECT(Digital Enhanced Cordless Telecommunications,数字增强无绳通信)等,引入身份识别后 Bluetooth 可以灵活地实现漫游。

1. 基本性能参数

Bluetooth 的传输范围大约为 10m,具有 79 个 1MHz 带宽的信道。由于使用比较高的跳频速率,使蓝牙具有较高的抗干扰能力。在发射带宽为 1MHz 时,其有效数据速率为 721kbps。

Bluetooth 的传输功率范围为 1mW～100mW,传输功率大小取决于系统的需求和设计,要达到 100mW 以上,要求在射频前端加上功率放大器。蓝牙采用 GFSK(Gaussian Frequency Shift Keying,高斯频移键控)调制方式,语音的传输采用 CVSD(Continuous Variable Slope Delta-Modulation,连续可变斜率增量调制)技术。

2. 跳频技术

Bluetooth 工作的频段是全球通用的 ISM 频段,频带范围为 2.402～2.480GHz。该频段对所有无线电系统免费开放,因此,Bluetooth 在使用过程中经常会遇到干扰源,例如手机、无绳电话、微波炉等。这使得 Bluetooth 的传送错误率远远高于实际应用水平,采用跳频技术是避免干扰的一项有效措施。

Bluetooth 采用跳频扩频技术(Frequency-Hopping Spread Spectrum,FHSS),通过伪随机码的调制,使载波工作的中心频率不断跳跃改变,而噪音和干扰信号的中心频率却不会改变。这样,只要收、发信机之间按照固定的数字算法产生相同的伪随机码,就可以达到同步,排除噪音和其他干扰信号。

对应于单时隙分组,Bluetooth 的跳频速率为 1600 跳/秒,对应于时隙包,跳频速率有所降低。但在建立链路时则提高为 3200 跳/秒。Bluetooth 提供非对称数据传输,一个方向速率为 720kbps,另一个方向速率仅为 57kbps。它可以传送 3 路双向 64kbps 话音。

3. 纠错技术

蓝牙技术使用了 1/3 比例前向纠错码(1/3 FEC)、2/3 比例前向纠错码(2/3 FEC)和用于数据的自动请求重发(Automatic Repeat Request,ARQ)三种纠错方案。

1/3 FEC 是一种较简单的纠错码方式,属于重复码,实现时对每位信息重复三次。2/3 FEC 是一种采用(15,10)的精简海明码表示方法,用于部分分组。使用 ARQ 方式,在一个时隙中传送的数据必须在下一个时隙得到确认(或超时)信息。只有数据在接收端通过了报头错误检测和循环冗余检测,被认为无差错后,才向发送端返回确认信息。否则,返回一个错误信息。

4. 安全性

Bluetooth 的无线传输特性使它非常容易受到攻击,因此安全机制在蓝牙技术中显得尤为重要。虽然跳频技术已经提供了一定的安全保障,但是仍然需要数据链路层和应用层的安全管理。在数据链路层,Bluetooth 使用认证、加密和密钥管理等功能进行安全控制。在应用层,用户可以使用个人标识码(Personal Identification Number,PIN)来进行单双向认证。

8.2.2　蓝牙的版本

蓝牙当前有 1.1/1.2/2.0/2.1/3.0/4.0/4.1/4.2/5.0 等多个版本。其中,蓝牙 1.0 版本定

义了蓝牙的基本功能,目的是取代现有的计算机、打印机、传真机和移动电话等设备上的有线接口。蓝牙 1.0 设备之间的通信都是经过加密的,当两台蓝牙设备之间尝试建立起一条通信链路时,会因为不同厂家设置的口令不匹配而导致无法正常通信。蓝牙 1.1 的传输速率为 748～810kbps,要求会话中的每一台设备都需要确认其在主/辅设备关系中所扮演的角色。蓝牙 1.1 容易受到 IEEE 802.11b 设备干扰。蓝牙 1.2 是在蓝牙 1.1 的基础上增加了抗干扰跳频功能。蓝牙 1.2 采用自适应跳频(Adaptive Frequency Hopping,AFH)技术,提供了更好的同频抗干扰能力,并向下兼容蓝牙 1.1 设备。

蓝牙 2.0 是蓝牙 1.2 的提升版,传输速率为 1.8～2.1Mbps,可以实现双工通信。蓝牙 2.1 标准的安全性、穿透性、稳定性等各项指标都比之前版本要好。蓝牙 2.1 简化了设备间的配对过程,配合近距离通信(Near Field Communication,NFC)技术,新规范设备不再需要两端进行特殊配置,只需要将其打开,即可自动寻找并实现配对连接。

蓝牙 3.0 应用了 Wi-Fi 技术,极大提高了传输速度。蓝牙 3.0 设备能通过 Wi-Fi 连接到其他设备进行数据传输。蓝牙 3.0 的核心是物理层/MAC 层通用交替技术,即 AMP(Generic Alternate MAC/PHY)。这是一种交替射频技术,允许蓝牙针对任务动态地选择射频。通过集成 IEEE 802.11 协议适应层(Protocol adaptation layer,PAL),调用 Wi-Fi 可实现 24Mbps 的数据传输速率。

蓝牙 4.0 是蓝牙 3.0 的升级,其最重要的特性是省电,它具备极低的运行和待机功耗。此外,低成本和跨厂商互操作性,3ms 低延迟、100m 以上通信距离、AES-128 加密等也是蓝牙 4.0 的主要特色。蓝牙从 4.0 开始,分为传统蓝牙、高速蓝牙及低功耗蓝牙三种。传统蓝牙标准主要实现数据通信和设备联网,传输速度为 1～3Mbps,距离为 10～100m。高速蓝牙(Bluetooth HS)主要用于数据交换与传输,速度最高可达 24Mbps,是传统蓝牙的 8 倍。低功耗蓝牙(Bluetooth Low Energy,BLE)又叫 Bluetooth Smart,这是针对可穿戴设备(如智能手环)的低功耗需求设计的蓝牙标准,其传输距离在 30m 以内,传输速度为 1Mbps。此外,蓝牙 4.0 分为单模式(Single mode)和双模式(Dual mode)两种类型。双模式可以向下兼容 3.0/2.1/2.0 等设备,单模式只能用于 4.0 的蓝牙设备相互通信。

蓝牙 4.1 开始全面支持物联网技术(Internet of Things,IoT),在该版本中,蓝牙设备可以同时作为发射方和接收方,并且可以连接多个设备。蓝牙 4.1 可以方便地实现可穿戴设备的通信。该标准加入了对 IPv6 的支持,通过 IPv6 连接到网络,实现与 Wi-Fi 相同的功能,解决可穿戴设备上网不易的问题。此外,蓝牙 4.1 实现了一种与 4G 网络同时传输的干扰协调机制,从而保证了蓝牙传输的速率与可靠性。基于高级加密标准(Advanced Encryption Standard,AES)提供了更加安全的无线连接。

蓝牙 4.2 支持基于 IPv6 协议的低功耗无线个人局域网技术,即 6LoWPAN(IPv6 Low-speed Wireless Personal Area Network)。该技术允许多个蓝牙设备通过一个终端接入网络。此外,在传输性能方面,蓝牙智能数据包的容量相比以前版本提高了 10 倍,因此,数据传输速度提高了 2.5 倍,同时降低传输错误率。蓝牙 4.2 标准提升了隐私保护程度,在该标准下,蓝牙信号想要连接或者追踪用户设备必须经过用户许可。

蓝牙 5.0 是针对物联网、智能家电、穿戴装置规范所订定的技术规范。蓝牙 5.0 是当前最新的蓝牙技术标准,其有效传输距离理论上可达 300m,传输速度为 2Mbps。蓝牙 5.0 支持室内定位导航功能,结合 WiFi 可以实现精度小于 1m 的室内定位。蓝牙 5.0 针对物联网进行了很多底层优化,力求以更低的功耗和更高的性能为智能家居服务。

此外,蓝牙可以按照不同的功率级进行划分。通常蓝牙有 3 个功率级,分别是 Class1、Class2 和 Class3。Class1 的功率电平为 100mW(20dBm),Class 1 用在大功率远距离的蓝牙设备上,成本高和耗电量大,通常情况下 Class 1 通信距离可达 100m 左右。Class2 的功率电平为 2.5mW(4dBm),有效范围为 20m,是蓝牙耳机的常用功率等级。Class3 的功率电平为 1mW(0dBm),有效范围为 10m。

8.2.3 蓝牙协议体系结构

蓝牙协议体系的目的是使符合该规范的各种应用之间能够互通,本地设备与远端设备需要使用相同的协议,不同的应用需要不同的协议。但是,所有的应用都要使用协议体系中的数据链路层和物理层,完整的蓝牙协议栈如图 8-4 所示。

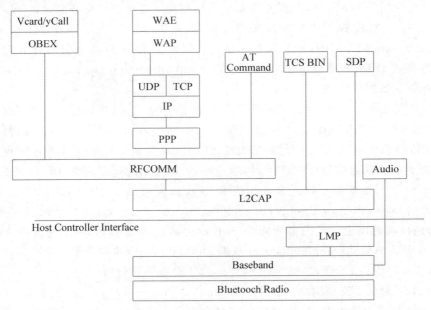

图 8-4　蓝牙协议体系

蓝牙的协议体系分为核心协议、电缆替代协议、电话传送控制协议和可选协议四层。除上述协议层外,规范还定义了主机控制器接口(Host Controller Interface,HCI),它为基带控制器、连接管理器、硬件状态和控制寄存器提供命令接口。

1. 核心协议

蓝牙的核心协议包括 BaseBand、LMP、L2CAP、SDP。绝大部分蓝牙设备都需要核心协议,而其他协议根据应用而定。

1) 基带协议(Baseband)

基带协议确保微微网内各蓝牙设备的物理连接。蓝牙的射频系统是一个跳频系统,其任一分组在指定时隙、指定频率上发送,它使用查询和寻呼进程同步不同设备间的发送频率和时钟,可为基带数据分组提供面向同步连接(Synchronous Connection Oriented,SCO)和异步无连接(Asynchronous Connectionless,ACL)两种物理连接方式,而且在同一射频上可实现多路数据传送。

ACL 适用于数据分组,SCO 适用于话音以及话音与数据的组合,所有的话音和数据分组都会有不同级别的前向纠错(Forward Error Correction,FEC)或循环冗余校验(Cyclic Redundancy Check,CRC),而且可进行加密。此外,不同数据类型都分配一个特殊通道。

2)链路管理协议

链路管理协议(Link Management Protocol,LMP)负责蓝牙各设备间建立连接。LMP 通过连接的发起、交换、核实,进行身份认证和加密,通过协商确定基带数据分组大小。LMP 控制无线设备的电源模式和工作周期,以及微微网内设备单元的连接状态。

3)逻辑链路控制和适配协议

逻辑链路控制和适配协议(Logical Link Control and Adaptation Protocol,L2CAP)是基带的上层协议。L2CAP 向上层提供面向连接的和无连接的数据服务,它采用了多路复用技术、分割和重组技术、群提取技术。L2CAP 允许高层协议以 64KB 收发数据分组。虽然基带协议提供了 SCO 和 ACL 两种连接类型,但 L2CAP 只支持 ACL。

4)服务发现协议

服务发现协议(Service Discovery Protocol,SDP)在蓝牙技术框架中起到至关重要的作用,它是所有用户模式的基础。使用 SDP 可以查询到设备信息和服务类型,从而在蓝牙设备间建立相应的连接。

2. 电缆替代协议

RFCOMM 是基于 ETSI 07110 规范的串行线路仿真协议。电缆替代协议在蓝牙基带协议上仿真 RS-232 控制和数据信号,为使用串行线路传送机制的上层协议提供服务。

3. 电话控制协议

1)二元电话控制协议

二元电话控制协议(Binary Telephony Control Service,TCS Binary 或 TCS BIN)是面向比特的协议,它定义了蓝牙设备间建立语音和数据呼叫的控制命令,定义了处理蓝牙设备簇的移动管理进程。基于 ITU-T Q1931 建议的 TCS Binary 被指定为蓝牙的二元电话控制协议规范。

2)AT 命令集

SIG 根据 ITU-TV1250 建议和 GSM07107 定义了控制多用户模式下移动电话、调制解调器和可用于传真业务的 AT 命令集。

4. 选用协议

1)点对点协议(PPP,Point-to-Point Protocol)

在蓝牙技术中,PPP 位于 RFCOMM 上层,完成点对点的连接。

2)TCP/UDP/IP

TCP/UDP/IP 由 IETF 制定,广泛应用于 Internet,在蓝牙设备中使用这些协议是为了与 Internet 相连接的设备进行通信。

3)对象交换协议(Object Exchange,OBEX)

OBEX 是由红外数据协会(IrDA)制定的会话层协议,它采用简单和自发的方式交换目标。OBEX 是一种类似于 HTTP(Hypertext Transfer Protocol)的协议,它假设传输层是可靠的,采用客户机/服务器(Client/Server)模式,独立于传输机制和传输应用程序接口

（Application Programming Interface，API）。电子名片交换格式（vCard）、电子日历及日程交换格式（vCal）都是开放性规范，它们都没有定义传输机制，而只是定义了数据传输格式。SIG 采用 vCard/vCal 规范，是为了进一步促进个人信息交换。

4）无线应用协议（Wireless Application Protocol，WAP）

WAP 是无线应用协议论坛制定的协议，它融合了各种无线广域网技术，其目的是将 Internet 内容和电话传送的业务传送到数字蜂窝电话和其他无线终端上。

8.2.4　蓝牙网络的拓扑结构

蓝牙采用一种灵活的无基站组网方式，使得一个蓝牙设备可与其他 7 个蓝牙设备相连接。蓝牙系统的拓扑结构有微微网（Piconet）和散射网（Scatternet）两种形式。

1. 微微网

微微网（Piconet）是通过蓝牙技术以特定方式连接起来的一种微型网络。微微网由一个主设备（Master）和 7 个从设备（Slave）组成。在一个微微网中，所有设备的级别是相同的，具有相同的权限。蓝牙采用 Ad Hoc 组网方式，如图 8-5 所示是一个微微网的基本结构。其中主设备单元负责提供时钟同步信号和跳频序列，从设备单元一般是受控同步的设备单元，受主设备单元控制。

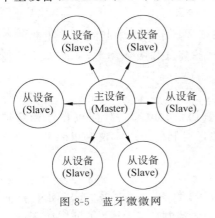

图 8-5　蓝牙微微网

在每个微微网中，用一组伪随机跳频序列来确定 79 个跳频信道，这个跳频序列对于每个微微网来说是唯一的，由主设备的地址和时钟决定。蓝牙无线信道使用跳频/时分复用（FH/TDD）方案，信道以 $625\mu s$ 时间长度划分时隙，根据微微网主设备的时钟对时隙进行编号，号码从 0～266，以 227 为一个循环长度。每个时隙对应一个跳频频率，通常跳频速率为 1600 跳/秒。主设备只在偶数时隙开始传送信息，从设备只在奇数时隙开始传送，信息包的开始与时隙的开始相对应。

微微网中信道的特性完全由主设备决定，主设备的蓝牙地址决定跳频序列和信道接入码，主设备的系统时钟决定跳频序列的相位和时间。根据蓝牙节点的平等性，任何一个设备都可以成为网络中的主设备，而且主、从设备可转换角色。

主设备通过轮询从设备实现两者之间的通信。从设备只有收到主设备的信息包才可发送数据。

2. 散射网

一个微微网最多只能有 7 个从设备同时处于通信状态。为了能容纳更多的装置，并且扩大网络通信范围，多个微微网互连在一起，就构成了蓝牙自组织网，即散射网（Scatternet），如图 8-6 所示。

在散射网中，不同微微网间使用不同的跳频序列，因此，只要彼此没有同时跳跃到同一频道上，即便有多组数据流同时传送也不会造成干扰。连接微微网之间的设备称为网桥（Bridge）。网桥可以是所有所属微微网中的从设备，这种网桥的类别为 Slave/Slave（S/S）。网桥也可以是在其中某一所属的微微网中当主设备，在其他微微网中当从设备，这样的网桥

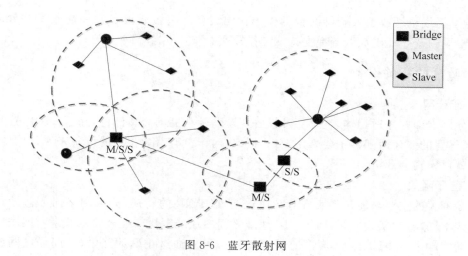

图 8-6　蓝牙散射网

类别为 Master/Slave(M/S)。

　　网桥通过不同时隙在不同的微微网之间转换，实现了跨微微网之间的数据传输。蓝牙散射网是自组网的一种特例。其最大特点是可以无基站支持，每个移动终端的地位是平等的，并可以独立进行分组转发的决策。

8.2.5　蓝牙的工作模式

1. 文件传输模式

　　文件传输模式提供两个终端之间的数据通信功能，可传输多种文件格式，以及完整的文件夹或目录或多媒体数据流等并提供远端文件夹浏览功能。

2. 网桥模式

　　在网桥模式下，由手机或无线调制解调器向 PC 机提供拨号入网和收发传真的功能，而不必与 PC 建立物理连接，拨号上网需要 RFCOMM 和 AT 命令集两个协议栈。AT 命令集用来控制移动电话或调制解调器以及传送其他业务数据的协议栈。传真采用类似协议栈，由应用软件利用 RFCOMM 直接发送。

3. 局域网访问模式

　　在局域网访问模式下，多功能数据终端经网络访问点无线接入局域网，接入后数据终端的操作与通过拨号方式接入局域网设备的操作相同。

4. 同步模式

　　同步模式提供设备到设备的个人信息管理(Personal Information Management，PIM)同步更新功能，其典型应用包括电话簿、日历、通知和记录等，它要求微机、蜂窝电话和个人数字助理(PDA)在传输和处理名片、日历及任务通知时，使用通用的协议和格式。

5. 蓝牙电话模式

　　蓝牙电话工作模式中，在近距离内支持两个蓝牙手持终端直接实现语音通信功能。另外支持将一个固定的电话连接到移动手机的功能，实现在整个小范围内移动。例如常见的蓝牙电话就通常工作在这种模式下。

6. 头戴式设备模式

　　使用头戴式设备模式，用户打电话时可自由移动。通过无线连接，头戴式设备通常作为蜂窝电话、无线电话或个人微机的音频输入输出设备。头戴式设备必须能收发并处理 AT 命令。常见的蓝牙耳机等设备都支持该工作模式。

8.2.6 蓝牙的相关设备

1. 蓝牙网卡

蓝牙网卡即蓝牙适配器,它是各种设备实现蓝牙功能的必备硬件,除了设备内置蓝牙适配器外,外置的蓝牙适配器主要采用 USB 接口,对于没有蓝牙接口的设备来说,只要安装蓝牙网卡就可实现蓝牙组网。

2. 蓝牙网关

蓝牙网关的主要功能包括实现蓝牙协议与 TCP/IP 的转换,完成网络内部蓝牙移动终端的无线上网功能,实现蓝牙地址与 IP 地址之间的地址解析。通过路由表来对网络内部的蓝牙移动终端进行跟踪、定位,使得蓝牙移动终端可以通过正确的路由,访问局域网或者另一个微微网中的蓝牙移动终端。

蓝牙网关在两个属于不同微微网的蓝牙移动终端之间交换路由信息,从而完成移动终端通信的漫游与切换。在这种通信方式中,蓝牙网关在数据包路由过程中充当中继作用,相当于网桥。

3. 蓝牙耳机

蓝牙耳机内置蓝牙芯片,用来连接相关的蓝牙手机或者带蓝牙的计算机等,实现基于无线传输音频功能。

4. 蓝牙手机

蓝牙手机指的是支持蓝牙功能的手机,采用该功能,用户可以近距离实现点对点的数据传输功能。

5. 蓝牙 Modem

蓝牙 Modem 用于在家庭环境下构建简单的无线个域网,同时采用蓝牙技术实现用户基于无线接入 Internet。

6. 蓝牙键盘、鼠标

采用蓝牙实现无线连接的键盘和鼠标目前越来越多,这种设备通常都配套一个蓝牙适配器,用户需要将蓝牙适配器连接到计算机,该蓝牙适配器实现和蓝牙键盘或者鼠标的连接。

8.3 ZigBee 技术

ZigBee 是一种新兴的短距离、低速率的无线网络技术。ZigBee 的主要应用领域包括工业控制、消费性电子设备、汽车自动化、农业自动化和医用设备控制等。关于 ZigBee 的详细信息可以登录其官方站点 http://www.ZigBee.org/查询。ZigBee 具有功耗低、成本低、网络容量大、时延短、安全、工作频段灵活等诸多优点,具有相当大的发展空间。

8.3.1 ZigBee 的协议层次

ZigBee 协议栈由高层应用规范、应用汇聚层、网络层、数据链路层和物理层组成,网络层以上的协议由 ZigBee 联盟负责,IEEE 制定物理层和链路层标准。应用汇聚层把不同的应用映射到 ZigBee 网络上,主要包括安全属性设置、多个业务数据流的汇聚等功能。网络层采用基于 Ad Hoc 技术的路由协议。

8.3.2　ZigBee 的网络拓扑及逻辑设备

如图 8-7 所示是一个 ZigBee 无线网络的基本拓扑结构。ZigBee 无线网络中一般包含基站、中继站和终端三种类型的设备。ZigBee 基站实现数据的发送和接收。ZigBee 中继站实现无线信号的远距离中继。中继站可以直接连接到 ZigBee 终端。它是连接 ZigBee 基站和 ZigBee 终端之间的桥梁设备。

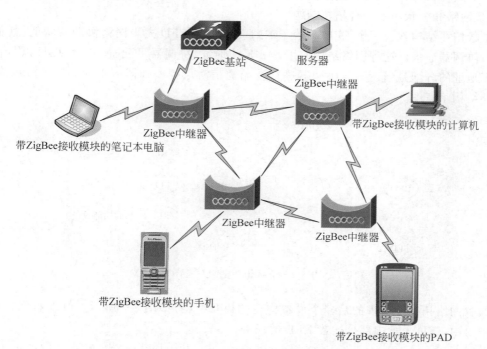

图 8-7　ZigBee 基本网络结构

1. ZigBee 的逻辑设备

在 ZigBee 网络中,根据设备所具有的通信能力,可以分为全功能设备(Full Function Device,FFD)、精简功能设备(Reduced Function Device,RFD)和网络协调器(Network Coordinator,NC)。

FFD 主要对网络进行控制和管理,它可以担任网络协调器以形成网络,让其他的 FFD 或是精简功能设备连接,FFD 具备控制器的功能,可提供信息双向传输。FFD 更多的存储器、计算能力可使其在空闲时起路由器作用,也能用作终端设备。

RFD 只能传送信息给 FFD 或从 FFD 接收信息。在网络中 RFD 通常用作终端设备。RFD 主要用于简单的控制应用,传输的数据量较少,对传输资源和通信资源占用较低。在网络中,FFD 之间以及 FFD 和 RFD 之间可以相互通信,但 RFD 只能与 FFD 通信,而不能与其他 RFD 通信。

NC是网络的中心,它的主要功能是协调建立网络,其他功能还包括管理网络节点,存储网络节点信息并且提供关联节点之间的路由信息。此外,网络协调器要存储一些基本信息,如节点数据设备、数据转发表、设备关联表等。

在电量管理方面,网络协调器因为要处理控制问题,例如控制系统的同步,要转换长短位址的对应或处理装置彼此间的通信等,需要较多的电量,因此一般使用连接式电源,而其余设备基本上都是使用电池。

2. ZigBee 的网络拓扑

ZigBee协议栈的核心部分在网络层。网络层主要实现节点加入或离开网络、接收或抛弃其他节点、路由查找以及传送数据等功能。ZigBee网络根据应用的需要可以组成星状网络、网状网络和簇状网络三种拓扑结构。

星状拓扑结构常由一个FFD和若干RFD组成,该FFD充当网络协调器功能,其他设备都与协调器通信。这种网络结构使用64b延伸地址,协调器可配置16b短地址以节省带宽。短地址的分配是当设备与协调器进行初始通信时取得。如图8-8所示是ZigBee的星状拓扑结构示意图。

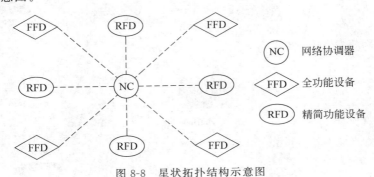

图 8-8　星状拓扑结构示意图

簇状网络拓扑中实现的是多个设备构建的树状结构,如图8-9所示。可以看到在这种结构中可由FFD来承担部分连接RFD的任务。

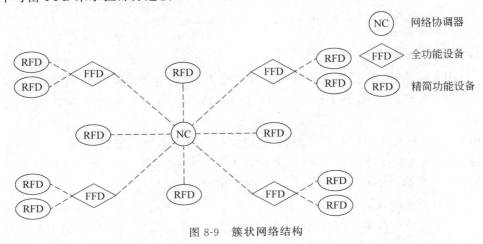

图 8-9　簇状网络结构

网状网络结构采用基于Mesh的全连通模式,在这种模式中,NC和FFD可以构建基于

Mesh 的网络结构,如图 8-10 所示。

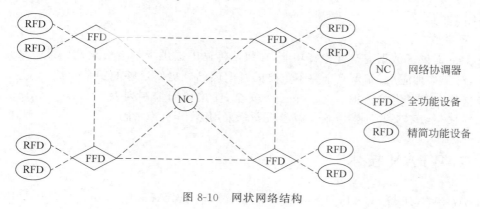

图 8-10　网状网络结构

8.3.3　ZigBee 的技术特点

ZigBee 技术致力于提供一种固定、便携或者移动设备使用的极低复杂度、成本和功耗的低速率无线通信技术。这种无线通信技术具有如下特点。

1. 数据传输速率低

ZigBee 只有 10～250kbps 的数据传输速率,专注于低传输速率应用。ZigBee 网络不传输语音、视频之类的数据,仅仅传输一些采集到的温度、湿度之类的简单数据。

2. 功耗低

工作模式情况下,ZigBee 技术传输速率低,传输数据量很小,因此信号的收发时间很短。ZigBee 的响应速度较快,一般从睡眠模式转入工作状态只需 15ms,节点连接进入网络只需 30ms。由于工作时间较短、收发信息功耗较低且采用了休眠模式,使得 ZigBee 设备非常节能。在非工作模式时,ZigBee 节点处于休眠模式,耗电量仅仅只有 $1\mu W$。

3. 数据传输可靠

ZigBee 的 MAC 层采用 CSMA/CA 冲突避免机制。在这种完全确认的数据传输机制下,当有数据传送需求时则立刻传送,每个发送的数据包都必须等待接收方的确认信息,并进行确认信息回复,若没有收到回复消息就表示发生了碰撞,将再传一次,采用这种方法可以提高系统信息传输的可靠性。同时为需要固定带宽的通信业务预留了专用时隙,避免了发送数据时的竞争和冲突。同时,ZigBee 针对时延敏感的应用做了优化,通信时延和休眠状态激活的时延都非常短。

4. 近距离

ZigBee 传输范围一般为 10～100m,在增加 RF 发射功率后,相邻节点间的通信距离可增加到 1～3km。如果通过路由和节点间通信的接力,传输距离将更远。

5. 高容量

ZigBee 采用星状、簇状和网状网络结构,由一个主设备管理若干子节点,一个主设备最多可管理 254 个子节点。同时主设备还可由上一层网络节点管理,最多可组成 65000 个节点。

6. 免执照频段

ZigBee 采用 2.4GHz(全球)、915MHz(美国)和 868MHz(欧洲)的 ISM 频段,此三个频

带物理层并不相同,其各自信道带宽也不同,分别为 0.6MHz、2MHz 和 5MHz,分别有1个、10 个和 16 个信道。

7. 安全性

ZigBee 提供了数据完整性检查功能,在数据传输中提供了三级安全性。第一级是无安全方式,对于某种应用,如果安全并不重要或者上层已经提供足够的安全保护,ZigBee 就可以选择这种方式来传输数据。对于第二级安全,使用访问控制列表(Access Control List,ACL),在这一级不采取加密措施。第三级安全采用 AES 对称密码。

8.4 LoWPAN 技术

6LoWPAN(IPv6 over Low-Power Wireless Personal Area Networks),即基于 IPv6 的低功耗无线个域网。

8.4.1 6LoWPAN 的基本网络结构

6LoWPAN 由 IETF RFC 6282 定义,建立在 IEEE 802.15.4 标准上,提供了以 IPv6 形式承载数据分组的方法。6LoWPAN 提供端到端 IPv6,因此能够提供与各种网络的直接连接,包括 Internet。6LoWPAN 规范包括数据包压缩和其他优化机制,因此 IPv6 数据包可以通过低功耗和有损网络高效传输。6LoWPAN 提供了链接身份验证和加密,使用 AES-128 加密实现链路层安全。6LoWPAN 系统广泛应用在各种无线网络系统中,例如无线安防、智能电表等。当前,Contiki 和 Zephyr 等平台上已经实现了较为完整的 6LoWPAN 的协议栈,方便了用户开发和使用。

注意: Contiki 是面向无线传感器网络开发的嵌入式操作系统,其开源、免费、可移植到多种平台。Contiki 具有 TCP/IP 等多种网络协议栈,支持 IPv4 和 IPv6 协议。Contiki 具有体积最小的 6LoWPAN 协议栈 uIPv6。uIPv6 已经通过了 IPv6 认证,并且开源。

如图 8-11 所示是 6LoWPAN 的一个实例。其中,6LoWPAN 网络通常在边缘上运行,充当末端网络,其使用边缘路由器连接到 Internet。在全面实现 IPv6 栈的区域,使用 IPv6 边界路由器可以直接连接 Internet。在未实现 IPv6 的区域,采用 IPv4 路由器实现 IPv6 网络和 IPv4 网络的映射,基于 IPv4 网络连接到 Internet。6LoWPAN 支持 IPv6 过渡机制,实现将 IPv6 网络连接到 IPv4 网络,例如采用 RFC 6146 中定义的 NAT64 技术。

边缘路由器实现如下三个功能:①6LoWPAN 设备与 Internet(或其他 IPv6 网络)之间的数据交换;②6LoWPAN 内部设备间的数据交换;③6LoWPAN 无线子网的生成和维护。

常见的 6LoWPAN 网络包含路由器和主机两种设备。路由器可以将数据路由到 6LoWPAN 网络中的另一个节点。主机即终端设备,其连接对应的上层路由器,以实现传输数据以及接收上层路由器发送的控制消息。在 6LoWPAN 网络中,终端设备长期处于休眠状态,定期唤醒实现和上层路由器的连接。这种休眠机制可以大大降低终端设备的功耗。

8.4.2 6LoWPAN 的协议栈

6LoWPAN 的协议栈和 TCP/IP 的协议栈类似,如图 8-12 所示,其主要分为物理层、数据链路层、网络层、运输层和应用层。

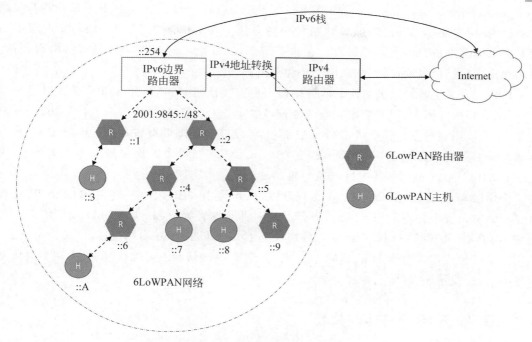

图 8-11　6LoWPAN 网络实例

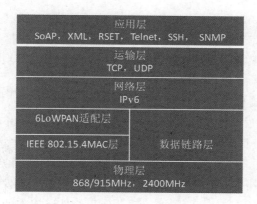

图 8-12　6LoWPAN 的协议层次

其中,物理层实现将数据转换成通过无线发送和接收的信号。在 6LoWPAN 中,使用 IEEE 802.15.4 标准构建物理层,物理层采用 868/915MHz 或者 2400MHz 的频段。数据链路层实现对传输和接收期间物理层发生错误的检测和纠正,以构建两个直连节点之间的可靠链路。数据链路层分为 MAC 层和 6LoWPAN 适配层。其中,MAC 层采用 IEEE 802.15.4 标准,基于 CSMA/CA 介质访问控制方法。6LoWPAN 适配层的主要功能包括压缩、分片与重组以及 Mesh 路由等。

网络层采用 IPv6 协议实现网络寻址和路由。为了减小主机端的负载,6LoWPAN 采用 IPv6 无状态自动配置地址,创建从 EUI-64 到 IEEE 802.15.4 设备的 IPv6 接口标识符。6LoWPAN 使用 IPv6 地址转发数据包。目前最广泛使用的 6LoWPAN 路由协议是 RPL

（Routing Protocol for Low-power and Lossy Networks）。RPL 是一种 IPv6 低功耗有损路由协议,支持存储模式和非存储模式两种路由方法。在存储模式下,6LoWPAN 网络中的所有路由器都维护路由表和邻居表。在非存储模式中,IPv6 边界路由器具有路由表,所有路由均由边界路由器提供,因此采用的是源路由方式。

传输层定义了各种服务对应的服务端口,包括 TCP 和 UDP 两种端口类型。TCP 是基于连接的协议,开销大,主要使用在安全性较强的业务上。UDP 是面向无连接的协议,开销较少,主要使用在对安全性要求不高的业务上,可以极大地降低设备功耗。由于 IPv6 允许传输的最大数据包为 1280 字节,而 IEEE 802.15.4 物理层单个数据包最大为 127 字节,因此 6LoWPAN 在传输时采用分片和重组机制。

应用层采用通用 Socket 接口实现服务。当前 Internet 上广泛使用的 HTTP 在6LoWPAN 系统中并不理想。因此,需要设计一种数据转换机制,实现 HTTP 的映射。目前 6LoWPAN 协议栈应用层广泛使用的协议是 CoAP（Constrained Application Protocol）,其定义了一种代理映射到 HTTP 的方法,设计了重传、确认和不可确认消息,实现了对休眠设备的支持、块传输、订阅支持和资源发现等功能。

8.5 其他无线个域网技术

8.5.1 IrDA

红外线是波长在 750nm～1mm 的电磁波,它的频率高于微波而低于可见光。红外技术是一种利用红外线进行点对点通信的技术。IrDA 是红外线数据标准协会,为了保证不同厂商的红外产品能够获得最佳的通信效果,IrDA 将红外数据通信所采用的光波波长的范围限定在 850nm～900nm。

为了使各种红外设备能够互联互通,IrDA 统一了红外通信的标准,这就是目前被广泛使用的 IrDA 红外数据通信协议及规范。IrDA 的相关规范,用户可以登录其官方站点http://www.irda.org/查询。

红外线的应用极其广泛,可以应用于医学、生物学、电子、通信等各个行业,最典型的应用就是遥控器。由于红外线的波长较短,对障碍物的衍射能力差,所以更适合应用在需要短距离无线通信的场合,进行点对点的数据传输。使用红外线成本低、传播范围和方向激励可以控制、不产生电磁辐射干扰。

当前红外数据通信有如下几个标准。

1) IrDA 1.0

IrDA 1.0 简称为 SIR（Serial InfraRed）,它是基于 HP-SIR 开发的一种异步半双工红外通信方式。SIR 以异步通信收发器（UART）为依托,通过对串行数据脉冲的波形压缩和对所接收的光信号电脉冲的波形扩展实现数据传输。受到 UART 通信速率的限制,SIR 的最高通信速率只有 115.2kbps。

2) IrDA 1.1

IrDA 1.1,即 Fast InfraRed,简称为 FIR。FIR 最高通信速率可达 4Mbps。FIR 采用了4PPM 调制解调（Pulse Position Modulation）方法,即通过分析脉冲的相位来辨别所传输的

数据信息。FIR 在 115.2kbps 以下的速率采用 SIR 的编码解码过程,所以它可以与支持 SIR 的低速设备进行通信,只有在通信对方也支持 FIR 时,才将通信速率提升到更高水平。之后,IrDA 又推出了 VFIR 技术(Very Fast Infrared),其通信速率高达 16Mbps,并将它作为补充纳入 IrDA 1.1 标准之中。

IrDA 技术的软件和硬件技术都已经成熟,主要的技术优势如下。

(1) 无须专门申请特定频率的使用执照。

(2) 具有移动通信设备所必需的体积小、功率低的特点。

(3) 传输速率已经从 4Mbps 上升为 16Mbps。在接收的角度方面,也由传统的 30°扩展到 120°。由于采用点到点的连接,因此数据传输所受的干扰较少。

8.5.2　HomeRF

HomeRF,即家庭射频,是由 HomeRF 工作组开发的开放性行业标准,目的是在家庭范围内,使计算机与其他电子设备之间实现无线通信。HomeRF 使用开放的 2.4GHz 频段,采用跳频扩频技术,跳频速率为 50 跳/秒,共有 75 个宽带为 1MHz 的跳频信道。HomeRF 的标准集成了语音和数据传送技术,数据传输速率达到 10Mbps。

HomeRF 是对现有无线通信标准的综合和改进。当进行数据通信时,采用 IEEE 802.11 规范中的 TCP/IP 传输协议,当进行语音通信时,则采用数字增强型无绳通信标准。但是,该标准与 IEEE 802.11b 不兼容,并占据了与 IEEE 802.11b 和 Bluetooth 相同的 2.4GHz 频率段,所以在应用范围上会有很大的局限性,更多的是在家庭网络中使用。

HomeRF 基于共享无线接入协议(Shared Wireless Access Protocol,SWAP)。SWAP 使用 TDMA＋CSMA/CA 方式,适合语音和数据业务。在进行语音通信时,它采用 DECT 标准,使用 TDMA 时分多址技术,适合于传送交互式语音和其他时间敏感性业务。

在进行数据通信时,它采用 IEEE 802.11 的 CSMA/CA,CSMA/CA 适合于传送高速分组数据。HomeRF 的最大功率为 100mW,有效范围为 50m。调制方式包括 2FSK 和 4FSK 两种,在 2FSK 方式下,最大的数据传输速率为 1Mbps,在 4FSK 方式下,速率可达 2Mbps。在 HomeRF 2.x 标准中,采用了 WBFH(Wide Band Frequency Hopping,宽带调频)技术来增加跳频带宽,数据峰值达到 10Mbps。

8.5.3　超宽带 UWB 技术

超宽带技术(Ultra Wideband,UWB)是一种低耗电的高速无线个域网通信技术,适合需要高质量服务的无线通信应用。UWB 技术是一种脉冲通信技术,它利用频谱极宽的超短脉冲进行通信,目前主要用于军用雷达、定位和通信系统中。1989 年,美国国防部 (DARPA)首次使用超宽带这个术语,并规定若一个信号在 －20dB 处的绝对带宽大于 1.5GHz 或分数带宽大于 25％,则这个信号就是超宽带信号。2002 年 FCC 颁布了 UWB 的频谱规划,并规定只要一个信号在 －10dB 处的绝对带宽大于 0.5GHz 或分数带宽大于 20％,则这个信号就是超宽带信号。这个定义使得超宽带信号不再局限于脉冲发射,分数带宽定义为

$$f_c = \frac{f_h - f_l}{(f_h + f_l)/2} \tag{8-1}$$

其中，f_h、f_l 分别为系统的高端和低端频点。一般超宽带脉冲无线电使用分数带宽定义，由式(8-1)可知，一个信号是否是 UWB 信号取决于中心频率。若信号 A 与信号 B 带宽相同，但 A 的中心频率远高于 B 的中心频率，则 A 的分数带宽很小，A 就不属于 UWB 信号。

2002 年 2 月，FCC 批准了 UWB 技术用于民用，随后将 3.1～10.6GHz 频带向 UWB 通信开放。日本于 2006 年 8 月开放了超宽带频段。由于 UWB 技术具有传输速率高达 1Gbps、抗多径能力强、功耗低、成本低、穿透能力强、低截获概率、与现有其他无线通信系统共享频谱等特点，现在已经成为 WPAN 的首选技术。

为了不影响其他无线通信系统，超宽带系统的发射功率受到了严格限制。在室内通信的 3.1～10.6GHz 频段内，信号功率严格规定要低于 0.56mW，对应 -41.3dBm/MHz。

1. UWB 的两个技术标准

在 IEEE 系列标准中，有两个标准与 UWB 技术相关，分别是 IEEE 802.15.3(高速 UWB)和 IEEE 802.15.4(低速 UWB)。近年来，高速 UWB IEEE 802.15.3a 技术受到了广泛关注。IEEE 802.15.3a 标准的物理层技术中，目前主要包括多频带 OFDM(MB-OFDM)和直接序列 UWB(DS-UWB)两大技术阵营。

MB-OFDM 是由 Intel 的多频带(MB)和 TI 的 OFDM 方案融合而成，有超过 180 家成员，现由多频带 OFDM 联盟 MBOA 负责推广。MB-OFDM 将超宽带频谱划分为 14 个子频带、5 个子频段组，每个子频段为 528MHz，用来发送 128 点的 OFDM 符号，每个子载波占用 4MHz 带宽。

DS-UWB 是由 Motorola、FreeScale 公司提出的双频段 DS-CDMA 方案，由 UWB 论坛负责推广。DS-UWB 将 FCC 频段分为高、低 2 个频带，即 3.1～4.85GHz 和 6.2～9.7GHz，UWB 信号可以通过对载波的调制，在这两个频段传输，以提供不同的数据传输速率。

为了避免与 UNII 频段系统的干扰，两个频段之间的部分频谱没有利用。两个 DS-UWB 信号占用的带宽远远大于 MB-OFDM 信号的带宽，所以更容易达到很低的功率谱密度。DS-UWB 技术与传统的 CDMA 技术没有本质区别，只是采用极高的码片速率，以取得 FCC 规定的带宽。通过采用不同的调制方式、编码速率、扩频码长度，DS-UWB 可以提供高达 1.3Gbps 的速率。

2. UWB 技术的特点

UWB 主要特点如下。

1) 信道容量大

UWB 系统的带宽达到 GHz，通常来说，其最大数据传输速度可以达到几百 Mbps 甚至 1Gbps。假如，一个超宽带信号使用 7GHz 带宽，当信噪比低至 -10dB 时，超宽带可以提供的信道容量接近 1Gbps。

2) 共存性能好

UWB 可以与现有的其他通信系统共享频谱。UWB 使用的频谱范围为 3.1～10.6GHz，频谱宽度高达 7.5GHz，通过发射功率的限制，避免了对其他通信系统的干扰。UWB 的最高辐射功率为 -41.3dBm。

3) 衰落较少

由于多径效应和信号的自然衰减，任何信号从发射点到接收点都会发生一定程度的失真,有时多径效应的失真甚至会严重影响接收信号。对于 UWB 技术而言,多径衰落的影响相对很小。实验表明,对常规无线电信号多径衰落深达 10~30dB 的多径环境,UWB 信号的衰落不超过 5dB。

4）保密性

UWB 系统辐射谱密度极低,因此 UWB 信号对窄带系统的干扰可以视作白噪声,而且采用编码对脉冲参数进行伪随机化后,UWB 信号的检测将更加困难。另外,UWB 的频谱非常宽,所以它的能量密度非常低,因此信息不易被截取,传输安全性高,不易泄密。

5）定位精确

UWB 在空间和时间上都不容易重叠,因此具有很强的多径分辨能力和抗衰落能力。同时 UWB 信号还具有极强的穿透能力,无论在室内或地下都可以精确定位,其定位精度可达厘米级,而且费用也比 GPS 低。

6）低成本和低功耗

UWB 不需要载波,而是利用极短的脉冲传输信息,因此,在发射端脉冲超宽带不需要功放和混频器,接收端也不需要中频处理,大大降低了收发机的硬件实现复杂性和成本。UWB 采用极窄脉冲直接激励天线,为了避免对现有通信系统的干扰,超宽带信号发射功率很低,简单的收发设备以及低功率,使得脉冲超宽带系统的功耗非常低,可以使用电池长时间供电。由于 UWB 信号无需载波,UWB 只在需要时发送脉冲电波,因而大大减少了耗电量。

8.5.4　无线 USB 技术

WUSB(The Wireless Universal Serial Bus)即无线 USB,它是一种高带宽的短距离无线通信技术。WUSB 是基于超宽带(Ultra-WideBand)的无线广播技术。它能在 3m 的范围内以 480Mbps 进行传输,并能在 10m 的范围内以 110Mbps 进行传输。WUSB 可运行在 3.1~10.6GHz。

WUSB 在继承传统有线 USB 2.0 标准所具有的较高传输速率优势的同时,充分利用无线传输技术的灵活性与极高的自由度,免除了有线 USB 需要线缆连接所带来的各种麻烦。无线 USB 促进组织(Wireless USB Promoter Group)是无线 USB 标准的制定机构。由于无线 USB 促进组织所制定的无线 USB 标准只涉及较高层次协议规范,物理层和 MAC 层则采用了由 MBOA(Multi Band OFDM Alliance,正交频分多路复用联盟)和 WiMedia 联盟(Wireless Multimedia Alliance)共同制定的 UWB 无线标准。

8.6　无线个域网的应用实例

构建如图 8-13 所示的网络拓扑,其中两台计算机都安装了蓝牙适配器,要求采用蓝牙实现这两台计算机之间的数据传输和目录共享。

（1）先给两台安装蓝牙适配器的计算机分别安装 IVT 蓝牙管理软件。安装完成之后,在第一台计算机上打开蓝牙管理软件,弹出如图 8-14 所示的窗口,在该窗口中设置蓝牙的识别名称。

图 8-13　蓝牙网络简单拓扑

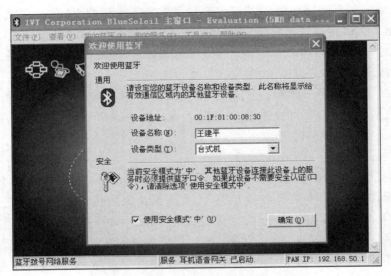

图 8-14　设置第一台计算机的蓝牙名称

（2）打开第二台计算机的蓝牙管理软件，弹出如图 8-15 所示的窗口，在该窗口中设置蓝牙的识别名称。

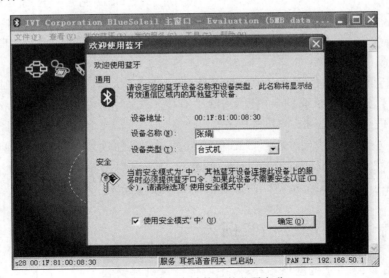

图 8-15　第二台计算机的蓝牙名称

（3）在第一台计算机的蓝牙管理软件窗口选择"我的蓝牙"→"搜索蓝牙设备"命令，进行蓝牙设备搜索，操作如图 8-16 所示。

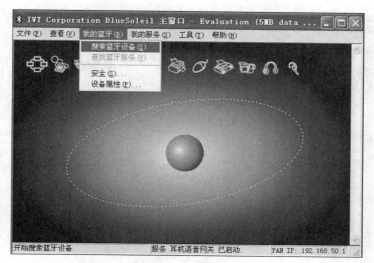

图 8-16　搜索蓝牙设备

（4）完成搜索之后，显示如图 8-17 所示的窗口，可以看到第二台计算机上设置的蓝牙设备。

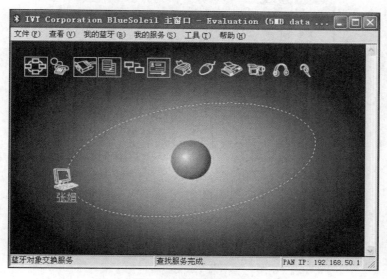

图 8-17　搜索到的设备

（5）在搜索到的设备上右击，在弹出的菜单中选择"连接"→"蓝牙个人局域网服务"，操作如图 8-18 所示。

（6）执行上面操作之后，第二台计算机上就会弹出如图 8-19 所示的配对连接设置，要求第二台计算机设置配对密码。

（7）单击"确定"按钮之后，第二台计算机就会向第一台发回同样的配对认证，要求输入和上面第二台计算机上相同的蓝牙口令来进行认证，操作如图 8-20 所示。

（8）完成配对后两台计算机就可以建立连接。建立连接后，在第一台计算机的蓝牙管

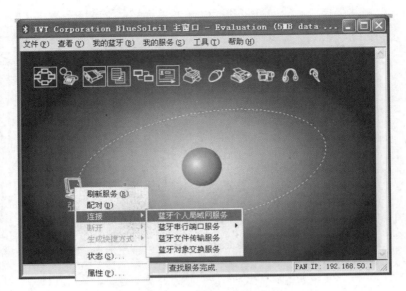

图 8-18　选择服务类型

图 8-19　第二台计算机设置的配置密码

图 8-20　第一台计算机设置的配置密码

理窗口中的显示如图 8-21 所示。

（9）建立个人局域网连接之后，两台计算机就可以基于蓝牙的个域网进行相关的通信服务。在如图 8-21 所示的蓝牙管理软件的设备窗口上单击，在弹出的菜单中选择"状态"命令，弹出如图 8-22 所示的"远程设备状态"窗口，可以查看当前个域网的信号强弱和数据的发送情况。

（10）在如图 8-21 所示的窗口中选择"蓝牙文件传输服务"，则会在第二台计算机上弹出如图 8-23 所示的"蓝牙服务授权"窗口，选中"总是允许该设备访问该服务"选项，单击"是"按钮进行确认。

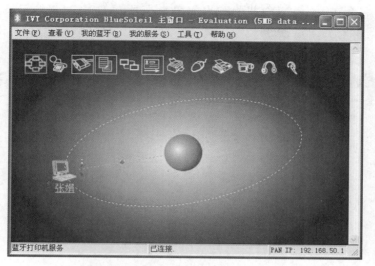

图 8-21　建立局域网连接后的显示

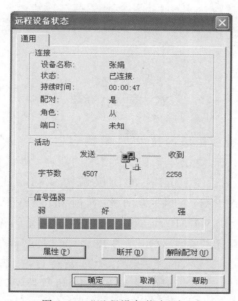

图 8-22　"远程设备状态"窗口

图 8-23　"蓝牙服务授权"窗口

(11) 此时将会在第一台计算机上弹出如图 8-24 所示的窗口,该窗口显示的是第二台计算机上的蓝牙共享目录,用户可以将该目录内的文件下载到第一台计算机上,也可以向该目录内上传文件。

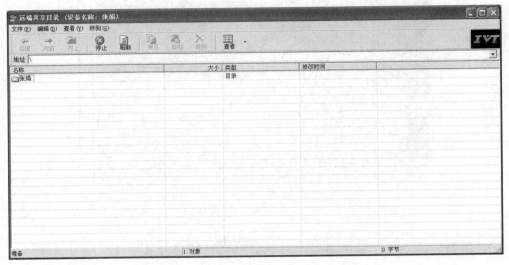

图 8-24 共享文件

本 章 小 结

本章主要介绍常见的无线个域网技术,主要内容包括无线个域网的基本概念、IEEE 802.15 标准及 IEEE 802.15.4 协议体系;蓝牙技术的版本、协议体系结构、蓝牙的拓扑结构、蓝牙的工作模式和相关设备;ZigBee 的协议结构、ZigBee 的网络拓扑及逻辑设备、ZigBee 的技术特点;6LoWPAN 的基本网络结构和 6LoWPAN 的协议栈;IrDA 和 HomeRF、超宽带 UWB 技术,WUSB 等。最后介绍基于蓝牙的无线个域网组网过程。通过本章学习,要求读者掌握无线个域网的基本概念,掌握蓝牙的协议体系结构及其组网模式和组网过程,掌握 ZigBee 技术的相关工作原理及特点,理解 6LoWPAN 的基本网络结构和 6LoWPAN 的协议栈,了解 IrDA 和 HomeRF、超宽带 UWB 技术、WUSB 等相关的无线个域网通信技术。

习   题

1. 无线个域网的主要功能和特点是什么?
2. 简述 IEEE 802.15.4 和 ZigBee 的主要区别及联系。
3. 简述蓝牙技术的协议体系结构。
4. 简述蓝牙网络的拓扑结构及其特点。
5. 简述 ZigBee 的协议体系结构。
6. 简述 ZigBee 的逻辑设备。

7. 6LoWPAN 技术的最大优势是什么？

8. 简述 6LoWPAN 技术的基本协议栈层次及其每层的功能。

9. IrDA 技术的三个常见的规范是什么，各有什么特点？

10. 简述 UWB 技术的特点。

11. 简述 WUSB 技术的特点。

第 9 章 其他无线网络技术

本章主要讲述如下知识点：
- 移动 Ad Hoc 网络的基本概念；
- 移动 Ad Hoc 网络的结构类型；
- 移动 Ad Hoc 网络的协议层次；
- 移动 Ad Hoc 网络的路由协议；
- 移动 Ad Hoc 网络的 IP 地址分配算法；
- 无线传感器网络基本概念；
- 无线 Mesh 网络基本概念；
- 无线 Mesh 网络结构；
- 无线 Mesh 网络的标准；
- 软件无线电和认知无线电；
- 近距离无线通信技术；
- 物联网技术；
- 卫星通信技术。

9.1 移动 Ad Hoc 网络

Ad Hoc 网络，又叫 MANET(Mobile Ad Hoc Network)，它是由若干个无线终端构成一个临时性的、多跳的、无中心的自组织网(Self-organizing Network)或者无基础设施网络(Infrastructure Less Network)。

移动 Ad Hoc 网络是一种在不借助任何中间网络设备的情况下，可在有限范围内实现多个移动终端临时互联互通的网络。整个 Ad Hoc 网络没有固定的基础设施，每个节点都是移动的，并且都能以任意方式动态地保持与其他节点的联系。

在这种网络中，由于无线终端覆盖范围的有限性，两个无法直接进行通信的终端可以借助其他节点进行分组转发。每一个节点同时是一个路由器，它们能完成发现以及维持与其他节点路由的功能。Ad Hoc 网络凭借其基于 IP 的分组交换技术，在 2～6GHz 频段上可提供 2～50Mbps 速率的数据业务和多媒体业务。

Ad Hoc 网络源于军事通信的需要，其前身是分组无线网(Packet Radio Network，PRN)。1972 年，美国国防部先进研究项目局(Defense Advanced Research Projects Agency，DARPA)启动分组无线网项目。1993 年，DARPA 启动可存活性自适应网络项目。随着移动计算设备和移动通信设备的发展，20 世纪 90 年代开始，Ad Hoc 网络的研究得到长足进展。

例如，用户可以采用 IEEE 802.11 无线网卡的 Ad Hoc 模式来构建 Ad Hoc 网络。Ad Hoc 网络是一种自组织网络，分为固定节点和移动节点两种。在移动 Ad Hoc 网络中，每个节点既可作为主机,也可作为中间路由设备。节点作为主机,可运行相关应用程序,以获取或处理数据。节点作为路由器,需运行相关路由协议,进行路由发现、路由维护等常见操作,对收到的并非发给自身的分组进行转发。

就目前说来,移动 Ad Hoc 可以构建临时移动会议系统,构建基于接力服务的通信网络,当由于停电或其他灾害出现,网络基础设施遭到破坏时,组建一个 Ad Hoc 网络帮助紧急救援人员完成必要的通信工作。另外基于 Ad Hoc 的传感器网络和军事无线通信也是 Ad Hoc 网络研究的热点。

9.1.1　Ad Hoc 网络的特点

由于移动 Ad Hoc 网络是一种移动、多跳、自律式系统,因此它具有以下一些主要特征。

1. 自组织和自管理

Ad Hoc 网络是一种没有基础结构支持的网络,网络中的节点必须通过自己组织和维护网络,要求有自主的分布式控制方法。节点能侦测到其他节点的存在,并和它们一起加入网络。

2. 分布式结构

Ad Hoc 网络中,每个移动终端的地位是对等的,每个节点独立地进行分组转发。自组网中的终端都兼备独立路由和主机功能,终端之间的关系是协同的,参与自组网的每个终端需要承担为其他终端进行分组转发的任务,路由协议通常采用分布式的控制方式,因此具有很强的鲁棒性。

3. 动态拓扑

在 Ad Hoc 网络中,大部分甚至所有节点都在移动,导致网络拓扑动态变化。当节点移动时,网络拓扑变化,新的节点加入,一些节点离开,或者是一些路由中断。Ad Hoc 网络可能经常会出现频繁的、临时的、突发性的网络连接损失。

4. 链路带宽受限、容量时变

由于拓扑动态变化导致每个节点转发的数据量随时间变化,因此与有线网络不同,它的链路容量表现出时变特征。自组网采用无线传输技术作为底层通信手段,决定了它能提供的网络带宽资源相对有线信道要少得多,再加上竞争共享无线信道产生的碰撞、信号衰减、噪音干扰、信道间干扰等多种因素,移动终端可得到的实际带宽远远小于理论上的最大带宽值。

5. 多跳共享广播信道

多跳共享广播信道带来的直接影响就是分组冲突与节点所处的位置相关,即发送节点和接收节点感知到的信道状况不一定相同。自组网中的节点发送消息时,只有在其覆盖范围内的节点才能收到,使得发送节点覆盖范围外的节点不受发送节点的影响,可以同时发送消息,即自组网中的共享信道为多跳共享广播信道。

6. 生存时间短

自组网通常由于某个特定的原因临时创建,使用结束后,网络环境会自动消失。同时,自组网中各种协议,如路由的获取、业务定位、加密密钥的交换等,造成的附加开销对网络资源的消耗随节点数增加而急剧增加,这些都是造成网络生存时间短的重要因素。

7. 能量受限

由于网络节点的移动特征，节点只能靠电池提供电量。因而，在进行系统设计时节能就成为一个非常重要的指标。

8. 安全问题

Ad Hoc 由于移动等问题，可能导致更容易受到干扰、窃听和攻击等安全威胁。因此需要克服无线链路的安全弱点及移动拓扑所带来的安全隐患。在移动 Ad Hoc 网中采用分布式网络控制以增强网络的健壮性。

9.1.2　Ad Hoc 网络结构类型

无线移动 Ad Hoc 网络有平面结构和分级结构两种类型。

1. 平面结构

平面结构中，所有节点地位平等，也被称为是对等式结构。图 9-1 所示是平面结构的基本拓扑。

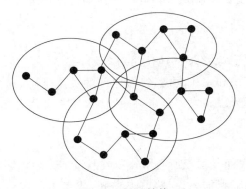

图 9-1　平面结构

平面结构的网络是全分布式结构，源节点和目的节点之间一般存在多条路径，因此可以选择最好的一条路径传输分组，进而最充分地利用网络带宽。由于网络中所有节点是对等的，原则上不存在瓶颈，因此，健壮性强。

这种网络结构可实现负载平衡，也可为不同的业务类型选择适当的路径，网络中的所有节点都是对等的，所有的节点由单个全向天线组成，在网络中共享一个随机接入无线信道。平面结构中各节点的覆盖取值范围较小，信号被侦听/截获的概率较小，因此这种网络具有一定的安全性。

平面结构的最大缺点是网络规模受限，可扩展性较差。在大规模 Ad Hoc 网络中，从源节点到目的节点的路径变得很长，任何一条链路的破坏就会引起整条路径的失败。即使没有路径的失败，由于时延很大，在一些对时间要求严格的场合，这种时延是不能接受的。另外可能在很长时间后，信息到达预算的目标端时，目标节点可能已经不存在了。

2. 分级结构

在分级结构中，网络被划分为多个簇（Cluster），每个簇由一个簇头（Cluster-Header）和多个簇成员（Cluster-Member）组成。这些簇头组成了一个更高一级的网络，而在这个更高一级的网络中又可以分簇，形成再高一级的网络，直至最高级。任意两个不在一个簇内的簇成员之间的通信都要通过各自的簇头来中转。图 9-2 所示的是分级结构的网络拓扑。

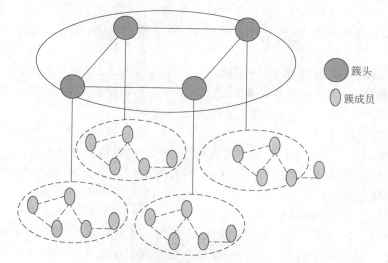

簇头

簇成员

图 9-2 分级结构的网络拓扑

分级结构的最大优点是可扩展性好,网络的规模不受限制,必要的时候可以通过增加簇的个数和级数来提高整个网络的容量。分级结构中,簇内成员的功能相对简单,基本上不需要维护拓扑结构,这大大减少了拓扑维护对链路带宽的消耗。

簇头节点不仅需要维护到达其他节点的拓扑控制信息,还要知道所有节点与簇的关系。但总的来说,在同样网络规模下,分级结构的拓扑控制开销要比平面结构的小。如果簇内通信的信息流量在整个网络的通信量中占较大比例时,各簇之间可以互不干扰地进行通信。同时分级结构给网络带来了不同的层次结构,可以在簇头实现功能较为复杂的 QoS 路由算法,实现对整个网络的管理和监控,可以控制某些节点的移动状态以及性能等属性,向节点发送特定命令,使节点完成特定操作。

9.1.3 移动 Ad Hoc 网络的协议层次

通用 Ad Hoc 网络协议模型划分为物理层、数据链路层、网络层、运输层和应用层五层。对于具体的应用场合,该协议模型可以简化,去掉不必要的功能模块或添加新的模块,并根据系统和应用要求做进一步的细化工作。

1. Ad Hoc 的物理层

物理层负责频率选择、载波产生和监听、信号监测、调制、数据的发送接收和加密等。目前一般采用基于 2.4GHz 的 ISM(Industrial Scientific Medical)频段,作为军事应用,会采用专用频段。

Ad Hoc 网络物理层可以选择和参考的标准包括 IEEE 802.11、蓝牙和 HiperLAN 等标准所定义的物理层,可以采用的传输技术包括正交频分复用技术(Orthogonal Frequency Division Multiplexing,OFDM)、红外线和扩频技术。Ad Hoc 网络物理层的发展方向是面向简单和低功率的调制技术,减少信号传播特性的负面影响,开发低成本和高性能的硬件等。

2. Ad Hoc 的数据链路层

数据链路层解决的主要问题包括媒质接入控制，以及数据的传送、同步、纠错以及流量控制等。Ad Hoc 数据链路层分为 MAC 和 LLC 两个子层，MAC 决定了数据链路层的绝大部分功能。

当前针对 MAC 层的共享竞争问题，已经有 ALOHA、时隙 ALOHA、CSMA 以及 CSMA/CA。由于 ALOHA、时隙 ALOHA、CSMA 都存在媒质冲突、终端暴露以及终端隐藏等问题，所以，Ad Hoc 网络中使用 CSMA/CA 协议较多。

3. Ad Hoc 的网络层

Ad Hoc 网络层主要完成相关的路由选择和 IP 支持，网络层是 Ad Hoc 网络的核心层。常规的路由协议是为固定网络设计的，它们的拓扑结构不会出现大的结构变化。而 Ad Hoc 网络结构则是动态变化的，因此，在 Ad Hoc 网络中采用常规的路由算法将导致网络失败。

另外，Ad Hoc 网络中可能存在单向信道。无线信道的广播特性使得常规路由过程中产生冗余链路。此外，常规路由算法的周期性广播路由更新报文会消耗大量的网络带宽和主机能源。这将对有限的主机能源带来更多的压力。为此，Ad Hoc 网络必须实现能按需分配的智能化路由协议，要求路由协议能实现分布式运行，能提供无路由环路，并具备安全性和可靠性，同时提供设备"休眠"操作特性，以实现节能等。

4. Ad Hoc 运输层

Ad Hoc 网络的运输层借鉴了有线网络中运输层的方法，把 TCP 和 UDP 基于无线环境进行修改，以适应无线环境，完成运输层的功能。传统的 TCP 使无线 Ad Hoc 网络分组丢失非常严重，所以在无线 Ad Hoc 网络中如果直接采用传统的 TCP 将导致吞吐量的降低。当前，已有多个 TCP 改进方案提出，如 TCP SACK 和 TCPA SACK 等。

5. Ad Hoc 应用层

应用层定义了多种类型的 Ad Hoc 网络业务，就目前说来，提供语音和数据通信是基本的业务需求，未来可能要求扩展到高质量多媒体服务等业务需求。

9.1.4 移动 Ad Hoc 网络的路由协议

Ad Hoc 的路由协议大致可以分为主动式（Proactive）路由协议、被动式（Reactive）路由协议以及混合式路由协议。

主动式路由协议又称为表驱动路由协议，在这种路由协议中，每个节点维护一张包含到达其他节点的路由信息表。这种路由协议的时延较小，但是路由协议的开销较大。常用的主动式路由协议有目的序列距离矢量路由协议（Destination Sequenced Distance Vector, DSDV）、鱼眼状态路由协议（Fisheye State Routing, FSR）、无线路由协议（Wireless Routing Protocol, WRP）等。

被动式路由协议，又称为按需路由协议，是一种当需要发送数据时才查找路由的算法。在这种路由协议中，节点不需要维护及时准确的路由信息，当向目的节点发送报文时，源节点才在网络中发起路由查找过程，找到相应的路由。被动式路由协议的开销小，但是传输时延较大。常用的被动式路由协议有 Ad Hoc 按需距离矢量路由协议（Ad Hoc On-demand Distance Vector, AODV）、动态源路由协议（Dynamic Source Routing Protocol, DSR）、临时预定路由算法协议（Temporally Ordered Routing Algorithm，TORA）等。

1. DSDV 路由协议

DSDV 是距离矢量路由协议，通过给每个路由设定序列号来避免路由环路的产生，采用时间驱动和事件驱动技术控制路由表的传送。在 DSDV 协议中，每个节点周期性地将本地路由表传送给邻近节点，或者当其路由表发生变化时，也会将其路由信息传给邻近节点，当无节点移动时使用间隔较长的大数据包（包括多个数据单元）进行路由更新。

在 DSDV 协议中，每个节点都维护一张到达所有节点的路由表，并根据拓扑变化情况来随时更新路由表。对应每个目的节点，路由表中保存着一个路由条目，如图 9-3 所示。

Destination	Next Hop	Metric	Seq.No	Install Time	Stable Data

图 9-3　DSDV 路由条目

其中，Destination 表示目的节点地址；Next Hop 表示通往目的节点的下一跳地址；Metric 表示从该节点到目的节点的路由跳数；Seq.No 表示目的节点序列号；Install Time 表示路由建立时间；Stable Data 表示此路由条目之前记录的目的节点 ID。由目的节点分配的目的序列号用来判断路由是否过时，并可以避免路由环路产生。DSDV 的运行机制包括路由表的建立和维护。

（1）路由表的建立：当网络建立或者网络中有新的节点加入时，节点便通过广播的方式通知其他节点自己的加入，收到广播的节点便会把相应的路由信息添加到路由表，完成对自己路由表的更新过程，然后发送新建立的路由表。这样，一段时间过后，网络中每个节点便都建立了一个完整的路由表，表中包含了所有可达节点的路由。

（2）路由表的维护：在 DSDV 中，节点通过广播更新分组来完成路由表的维护。每个节点周期性的广播路由更新分组，将路由更新消息发送给邻居节点。路由更新有两种方式，分别是全局更新和部分更新。全局更新是指包含整个路由表的信息，适合网络拓扑变化剧烈的情况，而部分更新中仅仅包含变化的路由部分，适合拓扑变化缓慢的情况。在 DSDV 中，使用序列号最高的路由条目，如果有两个相同序列号的路由条目，则选择跳数最小的作为路由选择。DSDV 算法简单，具有较好的收敛性，但是随着网络拓扑的加剧，DSDV 的路由开销会急剧增大，它主要适用于网络规模不大且拓扑变化缓慢的网络环境。

2. AODV 路由协议

AODV，即 Ad Hoc 按需距离矢量路由协议，它是结合 DSDV 和 DSR 协议而改进的一种表驱动路由协议。在这个协议中，源节点发送数据前先广播一个路由请求消息，附近节点收到后再次广播，直到请求消息到达目的节点或到达知道目的节点路由的中间节点，目的节点或中间节点沿原来路径返回响应消息，源节点收到响应后就知道到达目的节点的路由。

AODV 是按需驱动，只有在需要通信时才发送路由分组，节点通过广播本地 Hello 消息来提供自己的连接性信息。AODV 定义了路由请求（Routing Request，RREQ）、路由应答（Routing Reply，RREP）、路由错误（Routing Error，RERR）三种路由控制分组。

1）路由查找

当源节点需要与某个节点通信时，它首先查找本节点所维护的路由表，看是否有可用路由。若有，则直接利用该路由向目的节点发送数据；若没有，则源节点向它的所有邻居节点发送路由请求（RREQ），来寻找一个可以到达目的节点的有效路由。RREQ 的报文格式如

图 9-4 所示。

当中间节点收到 RREQ 时,首先检查是否收到了具有相同广播标识和源节点地址的 RREQ 消息。如果收到则丢弃 RREQ 分组,如果没有收到,那么该节点在自己的路由表中记录发送或转发此 RREQ 的邻居节点地址,以此来建立到达源节点的反向路由。之后节点查看是否有到达目的节点的有效路由,有效路由判断的方法是比较路由表项中的目的序列号与 RREQ 中携带的目的序列号的大小,只有路由表项中的目的序列号不小于 RREQ 中的目的序列才是有效路由。如果存在有效路由,则该节点向源节点发送一条 RREP 应答信息。RREP 报文的格式如图 9-5 所示。

类型	标志位	保留字段	跳数
RREQ ID			
目的IP地址			
目的序列号			
源IP地址			
源序列号			

图 9-4　RREQ 报文格式

类型	标志位	保留字段	前缀大小	跳数
目的IP地址				
目的序列号				
源IP地址				
生命周期				

图 9-5　RREP 报文格式

当节点具有通往目的节点的有效路由时,则该节点应答 RREQ,产生一条 RREP 消息,并沿着建好的反向路由回复源节点,否则继续广播 RREQ,直到发现有效路由。当 RREP 沿着反向路由回传源节点时,中间经过的每个节点都建立到达目的节点的前向路由,即记录下转发 RREP 的邻居节点地址。而对于建立了反向路由,但是 RREP 没有经过的那些节点,建立的反向路由会在一段时间后自动失效。

收到 RREP 的节点会对第一条 RREP 转发,而在其后收到的同一个源的 RREP 会对其进行判断处理。只有当后收到的 RREP 分组包含了更高的目的序列号或者虽然目的序列号相同但所经过的跳数更少时,才重新更新正向路由,并将 RREP 转发出去。这样当源节点收到第一个 RREP 之后,就开始向目的节点发送数据。

2) 路由维持

由于 Ad Hoc 网络具有动态拓扑特性,当节点关闭或者移动时都可能导致链路失效。因此路由协议必须动态更新。AODV 只维护正在使用的路由。活跃路由上的节点通过定期地向邻居节点发送 Hello 消息来提供链路信息。如果一个节点收到了来自邻居节点的 Hello 消息,但是在之后的一个特定时间内没有收到来自该邻居的任何分组,节点就认为到达该邻居的链路断开,则进行局部维护。源节点收到链路断开的通知后,如果还需要与该节点进行通信,则需要重新发起路由发现过程来寻找路由。

3) 路由修复

当节点发现自己与某个邻居节点发生链路中断时,如果中断处的上游节点距离目的节点的跳数小于 MAX_REPAIR_TTL(最大修复生存时间),则进行本地修复。方法是该节点首先将目的节点序列号加 1,然后广播一个时间受限的 RREQ,用来寻求到达该目的节点的其他路由。如果存在其他路由,则拥有此有效路由信息的节点会返回一个 RREP。发起修复的节点接收到 RREP 后便知道路由修复成功,该节点缓存的数据包便可以直接用该替代路由发送到目的节点。如果在规定的时间内没有任何 RREP 返回,那么表示链路修复未成功,这个时候便进行路由拆除。

4) 路由拆除

如果发起链路修复的节点在发现周期结束时间内没有收到任何关于目的节点的 RREP,说明链路修复失败,则发送一个关于该目的节点的 RERR 消息,通知所有利用该链路的邻居节点链路失效。当源节点收到 RERR 消息后还需要与该目的节点通信,则重新发起路由查找过程。

AODV 综合了 DSDV 和 DSR 的特点。与 DSDV 相比,AODV 路由建立是按需进行的,不需要实时地维护整个网络拓扑信息,降低了开销;与 DSR 相比,AODV 并不采用源路由方式,因此降低了数据分组头部对信道的占用,提高了带宽路由利用率,使得 AODV 能够及时地对网络拓扑变化做出响应。但是 AODV 只支持双向链路。

3. ZRP 路由协议

在 Ad Hoc 网络中,使用单纯的主动式路由协议会产生大量的控制报文,并且很多控制报文经常是无用的。如果单独采用被动式路由协议,需要为每个报文查找路由,这也不合理。ZRP 是结合主动式和被动式路由的混合路由协议。

区域路由协议(Zone Routing Protocol,ZRP)包括区内路由协议(Intra Zone Routing Protocol,IARP)和区间路由协议(Inter zone Routing Protocol,IERP)两个部分。IARP 负责维护区域内节点的路由信息,是限跳数的先应式路由协议的组合。

IERP 负责提供达到区域外节点的路由发现和路由维护服务,是被动式路由协议的组合。边界广播协议(Border Cast Resolution Protocol,BRP)是一种路由请求分组的转发机制,降低区域间路由发现过程中的冗余转发。由于 BRP 只在 IERP 需要时才调用,所以可以认为是 IERP 的一部分。ZRP 的体系结构组成如图 9-6 所示。

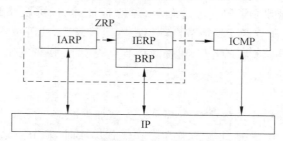

图 9-6 ZRP 的体系结构组成

在具有 n 个节点的 Ad Hoc 网络中,ZRP 以每一个节点为中心,以跳数 h 为半径,将整个网络划分成 n 个互相重叠的区域。在区域内部,采用 IARP,区域间路由采用 IERP。区域半径 h 决定了链路状态数据报向外广播的最大跳数。区域中心节点负责存储该区域内节点间的连接关系。极限情况下,当 $h=1$ 时,只有邻居节点间周期性的交换信息,ZRP 就演变为按需路由协议。当 h 为 Ad Hoc 网络最大直径时,ZRP 就变成了主动式路由协议。

由于 IARP 采用的是主动路由,因此避免了区内节点间的路由发现过程以及由此产生的时延。由于拓扑变化而产生的信息只会在相应涉及的区域中广播,不会影响其他区域节点的连接状态(Link Status)。区域之间的路由是按需建立的,不会像传统主动式路由那样周期性地向整个 Ad Hoc 网络中广播拓扑信息,这样节省了许多开销。另外,在区域内可以使用最优的路由,通过 BRP,本地的拓扑信息还可以提高区域间路由广播的效率。

ZRP 的性能很大程度上取决于区域半径的设置。ZRP 区内的节点数与设定的区域半径有关,因此,ZRP 的区域重叠程度很高,许多节点可能同时属于多个区域,这样每个节点的路由信息会更新过于频繁,增加了控制信息,消耗了有限的资源,占用了一定的带宽。

9.1.5　Ad Hoc 的 IP 地址分配

在 Ad Hoc 网络中,IP 地址分配是十分关键的,一个 Ad Hoc 设备在没有分得 IP 地址之前无法参与网络通信。在 Ad Hoc 网络中,常见的 IP 地址分配技术如下所述。

1. 基于状态维护的分配方法

在这种分配方法中,节点维护网络中地址分配的状态信息,并且通过周期性地同步更新地址分配状态来实现分配。典型的算法有 MANET conf 方法和 Buddy 算法。

1) MANET conf 方法

MANET conf 方法中,每个节点都维护整个网络的已分配 IP 地址信息,并通过泛洪的方式周期性同步更新该信息。最初网络中只有一个节点,它从可分配地址空间中取一个地址作为自己的地址。随后加入网络的节点选择它的一个邻居节点作为配置地址的代理节点。代理节点随后选择一个未分配的地址,通过一种特定的消息泛洪整个网络,轮询其他节点的回复,只有网络中其他节点都给出肯定的答复,代理节点才将这个地址分配给请求节点并更新所有节点的已分配地址表。否则,它选取另外一个地址并重复上述过程。

该算法规定由网络中地址最小的节点产生一个网络标识 UUID(Universally Unique Identifier,通用唯一识别码),并泛洪整个网络。当网络边缘节点检测到不同的 UUID 消息时,便检测出了网络的合并,于是交换各自的已分配地址表并处理冲突地址。网络合并后,将由合并后网络的地址最小节点产生新的网络标识。

该方法通过全网泛洪更新地址状态信息,排除地址冲突,协议开销较大。同时,当有新节点加入,需要等除代理节点外其他节点都给出肯定答复后,代理节点才将预选的地址分配给新加入节点,配置延时较大。此外,随着网络节点数增加,协议开销和配置延时显著增大,该算法的可扩展性也较差。

2) Buddy 算法

Buddy 算法允许网络中的每个节点都可以为新加入的节点配置地址。最初网络中只有一个节点 A,它拥有整个 IP 地址池。当有新节点 B 加入时,新节点通过特定的邻居发现消息选择 A 作为配置节点。A 将拥有的 IP 地址池分一半给 B,B 从获得的地址池中取第一个地址作为自己的地址,同时 B 也拥有为其他新加入节点配置地址的能力。

Buddy 算法中,A、B 互称为伙伴(Buddy),后续加入网络的节点都选择它的一个邻居节点作为配置节点,通过类似的方式获得该邻居地址池的一半,并取地址池的第一个地址作为自己的地址。

如果有节点无通告离开网络,将造成 IP 地址泄露。为了处理该问题,节点间周期性地交换各自的 IP 地址表,以使每个节点都拥有最新的 IP 地址表。如果某个节点发现它的伙伴节点不在最新的 IP 地址表中,则可认为该节点已经无通告离开网络,于是回收它的地址池到自己的地址池中,以防止 IP 地址泄露。

该算法需要通过泛洪方式周期性地更新 IP 地址表,协议开销较大。同时,也因为周期性泛洪的存在,协议开销随节点规模的增大而迅速增加,可扩展性较差。但因为新加入节点只需它的邻居节点许可即可获得配置，无须等待网络中其他节点的确认，所以配置时延较小。

2. 基于冲突检测的算法

基于冲突检测的算法中，当新节点加入网络时，从整个 IP 地址池中随机选取一个 IP 作为自己的地址，并通过主动或被动发现冲突的方式来更改地址，直到不出现冲突为止。PMWRS 和 PACMAN 是典型的基于冲突检测的算法。

1) PMWRS 算法

该算法由 Perkins 等人提出，因此称为 PMWRS 算法。在该算法中，主机先在 169.254.0.0/16 地址池中选择一个地址，再向网络的其他节点广播地址请求报文（Address Request，AREQ）。如果在计时器超时后，没有收到其他节点的地址回复报文（Address Reply，AREP），该主机重新发送 AREQ 报文。如果在有限次尝试后，仍然没有收到其他节点的回复报文，该主机就认为它所选的地址是合法的，并为自己配置该地址。

该算法复杂度较低，容易实现，但存在如下缺陷：首先计时器周期的选择非常关键，太短的周期会导致检测不出较远节点的冲突地址，太长的周期会导致配置延时过长。因此，周期的选取应该与节点的规模成正比，但这样会带来较大的延时。其次，如果两个新加入节点同时从地址池中抽取到同一地址，可能会引起地址冲突。此外，该方法因为通过泛洪的方式排除冲突问题，协议开销较大，可扩展性较差。

2) PACMAN 算法

Ad Hoc 网络被动自动配置算法（Passive Auto Configuration for Mobile Ad Hoc Networks，PACMAN）由 WENIGER.K 于 2005 年提出。在 PACMAN 算法中，加入网络的节点按照一定的方法从地址池中取一个地址作为自己的地址。该算法分析路由协议产生的数据包，通过重复地址事件发现地址冲突，并采取相应的措施处理冲突。

例如在典型的链路状态路由协议中，每个节点都周期性地产生链路状态消息，该消息包含源地址、序列号等。假定每个节点的序列号都是周期性增加的，当某个节点收到了某条链路状态消息，源地址与自己地址相同，但序列号却比自己当前序列号大，则可确定发生了地址冲突。

该算法的优点是在地址分配过程中不产生控制信息，而是通过发现重复地址所特有的路由事件来发现冲突地址并处理冲突，协议开销较小。但该算法要求可分配地址空间比网络节点数大得多，否则发生地址冲突的可能性就较大，处理冲突引入的协议开销也会较大。此外，该算法依赖具体的路由协议，甚至路由协议的参数，适应范围受限。

3. 基于网络分层的算法

基于网络分层的算法在进行地址分配之前，对网络的所有节点进行分簇。分簇以后，在簇内通过重复地址检测（Duplicate Address Detection，DAD）方法排除冲突地址或者选举簇头管理簇内地址分配。为排除冲突地址的信息交互被局限在簇内，从而减少了协议开销，增强了可扩展性。IPv6 Stateless 和 SOAMAN 是典型的基于网络分层的算法。

1) IPv6 Stateless

IPv6 Stateless 算法先把整个网络进行分层，即把一组相距小于或等于源端路由器跳数的节点划分为一个簇，选举邻居节点数最多的节点作为簇头节点，孤立节点可自立为簇头。群内所有节点共同构成一个子网，簇头节点负责选择一个随机的子网 ID，并且在所有簇头节点中进行 DAD 检验以保证该子网 ID 的唯一性。在子网 ID 确定下来以后,簇头向簇内节点周期性地发送路由广播(Router Advertisements,RA),RA 中包含子网 ID。

新加入节点先随机产生一个本地链路地址,并在簇内进行 DAD 检测,如果没有检测到冲突,则将该本地链路地址和接收到的 RA 中的子网 ID 合成节点地址,否则重新选取地址,并重复上述过程。

该算法实行了分层的网络结构,将本地链路地址的 DAD 检测限制在簇内,而子网 ID 的 DAD 检测限制在簇头节点之间,降低了协议开销。但随着节点的移动,网络拓扑动态变化,维护分层结构的开销增加,所以该算法不适合节点移动快、拓扑变化剧烈的网络。

2) SOAMAN

SOAMAN 算法从所有节点中选举一个簇头节点管理整个网络地址的分配,管理节点维护整个网络的已分配地址表,新加入节点需向簇头节点申请地址。当有新节点加入网络时,它首先随机产生一个临时地址,该地址只用于与代理申请地址的节点通信,不参与路由。

然后,选择一个邻居节点作为申请地址的代理,该邻居节点随后向簇头节点申请一个未分配的 IP 地址,并将其作为新加入节点的地址。该算法新节点在加入网络过程只需通过邻居代理向簇头节点申请地址,而不需要泛洪整个网络,也不需要等待网络中其他节点的确认消息,降低了协议开销和配置延时。

但是,整个网络只划分一个簇,簇头管理整个网络的地址分配,并且需要周期性广播信号以检测网络的分裂与合并,所以簇头节点的负载较大,可能成为整个网络的瓶颈,可扩展性差。

9.1.6 移动 Ad Hoc 网络的功率控制

移动 Ad Hoc 网络设备一般都采用电池等设备供电,为此必须考虑节能问题。目前,功率控制技术的研究主要集中在 MAC 层和网络层两个方面。MAC 层功率控制主要根据通信状态、节点间的距离、信道状况等条件动态调整节点的发射功率,从而提高网络容量实现节能。网络层功率控制主要通过调整节点的发射功率来改变网络的拓扑和路由选择,从而使得网络的性能达到最优。

1. MAC 层的功率控制

在 MAC 层的功率控制中,节点通过 RTS/CTS(Request To Send/Clear To Send,请求发送/允许发送)协议来获取链路有关的信息参数,解决"隐藏终端"问题,然后根据报文的下一跳节点距离、信道状况等条件动态地调整发射功率。链路层功率控制机制不会影响网络拓扑结构,也不会增加报文在转发过程中所经历的平均跳数。

目前 Ad Hoc 网络的信道接入协议的主要工作方式有单信道、双信道和多信道三种,这三种工作方式都可以用来提高整个网络的容量。

1) 单信道功率控制协议

单信道功率控制协议是指控制分组和数据分组在同一个信道中传输。在单信道功率控制协议中,控制分组可以用最大功率来发送,也可以根据目的节点的相关信息用相对较小的功率来发送。发送节点可以在控制分组 RTS 中携带发射功率等参数信息,接收节点可在 CTS 中向对方提供自身的信噪比等信息,为发送端选择发送功率提供参考。

在单信道功率控制协议中,功率值应该根据空间复用度和数据正确接收的概率进行选择,既不能设置功率值太大导致空间复用度过低,也不能设置功率过小导致数据正确接收率过低。

　　2) 双信道功率控制协议

　　双信道功率控制协议通常有一个控制信道和一个数据信道,在控制信道上传送控制分组,在数据信道上传送数据分组。控制分组一般采用最大发射功率发送,数据分组用最小功率发送,数据信道上的确认分组(Acknowledgement,ACK)可以用最小功率发送,也可以用最大功率发送。通过这种方法可以提高数据信道的空间复用度,提升整个网络的容量。

　　3) 多信道功率控制协议

　　多信道功率控制协议是指网络中的节点同时使用一个控制信道和多个数据信道,根据网络的使用情况在多个数据信道中选择一个数据信道来传输数据分组。多信道接入协议中,控制分组 RTS 和 CTS 都在控制信道上传送,数据分组和确认分组在由多信道协议所决定的数据信道上传送。当节点没有数据要发送时,则需要有一个收发机停留在控制信道,以监听其他节点之间交互的控制分组。收发两端通过交互控制信息可在多个数据信道中选择一个合适的信道,并在切换到所选定的数据信道后发送数据分组及 ACK。

　　多信道功率控制协议在同一时刻,在同一通信区域内可以有多对节点在不同的信道上进行同时通信,在网络负荷大时比单信道协议有更高的网络吞吐量。控制信道用来分配数据信道并且解决使用数据信道时的潜在冲突。协议对信道总数的需求与网络拓扑和节点密度无关,适合在节点密度大的环境中使用,也无须时钟同步机制。

　　2. 网络层的功率控制

　　在 Ad Hoc 网络中,节点的通信距离主要由节点的发射功率决定。如果通信范围内的节点过多,则会导致竞争和冲突剧增,从而使网络性能下降。由于 Ad Hoc 网络的特殊性,导致节点密度无法估计,为此需要根据节点的分布情况自动调整发射功率,以改变其覆盖范围,从而改善网络性能。

　　Ad Hoc 网络层的功率控制通过调整发射功率动态改变网络的拓扑结构和路由选择,从而使网络的性能达到最优。发射功率的选择,需要在分组平均转发次数与信道空间复用度之间进行折中,即通过功率控制选择基于能耗的路由,达到节约能量和提升网络效能的目的。发送功率大,通信距离就远,分组平均转发的次数就少,但这样会使信道的空间复用度降低,使每个节点的有效带宽减小。而减小发射功率,能提高信道的空间复用度,增大节点的有效带宽,但分组的平均转发次数要增多,使信道的时间利用率降低。

　　与 MAC 层的功率控制相比,网络层的功率控制调整频率相对较低,这样避免了频繁的拓扑变化产生分组延迟以及路由失效而导致重新选路,减小了网络负载。另外,在 Ad Hoc 网络中,通常还可以采用混合功率控制方法。网络层与链路层相结合的功率控制算法即混合控制,主要策略是在网络层使用基于能量耗费的路由选择算法,通过调整发送控制分组的功率来得到合适的网络拓扑。链路层功率控制在发送数据分组时根据网络信息以尽量小的功率来发送。

9.2　无线传感器网络

　　无线传感器网络(Wireless Sensor Network,WSN)是由部署在监测区域内的大量微型传感器节点通过无线通信方式形成的一个多跳的自组织网络系统,目的是协作地识别、采集和处理网络覆盖区域中感知的对象信息,并发送给管理者。

WSN 综合了微电子、嵌入式计算、现代网络及无线通信、分布式信息处理等先进技术。WSN 工作过程中,大量传感器节点随机部署在监测区域内部或附近,能够通过自组织的方式构成网络。传感器节点监测的数据沿着其他传感器节点逐跳进行传输,在传输过程中监测数据可能被多个节点处理,经过多跳后路由到汇聚节点,最后通过互联网或卫星到达管理节点。用户通过管理节点对传感器网络进行配置和管理,发布监测任务以及收集监测数据。

构成 WSN 的三要素包括传感器、观察者和感知对象。传感器主要由感知单元、传输单元、存储单元和电源组成,完成感知对象的信息采集、存储和简单的计算后,传输给观察者以提供环境的决策依据。观察者是无线传感器网络的用户,是感知信息的接收和应用者。观察者可以是人,也可以是计算机或其他设备。感知对象是观察者感兴趣的监测目标,也是无线传感器网络的感知对象。一个无线传感器网络可以感知网络分布区域内的多个对象,一个对象也可以被多个无线传感器网络感知。

9.2.1 WSN 的体系结构

WSN 的体系结构由物理层、数据链路层、网络层、运输层和应用层组成。

1. 物理层

物理层指的是为数据流传输所需物理连接的建立、维护和释放提供的机械、电气、功能和规程模块。物理层传输方式涉及 WSN 采用的传输媒体、选择的频段及调制方式。WSN 采用的传输媒体主要有无线电、红外线、光波等。研究核心是传感器软、硬件技术。在物理层面上,无线传感器网络遵从 IEEE 802.15.4 标准(ZigBee)。

物理层首要完成感知数据和数据的收集,对数据进行简单抽样处理,另外要完成信号的调制解调、信号的发送和接收、功率控制等。考虑到无线传感器网络节点的能量非常有限,节能对延长网络的生存时间十分重要,所以在物理层主要研究的是如何进行动态功率管理和控制,另外还要研究无线传感器网络的通信问题。

2. 数据链路层

数据链路层负责接入控制和建立节点之间可靠的通信链路,主要由 MAC 层组成。如何合理有效地分配信道,是 MAC 层要解决的主要问题。传统的基于竞争机制的 MAC 协议需要多次握手,数据发生冲突的概率较大,造成能量的浪费。因此,无线传感器网络的 MAC 协议一般采用基于预先规划的机制(如 TDMA)来保护节点的能量。

3. 网络层

网络层的主要任务是发现和维护路由。在无线传感器网络中,节点不但是数据采集器,而且还承担着路由器的作用。节点一般采用多跳路由连接其他节点,因为多跳通信比直接通信更加节能,这也正好符合数据融合和协同信号处理的需要。

WSN 的路由协议是以数据为中心的,没有一个全局标识,一般采用基于属性的寻址方式,采用按需的被动式路由方式,如 Ad Hoc 网络中的 AODV 等。另外一类常见的路由协议是基于分簇的层次化路由协议,常见的有 LEACH 等。

4. 运输层

WSN 的运输层负责数据流的传输控制,主要通过汇聚节点采集网络内的数据,并使用卫星、移动通信网络、Internet 或者其他链路与外部网络通信,运输层是保证 WSN 服务质量

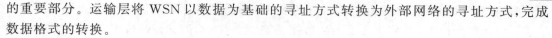

的重要部分。运输层将 WSN 以数据为基础的寻址方式转换为外部网络的寻址方式,完成数据格式的转换。

5. 应用层

应用层主要为 WSN 提供安全支持,即实现密钥管理和安全组播。由于面向的应用对象是多样的,为此针对 WSN 设计的相关应用类型也多种多样,其关注的核心问题也各不相同。无线传感器网络基于 TinyOS 操作系统可以方便地构建所需的网络应用平台。

注意:TinyOS 是 UC Berkeley 开发的开放源代码操作系统,专为嵌入式无线传感器网络设计。

9.2.2　WSN 的特点

传统网络以数据传输服务为主要目的,而 WSN 是一种以测控为目的的无线网络,其自身固有的特点如下。

1. 节点计算能力较低,能量和存储容量有限

由于 WSN 应用环境的复杂性和条件的限制,传感器功能专一,结构简单。WSN 节点趋于微型化,节点采用一次性电池,节点能量有限。同时,由于节点硬件结构大多采用单片机作为主控和管理单元,其计算能力和存储空间较低,因此在网络协议设计方面追求简单化。

2. 节点数量规模大,密度高

为了获取精确信息,在监测区域通常部署大量传感器节点。传感器网络的大规模性包括两方面的含义,一方面是传感器节点分布在广泛的地理区域内,如在森林内采用传感器网络进行防火和环境监测;另一方面,传感器节点部署密集,在一个面积不是很大的空间内,密集部署了大量的传感器节点。高密度的节点分布有利于通过相互协作来提高网络的健壮性。

3. 自组织网络

在 WSN 中,传感器节点随机散布在监测区域,无法事先了解和设定网络的拓扑结构,节点之间的相互邻居关系预先也不知道。这就需要网络具备自组织能力,在工作时能有效建立网络拓扑和通信链路来完成组网和数据采集传输功能。

此外,当监测区域部分传感器节点由于能量耗尽或环境因素造成失效,或者由于添加新的节点到网络中时,都需要网络能够自动进行拓扑调整,从而保证整个网络能够持续正常工作。

4. 没有统一的应用平台

传感器的应用系统多种多样。不同的应用背景对传感器网络的要求不同,其硬件平台、软件系统和网络协议差别很大。

对于不同的传感器网络应用虽然存在一些共性问题,但在开发传感器网络应用中,更关心传感器网络的差异。针对具体应用来研究传感器网络技术,这是传感器网络设计不同于传统网络的显著特征。

5. 以数据为中心,节点具有数据融合能力

传统的数据通信网络以 IP 地址为中心,终端通过 IP 地址来标识和进行数据交换。而WSN 是任务型的网络,网络中的各节点采用节点编号标识,各节点协同监测数据,用户使用传感器网络查询事件时,直接将所关心的事件通告给网络,而不是通告给某个确定编号的节点。脱离整个网络,单个节点采集的数据是毫无意义的,因此,WSN 是以数据为中心的网络。另外,WSN 中可能有多个节点同时收集到用户感兴趣的数据,为避免冗余数据重复发送,这些数据需要经过融合处理后再进行传输。

9.3 无线 Mesh 网络

无线 Mesh 网络(Wireless Mesh Network,WMN)也称"多跳(Multi-Hop)"网络,它是一种与传统无线网络完全不同的应用性网络。无线 Mesh 网具有自组网、自修复、自平衡、自动扩展等特点。

9.3.1 Mesh 网络的基本概念

在传统的无线局域网(WLAN)中,每个客户端均通过一条与 AP(Access Point,接入点)相连的无线链路来访问网络,用户如果要进行相互通信,必须首先访问一个和有线网络相联的接入点,这种网络结构被称为单跳网络。

在无线 Mesh 网络中,任何无线设备节点(Node)都可以同时作为 AP,网络中的每个节点都可以发送和接收信号,每个节点都可以与一个或者多个对等节点进行直接通信。这样,如果最近的 AP 由于流量过大而导致拥塞,数据可以自动重新路由到一个通信流量较小的邻近节点进行传输。以此类推,数据包还可以根据网络的情况,继续路由到与之最近的下一个节点进行传输,直到到达最终目的地为止。这样的访问方式就是多跳访问。

与传统的无线网络相比,WMN 具有如下优势。

(1) 网络覆盖范围大,频谱利用率高,系统容量大。

由于每跳的传输距离短,传输数据所需要的功率较小。WMN 通常使用较低功率将数据传输到邻近节点,节点之间的无线信号干扰较小,网络的信道质量和信道利用效率大大提高,因而能够实现更高的网络容量。例如在高密度的城市环境中,无线 Mesh 网络能够减少使用无线网络的相邻用户干扰,提高了信道利用率。

(2) 网络的自愈能力强。

WMN 的多路由选择特性提高了网络的柔韧性和可用性,当某条路径出现错误或故障时,可以选择其他路径。

(3) WMN 提供了强大的冗余机制和通信负载平衡功能。

在 WMN 中,每个设备都有多个传输路径可用,网络可以根据每个节点的通信负载情况动态地分配通信链路,从而有效地避免节点的通信拥塞。

9.3.2 Mesh 网络的拓扑

传统的无线网络结构属于树状结构,每个节点只与它直接有父子关系的节点通信,父节点故障将导致其所有子节点无法正常工作。而 Mesh 拓扑结构是网状结构,如图 9-7 所示。

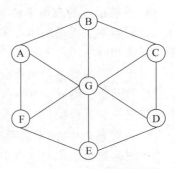

图 9-7　Mesh 网络拓扑结构

在这种网络中,所有节点之间没有父子关系,在无线发射功率范围之内的节点都可以直接通信,一个节点故障只会影响到与它相关的无线链路,其他链路可正常通信。

这种网络的一个显著特点就是可靠性高。但其最大挑战来自过于复杂的网络结构导致路由协议非常复杂,特别是在无线环境中,节点具有移动性,而且无线环境瞬息万变,节点发射功率也经常调整,导致网络拓扑结构变化频繁,路由协议必须能管理这种快速变化,使任一时刻任意两点间通信都能找到最佳路径。

另外,Mesh 网络具备自组织功能,可自动探知新增节点,并更新路由,自动调整网络参数,如相邻节点发射功率等。这种网状结构无中心,单个节点破坏不会影响到其他节点,可进行路由自调整。

为实现节点间相互通信,无线网状网需要众多控制功能,如认证、无线资源安排、路由发现等,这些工作在传统网络中都是通过中心控制节点完成的,但在无线网状网中没有中心控制节点,这些工作必须由各节点或节点间自行完成,设计的控制流程与传统无线网络存在很大区别。

9.3.3　Mesh 网络的结构

按照结构层次,无线 Mesh 网络可以分为平面结构、分层结构和混合结构。

1. 平面结构

在平面结构模式下,终端用户自身配置无线收发装置,通过无线信道的连接形成一个点对点的网络。平面结构中的节点仅包含具有 Mesh 路由功能的增强型用户终端设备。平面结构中所有节点都是对等关系,每个节点都包含相同的 MAC、路由、管理和安全等协议,既可以接入网络,也可以转发其他节点的消息。网内的节点能够形成任意网状的拓扑结构,节点也可以任意移动,网络的拓扑结构会动态地发生变化。

在这种环境中,由于终端的无线通信覆盖范围有限,两个无法直接通信的用户终端可以借助其他终端的分组转发进行数据通信。在任一时刻,终端设备在不需要其他基础设施的条件下可独立运行,支持较高速率的移动,快速形成宽带网络。平面结构模式事实上就是一个 Ad Hoc 网络,它可以在没有或不便利用现有的网络基础设施的情况下提供一种通信支撑环境。这种模式适用于节点数目较少且不需要接入核心网络的应用场合。由于组成网络的节点不需要具有网关或中继功能,所以不需要 Mesh 路由器,平面网络结构如图 9-8 所示。

2. 分层网络结构

分层网络结构模式在接入点与用户终端之间形成无线的回路。移动终端通过 AP 的路由选择和中继功能与 AP 形成无线链路,AP 通过路由选择及管理控制等功能为移动终端选择与目的节点通信的最佳路径,形成无线回路。同时移动终端通过 AP 可与其他网络相连,从而实现无线宽带接入。这种结构降低了系统成本,提高了网络覆盖率和可靠性,图 9-9 所示的是分层网络的基本结构。

无线 Mesh 网络的典型分层结构,分为上下两层。下层的客户节点可以通过 Mesh 路由器接入上层 Mesh 结构的网络中,Mesh 路由器提供路由选择和中继功能,为客户节点提供一条顺利连接到网关节点的无线链路。这种结构可以兼容市场上已经有的设备,缺点是任意两个终端节点之间不能直接通信。

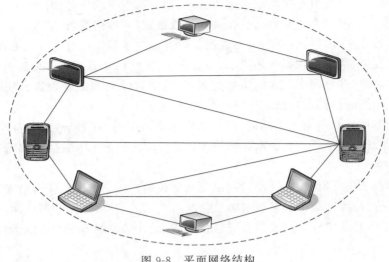

图 9-8　平面网络结构

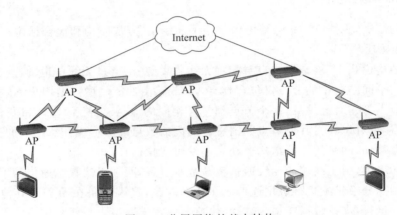

图 9-9　分层网络的基本结构

3. 混合网络结构

综合平面网络结构和分层网络结构就可以构建混合网络结构，混合结构中，Mesh 客户端增加了转发和路由功能，可以与 Ad Hoc 方式互联直接通信。终端节点设备需要同时能够支持接入上层网络 Mesh 路由器和本层网络对等节点的功能。图 9-10 所示的是无线 Mesh 网络最常见的组网结构。

由于以上两种模式具有优势互补性，因此混合网格结构同时支持两种模式的网络实现多跳无线通信，移动终端既可以与其他网络相连，实现无线宽带接入，又可以与其他用户直接通信，并且可以作为中间路由器转发其他节点的数据，送往目的节点。

9.3.4　Mesh 网络的相关标准

当前研究认为 Mesh 网络是结合无线局域网、无线个域网和无线体域网（Body Area Network，WBAN）的一种网络技术。而 WBAN 又关联到无线传感器网络 WSN，因此 Mesh 网络的技术构建标准较多，其应用领域也非常广泛。IEEE 802.11、IEEE 802.15、

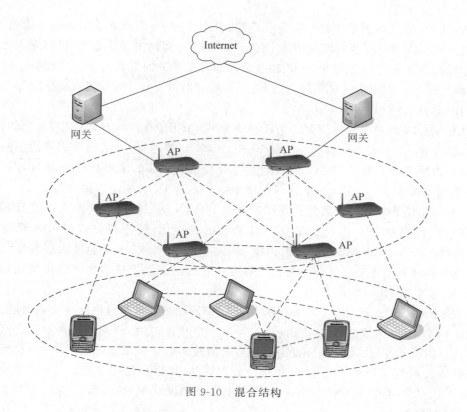

图 9-10　混合结构

IEEE 802.16，及其 IEEE 802.20 等相关标准都提出了相关 Mesh 网络的支持标准。

1. IEEE 802.11s

IEEE 802.11 WLAN 工作组于 2004 年初成立了 Mesh 任务组，编号为 IEEE 802.11s，主要研究支持无线分布式系统的协议，以实现 WLAN 在多 AP 之间通过自配置多跳的方式组网，最终目标是突破传统 AP 功能上的限制，使之具有无线路由器的功能，将业务流转发给邻近的 AP，并进行多跳传输。

IEEE 802.11s 任务组主要研究支持无线分布式系统（Wireless Distribution System，WDS）的协议，为 WMN 定义 MAC 层和物理层协议。WDS 是 802.11 网络的一部分，用来作中继功能，可以让无线 AP 之间通过无线进行桥接，同时不影响其无线 AP 覆盖功能。支持 WDS 技术的无线 AP 或无线路由器具有混合的无线局域网工作模式，可以支持点对点、点对多点的数据传输。

IEEE 802.11s 提出了无线 Mesh 网络的参考体系结构。Mesh 媒体接入协调功能组件（Mesh Medium Access Coordinate Functional Component，MMACFC）位于物理层之上，Mesh 路由组件之下，负责有效的竞争接入和 WMN 中多跳节点间数据包收发的调度。当安全的 Mesh 链路建立以后，Mesh 节点需要与其他 Mesh 节点协调以解决竞争和共享无线媒介的问题，来保证该节点本身及其他节点的数据包通过多跳的 WMN 有效转发。

直观上看，MMACFC 等同于 IEEE 802.11 WLAN 中的分布式协调功能（Distributed Coordination Function，DCF）或 IEEE 802.11e 中增强的分布式信道接入机制（Enhanced Distributed Channel Access，EDCA）。

MMACFC 需要解决的问题包括隐藏终端、暴露终端、在多跳 Mesh 路径上从源节点到目的节点的流量控制、在多跳转发路径上的有效调度、对多跳多媒体业务(视频或语音)分布式接入控制、分布式 QoS 的业务管理、本地业务和转发业务的有效处理、不同网络环境下的可升级性、Mesh 节点间信道工作接入的调度、使用多信道提高 Mesh 网络的性能等。

2. IEEE 802.15

IEEE 802.15 系列主要关注无线个域网的发展。IEEE 802.15.1 是 IEEE 提出的第一个无线个域网(Wireless Personal Area Network,WPAN)技术标准,组网方式灵活多样,且支持多跳,有力地支持了无线 Mesh 网络结构。IEEE 802.15.2 的主要目标是为 IEEE 802.15 WPAN 发展推荐应用,此协议标准为多种技术融入无线 Mesh 网络提供支持。

IEEE 802.15.3 提供短距离无线连接的高速 WPAN 制定标准。其子工作组 IEEE 802.15.3a 进一步发展制定了基于多带 OFDM 联盟的物理层,使用超宽带(Ultra Wideband,UWB)技术实现高达 480Mbps 的峰值传输速率。IEEE 802.15.4 是为低数据速率、长电池寿命和低设备开销要求的遥测技术制定的标准。它的网络层支持多种网络拓扑结构,如星状、簇状和无线 Mesh 网络。

在 IEEE 802.15.5 标准中,Mesh 网络定义了全网状拓扑和部分网状拓扑两种方式。在全网状拓扑中,每一个节点直接与其他任何一个节点相连;在部分网状拓扑中,只有部分节点与其他所有节点相连,而其他节点则只是与交换较多数据的节点相连。标准主要涉及的问题包括碰撞避免的信标调度策略、短地址分配算法、数据传输中 RTS/CTS 的采用、路由算法、分布式安全问题、能效操作模式、对于网状节点和网状 WPAN 移动性的支持等。

3. IEEE 802.16

IEEE 802.16 定义了点对多点(Point to Multipoint,PMP)和 Mesh 两种通信模式。IEEE 802.16 为 PMP 定义了完整的传输机制,但在 Mesh 模式方面,没有一套完整协议机制。IEEE 802.16 工作组为 Mesh 模式定义了帧结构、入网方式、调度的三次握手交互方式、管理控制消息的格式等,然而对于消息传输的详细机制、调度算法未做规定。

IEEE 802.16 标准在 2～11GHz 频段范围内规定在 MAC 层采用 Mesh 网络拓扑结构进行覆盖距离的扩展。由于在该频段范围内传输信号的波长较长,多径无法忽略,无线传输具有非视距传输(Non Line of Sight,NLOS)特性,所以,IEEE 802.16 协议采用了 OFDM 技术。同时,Mesh 通过基于分组数据的多跳路由技术绕过障碍、干扰和拥塞,很好地支持非视距传输,使得传统的 IEEE 802.16 标准 MAC 协议得到增强。

4. IEEE 802.20

IEEE 802.20 即移动宽带无线接入(Mobile Broadband Wireless Access,MBWA)工作组,它支持在 3.5GHz 频带可靠地进行高速无线数据传输,同时,在室内、室外环境中支持无线 Mesh 网络结构。

WBWA 系统最初由 IEEE 802.16 工作小组提出,2002 年 7 月,IEEE 组织明确定义 MBWA 系统与 IEEE 802.16 技术定位于不同的市场应用。2002 年 12 月 11 日,IEEE 批准成立专门从事 IEEE 802.20 技术标准的开发。

9.3.5 Mesh 网络的核心设备

Mesh 网络的核心设备是带 Mesh 功能的 AP(Mesh AP)和带 Mesh 功能的客户端设

备。如果构建的是诸如 Ad Hoc 模式的平面结构 Mesh 网络,则认为 Ad Hoc 就是一个简单的 Mesh 结构。

Mesh 网络中的核心设备主要指的是 Mesh AP,也称为 Mesh 路由器。Mesh AP 和无线 AP 类似,提供无线网络的接入,不同的是,无线 AP 的桥接一般多是点对点或者点对多点,而且要用户来实现配置。但是无线 Mesh AP 实现的是多个 AP 之间的网状连接。这种网状连接是由 Mesh AP 自动构建的,它具备高度的自组织性。图 9-11 展示了一款 MSR4000Mesh AP 设备。表 9-1 列出了该款 Mesh AP 的基本参数。

表 9-1　Mesh AP 基本参数

WiFi Access	支持
Mesh	支持
Point-to-Point	支持
Point-to-Multipoint	支持
频率	2.4GHz,5GHz,4.9GHz
天线	4 根 IEEE 802.11n MIMO 天线
网络接口	一个 1000Mbps RJ-45 接口
POE	支持
认证方式	Portal Web
波段数	4 波段

图 9-11　Mesh AP 设备

可以认为无线 Mesh AP 是在无线 AP 的基础上增加了 Mesh 组网功能,所以无线 Mesh AP 就是一台特殊的无线网桥。而无线 AP 一般都是通过有线方式连接的,其实现了无线客户端的接入,所以它的组网方式没有无线 Mesh AP 灵活。

9.4 软件无线电和认知无线电技术

目前无线网络的多种标准并存,不同标准采用不同的工作频段、调制方式,造成系统间难以互通。随着无线技术的不断发展,新的无线技术不断提出,实现各种通信技术的互联成为当前研究的热点。无线频带越来越拥挤,对通信系统的频带利用率和抗干扰能力要求不断提高,而多通信体制的存在,现在很难重新规划频谱,若采用新的抗干扰方法,需要对系统结构做较大改动。

9.4.1 软件无线电技术

1. 概述

软件无线电(Soft Defined Radio,SDR)是一种基于数字信号处理(DSP)芯片,以软件为核心的无线通信体系结构,它利用软件来实现无线电通信系统中的各种功能。SDR 是一个可编程的硬件平台,所有的应用都通过该平台上的软件编程实现。不同系统的基站和移动终端都可以由建立在相同硬件基础上的不同软件实现。该技术将能保证各种移动台、移动设备之间的无缝集成,并大大降低建设成本。

1992 年,Miltre 公司的 Joseph Mitola 首次提出了软件无线电的概念。其中心思想是构造一个具有开放性、标准化、模块化的通用硬件平台,将各种功能,如工作频段、调制解调类型、数据格式、加密模式、通信协议等用软件来完成,并使 A/D 和 D/A 转换器尽可能靠近天线,以研制出具有高度灵活性、开放性的新一代无线通信系统。图 9-12 展示了软件无线电的基本构成。

图 9-12　软件无线电的基本构成

在软件无线电中,把硬件作为以总线方式连接的标准化、模块化平台。软件无线电是一种开放的体系结构,在研制、生产、使用中都应该具备这种开放性。另外,软件无线电具备灵活性,可以任意地改变信道接入方式,改变调制方式或接收不同系统的信号。

2. 关键技术

软件无线电的关键技术如下所述。

1) 智能天线技术

软件无线电的工作频率范围为 2～2000MHz。智能天线是数字多波束形成(Digital Beam Forming,DBF)技术和数字信号处理技术的结合,它是由 n 个天线单元组成的阵列天线,每个单元有 m 套加权器,可形成 m 个不同方向的波束。通过调节权值矩阵,可以改变阵列的天线方向图,从而使得波束随着用户走,信号到达方向(Direction Of Arrival,DOA)提供了用户终端的方位信息,可实现用户定位,抑制了干扰,降低了发射功率,提高了频谱的利用率。

2) 高速并行可编程数字信号处理技术

数字化是软件无线电的基础,模拟信号必须通过采样转换成数字信号才能用软件进行处理,而生成的数字信号也需要解调成模拟信号才能进行射频放大输出。A/D 的主要性能指标是采样速率和采样精度,理想的软件无线电平台是直接在射频上进行 A/D 变换,要求必须具有足够的采样速率。

DSP 是软件无线电系统的核心。软件无线电系统中的上下变频、基带处理、调制解调、解扩和解跳、比特流处理以及解码等都要在 DSP 芯片上实现。当单个 DSP 芯片处理能力不足时,可采用多个 DSP 芯片的并行处理来提高运算性能。开发 DSP 的编程软件是软件无线电通信研究的主攻方向,包括各种 FFT 算法、调制解调、信源编码、信号编码的设计等。

3) 宽带 A/D、D/A 转换技术

软件无线电的一个显著特点是将 A/D 和 D/A 转换模块尽可能地靠近天线,至少要对中频进行数字转换。它要求 A/D 和 D/A 转换器件具有较高的性能,需要高速度、大带宽、大的动态范围。A/D 转换器的技术参数主要有最大转换速率、转换位数、无杂散动态范围(Spurious Free Dynamic Range,SFDR)、互调失真(Inter Modulation Distortion,IMD)、采样速率、采样精度等。

9.4.2 认知无线电技术

无线通信的频谱资源管理实行授权和非授权频率管理体制,对于授权频段,非授权者不得随意使用。FCC 研究表明,在大部分时间和地区,授权频段的平均利用率在 15%~85%。另一方面,开放使用的非授权频段占整个频谱资源的很小一部分,而在该频段上的用户却很多,业务量拥挤。静态的频谱分配原则导致授权频段利用率低下而其他用户又无法使用相应频段。如果能够将暂时空闲的频谱资源加以利用,目前这种频谱资源的紧张状况将得到极大改善。

认知无线电(Cognitive Radio,CR)的核心思想就是使无线电设备具有自主发现"频谱空穴",并合理有效地利用"频谱空穴"的能力。如何快速、准确地检测到"频谱空穴",成为认知无线电需要解决的关键问题。

CR 是一种具有频谱感知能力的智能化软件无线电技术,它能自动感知周围的电磁环境,寻找"频谱空穴",并通过通信协议和算法将通信双方的信号参数调整到最佳状态。CR 不仅具有通信功能,而且还需具备频谱探测能力,CR 必须借助于软件无线电来实现。

软件无线电关注的是采用软件方式实现无线电系统信号的处理,而 CR 强调的是无线系统能够感知操作环境的变化,并据此调整系统工作参数,实现最佳适配。CR 不仅包括信号处理,还包括根据相应的任务、政策、规则和目标进行推理和规划的高层活动。所以,认知无线电是智能化的软件无线电。

1. 认知无线电的关键技术

1) 频谱检测

频谱检测是 CR 的关键技术。频谱空穴是指分配给授权用户但在一定的时间和具体的位置上该授权用户没有使用的频谱。频谱检测的任务就是寻找合适的频谱空穴并反馈至发送端进行频谱管理和功率控制。常见的频谱检测技术包括能量检测、匹配滤波器检测、循环平稳特征检测、本地振荡器的能量泄漏检测、协同检测和干扰温度检测等。

2) 频谱管理

频谱管理又称频谱分配,频谱管理的主要目的是开发一种自适应策略以实现无线频谱的高效利用。在认知无线电中,基于无线环境分析器探测到的频谱空穴和功率控制器的输出,选择一种调制策略以适应时变的无线传输环境,确保传输信道在任何时候都能可靠地通信。

CR 系统采用动态频谱分配(Dynamic Spectrum Allocation,DSA)方案。目前 CR 技术的 DSA 研究主要是基于频谱池(Spectrum Pooling)策略,其基本思想是将一部分用于不同业务的频谱合成为一个公共的频带,并将整个频带划分为若干子信道。基于频谱池策略的DSA 主要目的是实现信道利用率的最大化,同时考虑用户接入的公平性。

3) 功率控制

在 CR 系统中采用分布式功率控制以扩大系统的工作范围,而每个用户的发射功率是造成其他用户干扰的主要原因,因此功率控制是 CR 系统的关键技术之一。在多用户传输的 CR 系统中,发送功率控制受到给定的干扰温度和可用频谱空穴数量的限制。目前解决功率控制的主要技术是对策论和信息论。

2. 认知无线电的相关标准

目前制定的认知无线电相关的标准主要包括 IEEE 802.22、IEEE 802.16h、IEEE 1900、IEEE 802.11h 以及 IEEE 802.11y 等。

1) IEEE 802.22

IEEE 802.22 是第一个基于 CR 技术的国际标准,IEEE 802.22 工作组将 CR 技术确立为无线区域网(Wireless Regional Area Network,WRAN)的核心技术。IEEE 802.22 工作组授权开发一个共同操作的点对多点的空中接口(物理层和 MAC 层)标准,该标准用于现存广播电视所在的频段,用于基于 CR 的 WRAN。

IEEE 802.22 工作于 54~862MHz 的 VHF/UHF 频段上未使用的 TV 信道,工作模式为点对多点。该工作组目的是利用认知无线电技术将分配给电视广播的 VHF/UHF 频带用作宽带接入。为了与 TV 频道的授权用户共存,802.22 系统的物理层和媒体接入控制层(MAC 层)协议应该允许基站根据感知结果,动态调整系统的功率或者工作频率,还包括降噪机制,从而避免对 TV 频道的授权用户造成干扰。

2) IEEE 802.16h 标准

随着 IEEE 802.16 系列规范的不断制定和完善,频谱资源成为制约技术发展的关键问题,为此,IEEE 成立了解决共存问题的 802.16h 工作组,利用认知无线电技术使 802.16 系列标准可以在 ISM 频段获得应用,并降低对其他基于 IEEE 802.16 免授权频段用户的干扰。

IEEE 802.16h 标准由 License-Exempt Task Group 制定,以确保基于 IEEE 802.16 的免授权系统之间的共存以及与授权用户系统之间的共存。

3) IEEE 1900 标准

IEEE 于 2005 年成立了 IEEE 1900 标准组,进行与下一代无线通信技术和高级频谱管理技术相关的电磁兼容研究。

IEEE 1900 包括 IEEE 1900.1、IEEE 1900.2、IEEE 1900.3 和 IEEE 1900.4 共 4 个工作组。IEEE 1900.1 工作组的任务是解释和定义有关下一代无线电系统和频谱管理的术语和概念。IEEE 1900.2 工作组主要为干扰和共存分析提供操作规程建议,提供分析各种无线服务共存和相互干扰的技术指导方针。IEEE 1900.3 工作组主要为软件无线电的软件模块提供一致性评估的操作规程建议。提供分析软件定义无线电的软件模型以保证符合管理和操作需求的技术指导方针。IEEE 1900.4 工作组主要为动态频谱接入的无线系统提供实际应用、可靠性验证和评估可调整性能。

4) IEEE 802.11h 标准

IEEE 802.11h 是用于欧洲 5GHz 频段的频谱和发射功率管理扩展协议,它修改了 IEEE 802.11a 物理层标准,增强了 5GHz 频段的网络管理、频谱控制和传输功率管理功能,提高了信道能量测量和报告、多个管理域的信道覆盖、动态信道选择和传输功率控制机制。

5) IEEE 802.11y

IEEE 802.11y 的目标是在 3.65~3.7GHz 频段中制定标准化的干扰避免机制,为该频段的宽带无线业务分配提供补充和改进。IEEE 802.11y 定义了传输初始化的过程、确定信道状况的方法、检测信道忙时重传的机制等内容。IEEE 802.11y 提供了 5MHz、10MHz、20MHz 等多种带宽,借助 OFDM 多载波技术,可以实现多种带宽的快速切换,从而提高系统的鲁棒性和灵活性。

9.5 近距离无线通信技术

1. 概述

近距离无线通信(Near Field Communication,NFC)是飞利浦公司发起,由诺基亚、索尼等厂商联合主推的一项无线技术。NFC 由非接触式射频识别(Radio Frequency Identification,RFID)及互联互通技术整合演变而来,在单一芯片上结合感应式读卡器、感应式卡片和点对点的功能,能在短距离内与兼容设备进行识别和数据交换。

NFC 工作频率为 13.56MHz。该技术采用幅移键控(Amplitude Shift Keying,ASK)调制方式,其数据传输速率一般有 106kbps、212kbps 和 424kbps 三种。与其他近距离通信技术相比,NFC 方便使用、无须供电、距离近、更具安全性。NFC 通过一个芯片、一根天线和一些软件的组合,能够实现各种设备在几厘米范围内的通信。

2. 工作模式

NFC 有如下三种工作模式。

1) 卡模式(Card Emulation)

卡模式实现一张采用 RFID 技术的 IC(Integrated Circuit,集成电路)卡。在这种模式下,卡片通过非接触读卡器的 RF 域来供电,卡模式通常用于公交卡、学生餐卡等领域。

2) 点对点模式(P2P Mode)

点对点模式中,将两个具备 NFC 功能的设备连接,能实现数据点对点传输,如下载音乐、交换图片或者同步设备地址簿。

3) 读卡器模式

读卡器模式通常作为非接触读卡器使用,比如从相关电子标签上读取信息等。

目前,负责 NFC 技术发展的官方组织是近场通信论坛,其官方站点为 www.nfc-forum.org。该论坛主要负责制定 NFC 技术协议、一致性要求及商用推广等事务。

9.6 物联网技术

物联网(Internet of Things)是继计算机、互联网与移动通信网之后的又一次信息产业浪潮。1998 年,美国麻省理工学院的 Kevin Ashton 首次提及物联网,1999 年,MIT Auto-ID 中心定义"物联网"为"把所有的物品通过 RFID 和条码等信息传感设备与互联网连接起来,实现智能化识别和管理功能的网络"。2005 年,ITU 发表报告 The Internet of Things,指出物联网是通过 RFID 和智能计算等技术实现全世界设备互连的网络。2008 年,欧委会的 CERP-IOT 工程给出新的物联网定义指出,"物联网是物理和数字世界融合的网络,每个物理实体都有一个数字的身份;物体具有上下文感知能力——它们可以感知、沟通与互动。它们对待物理事件进行即时反映,对物理实体的信息进行即时传送;使得实时做出决定成为可能"。

物联网的核心和基础仍然是互联网,是在互联网基础上的延伸和扩展。其用户端延伸和扩展到了任何物品与物品之间,进行信息交换和通信。在物联网中每一件物体均可寻址,每一件物体均可通信,每一件物体均可控制。

9.6.1 物联网的分类和核心技术

物联网按照连接对象和业务类型分为高速率物联网、中等速率物联网和低功耗广覆盖类型的物联网三种。高速率物联网主要使用在视频监控等业务中,要求传输语音视频等信息,这类物联网流量大,速率一般大于 1Mbps。中等速率物联网主要使用在长待机设备,智能安防等领域,其速率一般在 100kbps~1Mbps,可能会产生部分语音和视频信息,但是画质和音质要求较低。最后一类主要使用在数据采集和控制类的网络中,这类设备主要产生文本数据,流量较低,但是对覆盖要求较高,速率通常在 100kbps 下。

物联网的核心技术主要包括 RFID 以及传感器技术。

1. RFID 技术

RFID,即射频识别,它是一种非接触式的自动识别技术,通过射频信号自动识别目标对象并获取相关数据,识别工作无须人工干预,可工作于各种恶劣环境。RFID 技术可识别高速运动物体并可同时识别多个标签,操作快捷方便。RFID 包含识读器和标签两个部分,其射频频率范围为 125kHz~5.8GHz。

2. 传感器技术

传感器技术主要解决物联网的信息感知问题,包括数据信息的采集和处理、短距离的无线通信。在数据的采集和处理阶段,主要是综合传感器技术、嵌入式可编程技术、网络及无线通信技术、分布式信息处理技术等,对物品进行数据的采集,之后接收上层传递来的控制信号,产生响应,进而完成相应动作,对信息进行处理。传感器将现实世界中各种事物的变化进行量化,形成数据并通过各种技术手段传送到指定位置。目前流行的传感技术是ZigBee。

9.6.2 常见物联网技术方案

物联网通信技术从传输距离上可以分为两类:一类是短距离通信技术,代表技术有Wi-Fi、蓝牙、ZigBee、z-wave、RFID、NFC 等,典型的应用场景包括智能家居等领域。另一类使用低功耗的广域网(Low Power Wide Area Network,LPWAN)技术,例如 LoRa、NB-IoT、SigFox、eMTC 等。LPWAN 分为工作在非授权频段的技术和工作在授权频段的技术两类。例如 Lora、Sigfox 等通常工作在非授权频段,NB-IoT 工作在授权频段。

1. LoRa

LoRa(Long Range)是一种基于扩频的超远距离无线传输方案,主要工作在 433MHz、470MHz、868MHz、915MHz 等 ISM 免授权频段。其最大特点是传输距离远、工作功耗低、组网节点多。LoRa 采用了高扩频因子,从而获得了较高的信号增益。一般 FSK 的信噪比需要 8dB,而 LoRa 只需要−20dB,其接收灵敏度达到−148dBm。LoRa 采用了前向纠错编码技术,在传输信息中加入冗余,有效抵抗多径衰落,虽然损失了一些传输效率,但有效提高了传输可靠性。

LoRa 网络主要由内置 LoRa 模块的终端设备、网络基站、网络服务器以及应用服务器组成。LoRa 网络是一个典型的星状拓扑结构,如图 9-13 所示。在这个网络架构中,LoRa网关是一个透明传输的中继设备,连接终端设备和后端中央服务器。终端设备采用单跳与一个或多个网关通信。所有的节点与网关间实现双向通信。

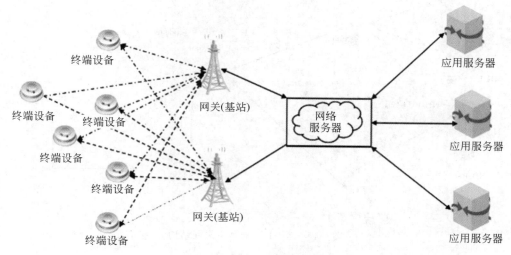

图 9-13　LoRa 物联网示意图

2. NB-IoT

NB-IoT,即窄带物联网(Narrow Band Internet of Things),其是 3GPP 确立的一项无线网络技术。3GPP NB-IoT 的标准化始于 2015 年 9 月,2016 年 7 月 R13 NB-IoT 标准完成。NB-IoT 支持低功耗设备在广域网上实现蜂窝数据连接。NB-IoT 支持待机时间长、对网络连接要求较高设备的高效连接。理论上,NB-IoT 设备电池寿命可达 10 年,能实现全面的室内蜂窝数据连接覆盖。NB-IoT 采用超窄带、重复传输、精简网络协议等设计方法,可支持大量物联网场景,包括智能停车场、公用设施、可穿戴设备和工业解决方案。当前 NB-IoT技术被正式纳入 5G 候选技术集合,将作为 5G 时代的重要场景化标准持续演进。

NB-IoT 的物理层射频带宽为 200kHz,下行采用正交相移键控(QPSK)调制,采用正交频分多址(OFDMA)技术,子载波间隔为 15kHz。上行采用二进制相移键控(BPSK)或QPSK 调制,采用单载波频分多址(SC-FDMA)技术,包含单子载波和多子载波两种。单子载波技术的子载波间隔为 3.75kHz 和 15kHz 两种,可以适应超低速率和超低功耗的 IoT 终端。多子载波技术的子载波间隔为 15kHz,可以提供更高的速率需求。NB-IoT 物理层以上协议基于 LTE 标准制订,对多连接、低功耗和少数据的特性进行了部分修改。

NB-IoT 支持独立部署(stand alone)、保护带部署(guard band)和带内部署(inband)三种部署方式。独立部署模式利用单独的频带进行通信,适合于 GSM 频段重耕。保护带部署模式利用 LTE 系统中的边缘保护频带进行通信。带内部署模式利用 LTE 载波中间的任意资源块进行通信。

NB-IoT 网络主要由 NB-IoT 终端设备、基站、核心网、云平台等部分构成。如图 9-14 所示是 NB-IoT 的一个组网实例。

NB-IoT 终端设备通过安装相关的 SIM 卡连接到 NB-IoT 网络。NB-IoT 基站由运营商构建,提供 IoT 终端设备接入功能。NB-IoT 核心网用于连接 NB-IoT 基站和 NB-IoT 云平台,NB-IOT 云平台最终连接到 Internet 实现全覆盖。NB-IoT 主要由运营商主导开发,

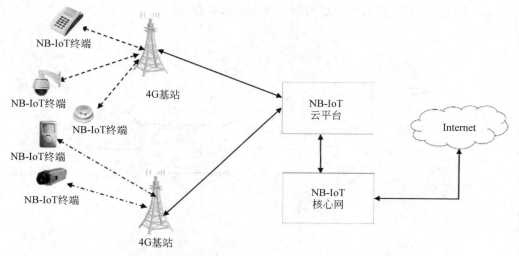

图 9-14　NB-IoT 的基本组网结构

其复用了运营商构建的蜂窝网络基础设施,而 LoRa 是企业自己构建的物联网,通信基站等需要单独构建。此外,NB-IoT 可以更加方便地实现和 Internet 连接。但是对于具有特殊需求的物联网而言,LoRa 的安全性可能更好。

9.7　卫星通信技术

卫星通信是指利用人造卫星进行中继的通信方式。通信卫星一般被发射在赤道上方 3.6 万千米的同步轨道上,与地球的自转同步运行。轨道平面与赤道平面的夹角保持为零度,使卫星相对地面静止,因此称为同步卫星。卫星通信系统由卫星和地球站两部分组成。卫星在空中起中继站的作用,把地球站发上来的电磁波放大后回送另一地球站。地球站是卫星系统形成的链路。由于每一颗通信卫星可俯视地球 1/3 的面积,所以利用在定点同步轨道上等距离分布的三颗卫星,就能同全球进行通信。

卫星通信覆盖范围广,只要在卫星发射的电磁波所覆盖的范围内,任何两点之间都可进行通信。卫星通信容量大,同一信道可用于不同方向或不同区间,同时可在多处接收,实现广播、多址通信。卫星通信的缺点是传输延时较大,费用较高。

1. 卫星通信波段

最适合卫星通信的频率是 1~10GHz 的微波频段。卫星收发信号的频率范围一般都很宽,每个异频雷达收发机处理一个特定频率范围的信号。为避免干扰,上行和下行分别使用不同的频率。表 9-2 列出了卫星通信四个常用波段的上行频率和下行频率。

表 9-2　常用卫星通信频率

频段	上行频率/GHz	下行频率/GHz	频段	上行频率/GHz	下行频率/GHz
L	1.6465~1.66	1.545~1.5585	Ku	14.0~14.5	11.7~12.2
C	5.925~6.425	3.7~4.2	Ka	27.5~30.5	17.7~21.7

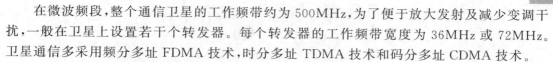

在微波频段,整个通信卫星的工作频带约为 500MHz,为了便于放大发射及减少变调干扰,一般在卫星上设置若干个转发器。每个转发器的工作频带宽度为 36MHz 或 72MHz。卫星通信多采用频分多址 FDMA 技术,时分多址 TDMA 技术和码分多址 CDMA 技术。

2. VSAT 和 VSAT 通信网

VSAT(Very Small Aperture Terminal)指的是甚小口径天线终端,是一种天线口径较小的卫星通信地球站,又称微型地球站或小型地球站。VSAT 站是现代卫星通信技术与计算机技术相结合的小型化智能地球站。

VSAT 系统有两种类型,一种是双向 VSAT 系统,它由中心站控制多个 VSAT 终端来提供数据传输、语音和传真等业务;另一种是单向 VSAT 系统,在这种系统中,图像和数据等信号从中心站传输到 VSAT 终端。

VSAT 系统由室外单元和室内单元组成。室外单元是射频设备,包括小口径天线、上下变频器和各种放大器。室内单元是中频及基带设备,包括调制解调器、编译码器等。VSAT 网根据业务性质可分为数据通信网、语音通信网和电视卫星通信网三类。

VSAT 通信网有星状、网状、混合型三种网络结构。星状网由一个主站和若干个 VSAT 小站组成。主站可与任一小站直接通信,各个 VSAT 站之间必须通过主站转接才能互相通信,此种网主要用于数据传输;网状网中各站无主次之分,任意两个 VSAT 站都能直接通信,此种网主要用于语音传输。

3. GPS

GPS(Global Positioning System),即全球卫星定位导航系统,GPS 卫星网络由美国于 1994 年建成,总共有 24 颗卫星,分布在太空中的地球同步轨道上,具有在海、陆、空进行全方位实时三维导航与定位能力。除 GPS 之外还有另外三个导航系统分别是欧洲的伽利略卫星定位系统、俄罗斯的格罗纳斯卫星定位系统和我国的北斗卫星定位系统。

北斗卫星导航系统(BDS)是我国自主研发、独立运行的全球卫星导航系统。北斗卫星导航系统于 2012 年 12 月 27 日起提供连续导航定位与授时服务。北斗卫星导航系统由空间端、地面端和用户端三部分组成。空间端包括 5 颗静止轨道卫星和 30 颗非静止轨道卫星。地面端包括主控站、注入站和监测站等若干个地面站。用户端由北斗用户终端以及与美国 GPS、俄罗斯格罗纳斯(Global Navigation Satellite System,GLONASS)、欧盟伽利略(GALILEO)等其他卫星导航系统兼容的终端组成。

本 章 小 结

本章主要介绍一些相关的热门无线网络技术,主要内容包括移动 Ad Hoc 网络的基本概念和特点、网络的结构类型、协议层次、路由协议、IP 地址分配、功率控制、无线传感器网络的体系结构和特点、无线 Mesh 网络的基本概念、拓扑结构、相关标准和核心设备、软件无线电和认知无线电技术的基本概念、近距离无线通信技术、物联网技术和卫星通信技术等。

学习完本章,读者应该重点掌握移动 Ad Hoc 网络的结构类型,协议层次和相关路由协议,相关的 IP 地址分配方法,理解无线传感器网络、无线 Mesh 网络、软件无线电和认知无线电技术、近距离无线通信技术、物联网技术和卫星通信技术的基本概念。

习　题

1. 简述 DSDV 路由协议的基本过程。
2. 简述 AODV 路由协议的基本过程。
3. 简述 ZRP 路由协议的基本原理。
4. 简述 Ad Hoc 的常见 IP 地址分配方法。
5. 简述 Ad Hoc 网络的功率控制。
6. 简述无线传感器网络的基本体系结构及其特点。
7. 简述无线 Mesh 网络的结构及特点。
8. 简述 Mesh 网络的相关标准及特点。
9. 简述软件无线电和认知无线电的基本概念。
10. 简述 NFC 通信技术的基本工作原理。
11. 简述物联网技术的基本概念。
12. 简述卫星通信技术的基本概念。

参 考 文 献

[1] 王建平,李怡菲.计算机网络仿真技术[M].北京:清华大学出版社,2012.

[2] 王建平,张宝剑,王军涛.通信原理[M].北京:人民邮电出版社,2007.

[3] 王建平,连惠杰,周俊平.Windows Server 网络服务配置与管理[M].北京:清华大学出版社,2012.

[4] 王建平.计算机组网技术——基于 Windows Server 2008[M].北京:人民邮电出版社,2011.

[5] 王建平.计算机网络基础[M].哈尔滨:哈尔滨工业大学出版社,2010.

[6] 王建平.Windows Server 组网技术[M].北京:清华大学出版社,2010.

[7] 汪涛.无线网络技术导论[M].2 版.北京:清华大学出版社,2012.

[8] 金光、江先亮.无线网络技术教程——原理、应用与仿真实验[M].北京:清华大学出版社,2011.

[9] 冉晓旻.无线网络原理与应用[M].北京:清华大学出版社,2008.

[10] 刘剑.无线网络通信原理与应用[M].北京:清华大学出版社,2002.

[11] 黎连业.无线网络及其应用技术[M].北京:清华大学出版社,2004.

[12] 王汝传,孙力娟,肖甫,等.无线传感器网络技术导论[M].北京:清华大学出版社,2012.

[13] 党建武,李翠然,谢健骊.认知无线电技术与应用[M].北京:清华大学出版社,2012.

[14] 刘志华.射频和无线技术入门[M].2 版.北京:清华大学出版社,2005.

[15] 王建平,李晓敏.网络设备配置与管理[M].北京:清华大学出版社,2010.

[16] 窦中兆.CDMA 无线通信原理[M].北京:清华大学出版社,2004.

[17] 王建平,姚玉钦.实用网络工程技术[M].北京:清华大学出版社,2009.

[18] 王建平.网络安全与管理[M].西安:西北工业大学出版社,2008.

[19] 王建平.ASP 动态网页设计[M].长沙:国防科技大学出版社,2008.

[20] 王建平.网络设备管理[M].长沙:国防科技大学出版社,2008.

[21] 王建平.计算机网络技术与实验[M].北京:清华大学出版社,2007.

[22] 王建平,张宝剑,朱坤华.计算机网络技术基础与实例教程[M].北京:电子工业出版社,2006.

图书资源支持

感谢您一直以来对清华版图书的支持和爱护。为了配合本书的使用，本书提供配套的资源，有需求的读者请扫描下方的"书圈"微信公众号二维码，在图书专区下载，也可以拨打电话或发送电子邮件咨询。

如果您在使用本书的过程中遇到了什么问题，或者有相关图书出版计划，也请您发邮件告诉我们，以便我们更好地为您服务。

我们的联系方式：

地　　　址：北京市海淀区双清路学研大厦 A 座 714

邮　　　编：100084

电　　　话：010-83470236　010-83470237

客服邮箱：2301891038@qq.com

QQ：2301891038（请写明您的单位和姓名）

资源下载： 关注公众号"书圈"下载配套资源。

资源下载、样书申请

书 圈

图书案例

清华计算机学堂

观看课程直播